創業實戰全書

起業の科学 スタートアップサイエンス

以科學方法避開
99%
創業陷阱

田所雅之 Masayuki Tadokoro 著

朕疆 — 譯

為了解決創業者最大的課題，我寫下了這本書

　　本書由投影片集《創業的科學 STARTUP SCIENCE 2017》的內容為基礎整理而成，裡頭包含了成功創業的必要知識。當初為了完成這一千七百五十張投影片，我花了五年，約兩千五百個小時，訪問了一千人以上的創業者、投資者、創業相關人士。

　　我常被問到「為什麼要整理出這份《創業的科學 STARUP SCIENCE》呢？」

　　我之所以要整理這份投影片，並寫下本書，是為了要解決許多創業者最大的課題。

　　我自己曾在日本創業過四次、在美國創業過一次，也參與了許多企業的新創事業計畫。此外也曾投資過創業計畫，故能夠從各種角度分析創業界的現狀。

　　由這些經驗我明白到，從創業的瞬間開始，創業者就會面臨一個接著一個的課題。其中最大的課題，就是**沒有一套好的判斷基準，讓創業者知道在新創事業成長過程的每一個時間點上該做到那些事**。使得許多創業家不曉得如何往目標前進，迷失了方向，甚至原地踏步。

　　在非新創事業的一般企業內，會將提升既有事業的營收與獲利做為行動準則。然而對新創事業來說，從開始創業到開始獲利，是一段很長的路。在這段路途中，到底該達成哪些任務，才能更接近目標一些呢？許多

創業團隊的成員常因為沒有具體的判斷基準而苦惱。

　　為了拯救這些陷入不安的創業團隊，有許多優秀的書籍、部落格、影片在市面上流通。每個參考資料都有著豐富而重要的內容，且都很實用。

　　然而這裡卻有個問題。這些資料常缺乏前後連貫性，沒辦法告訴讀者各項行動應該要在哪一個創業階段實行才有效果。

　　因此，創業者很可能會在錯誤的時間點吸收到不適合這個創業階段的資訊。在構想還沒經過充分琢磨時就投入開發計畫，在初期產品還沒有獲得顧客青睞時就大筆投資以求成長，卻在成功之前就把資金耗光。

　　另外，創業成功的路上所需要的資訊大多分散在各個書籍、部落格、影片中，不管是蒐集這些資料還是閱讀它們，都得花上許多時間。創業者從創業的那個瞬間開始，就有許多應該要親力親為的事，幾乎沒有多餘的時間去蒐集這些資料。

　　「不曉得這些資訊在什麼時候用得上，又能達到什麼效果」、「資訊散落在各處，忙碌的創業者很難一一掌握」。為了解決這些問題，讓創業者知道在每個成長的階段分別該做哪些事，我依照我自己的經驗，整理出了創業的時序，成果就是這本《創業實戰全書》。

　　本書將產品相當受顧客歡迎的創業計畫，從誕生到可自行持續成長的過程，分為「構想驗證」至「規模化（事業擴張）」等二十個階段。並詳細介紹各個階段中，創業者應該要做到那些事，以及如何確認自己的創業是否有朝著適當的方向前進，又該如何在適當的時機擴張規模。

　　我認為像是亞馬遜或Facebook那種「極為成功的創業」已達到了藝術的境界。或許本書沒辦法保證創業者能像它們那麼成功，但至少應可提升「創業不會失敗」的機率。我認為這就是一種科學，故我把這本書的日文書名定為「創業的科學START UP SCIENCE」。

　　從一名閱聽者的角度來看，在創業者的經驗尚淺時，容易被魚目混珠的資訊影響，就像是二〇一一年在美國時的我一樣。

　　我相信，若世界上有更多人投入創業，可促進人們的活動，使這個世界變得更好。若這本書可以幫助到想開始創業的人、已經開始創業卻一直碰到障礙的人、一般企業的新創事業負責人，那麼做為作者的我亦會相當欣慰。

　　最後，製作本書時，我從書籍《精實創業》（廖宜怡譯，行人出版）、《精實執行：精實創業指南》（楊仁和譯，歐萊禮出版）、投影片集《創業構想的培養方式》中學習到了很多。在此再次表示感謝之意。

本書結構

本書由五個章節構成，介紹從創業開始到成功的二十個步驟。

第一章「**構想的優劣**（Idea Verification）」中，我們將說明在創業準備階段時，該如何定義新創事業欲解決的問題，以及如何琢磨新的構想。

第二章「**提升問題的品質**（Customer Problem Fit）」中，我們將說明如何驗證在第一章中已琢磨過的構想是否反映了顧客真正的需求。

第三章「**驗證你的解決方式**（Problem Solution Fit）」中，我們將試著討論該用何種方法，才能適當地解決前一章中已驗證過的需求假說。實際製作產品原型（prototype）供使用者試用，並訪問使用者的心得。

第四章為「**製作出人們想要的東西**（Product Market Fit）」。本書最重要的目標，就是讓創業者能夠達成「製作出人們想要的東西」，也就是製作出能在市場上引起狂熱的產品原型。本章將會如何達到這個目的，首先需製作出擁有最低限度之可行性的產品「最小可行產品」，將其丟到市場上觀察市場的反應，並蒐集顧客的意見，積極改進，以製作出可讓顧客瘋狂愛上的產品。

最後的第五章則是「**規模化時需做出的改變**（Transition to Scale）」。在產品達成「製作出人們想要的東西」之後，接著需要改變視角，從增加單位經濟效益（從每位顧客上可獲得的利益）的角度改善產品，使新創事業能最大化獲利。本章將說明如何達到這個目的。在達成「製作出人們想要的東西」，且單位經濟效益也大於零時，新創事業便可進入規模化（事業擴張）的階段。

第一章

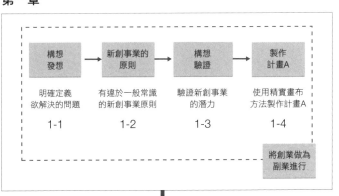

構想 發想	新創事業的 原則	構想 驗證	製作 計畫A
明確定義 欲解決的問題	有違於一般常識 的新創事業原則	驗證新創事業 的潛力	使用精實畫布 方法製作計畫A
1-1	1-2	1-3	1-4

將創業做為
副業進行

第二章

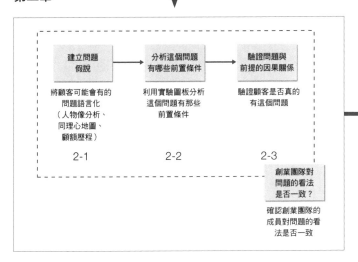

建立問題 假說	分析這個問題 有哪些前置條件	驗證問題與 前提的因果關係
將顧客可能會有的 問題語言化 （人物像分析、 同理心地圖、 顧額歷程）	利用實驗圖板分析 這個問題有那些 前置條件	驗證顧客是否真的 有這個問題
2-1	2-2	2-3

創業團隊對
問題的看法
是否一致？

確認創業團隊的
成員對問題的看
法是否一致

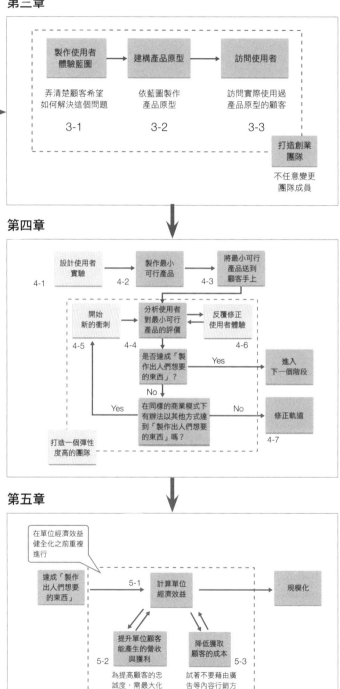

本書提供的內容

讓創業者能判斷自己是否在正確道路上前進的指南

從新創事業開始活動，一直到做出能受到市場歡迎的「製作出人們想要的東西」產品，要掌握中間每一個環節並不是件容易的事。本書列出了在創業各個階段中應確認的目標，讓創業者能隨時確認自己朝著正確的方向前進。

讓創業者不至於在尚未成熟時就急於擴張的指導方針

許多創業者常在構想、問題設定、產品驗證仍不充分的情況下，就急於擴張事業（許多新創事業就是因為在尚未成熟時就急於擴張而迅速凋亡）。為了防止這種情形，本書列出了每個階段該做的事與不該做的事，做為行動的基準與創業的方針。若限制創業時的資源，便可降低因無謂的努力而耗盡資金，導致創業失敗的可能性。

讓創業者知道欲達成各階段目標需做出哪些具體行動的知識、技術與工具

本書提供的不是抽象理論，而是讓創業者能夠真正實現新創事業的知識、技術、框架、核對清單等工具，讓新創事業的經營者能夠明確地理解到接下來應該要進行哪些具體的行動。

綜合資訊

　　我用了五年的時間，閱讀了三百本以上與新創事業相關的書籍、五百個以上的部落格、一千個以上的影片。並曾與一千人以上的創業者、投資者交流過，提供他們建議，或者進行指導。再加上自己曾經歷過的創業經驗、投資經驗，寫成了本書。這本書將所有有用的資訊皆整合於本書內，呈現出創業的全貌，對忙碌的創業者而言，應可節省不少時間，是一個相當不錯的資訊來源。

目　錄

第二章　提升問題的品質【Customer Problem Fit】

第三章　驗證你的解決方式【Problem Solution Fit】

第五章　規模化時需做出的改變【Transition to Scale】

本書所使用的圖表、照片皆來自投影片集《START UP SCIENCE 2017》。
另外,本書所提到的網址皆為二〇一七年十月初時的網址。

構想的優劣

IDEA
VERIFICATION

本章目的

- 理解對於新創事業來說,什麼是「好的構想」,並將應解決的問題定義清楚(1-1)
- 瞭解新創事業的原則,明白思考構想時應有的方向(1-2)
- 驗證這個構想是值得自己與團隊全心全力投入(1-3)
- 利用精實畫布就最初的構想假說製作「計畫A」(1-4)

決定新創事業能否成功的關鍵，就在於產品是否能夠達成「製作出人們想要的東西」。

即使新創事業有製造出產品，要是沒辦法達成「製作出人們想要的東西」，沒辦法受到顧客熱烈歡迎的話，事業就不會成長，且這個新創事業總有一天會因為資金耗盡而倒閉。

那麼，為什麼許多新創事業都沒辦法達成「製作出人們想要的東西」，進而倒下呢？

這是因為，在製作產品之前，他們沒有充分驗證自己的構想。

自己正在思考的構想，是否能夠精準地解決到顧客正在煩惱的問題呢？自己有沒有像一個新創事業般，提出一個飛躍性的、「瘋狂的」構想呢？

許多新創事業都是因為沒有經過充分驗證就推出產品，才會以失敗坐收。

在達成「製作出人們想要的東西」過程的一開始，創業者必須徹底驗證自己手上的構想是否真的能成功，並持續不斷地琢磨這個構想。

首先，創業者必須理解新創事業是怎麼一回事、自己手上的構想是否適合創業，並確認現在必須著手進行哪些工作。

積極投入創業教育的連續創業家史蒂夫‧布蘭克（Steve Blank）認為，創業者不應把自己關在象牙塔內，應該要積極地「走出戶外（Get out of the building.）」；並指出，創業者應停止紙上談兵，而是要積極與顧客對話，盡可能瞭解市場的動向。

不過，一開始就急著走出辦公室也是不對的。創業者應準備好自己認為最有把握的構想假說「計畫A」，到顧客的面前與他們充分討論才對。

那麼，你手上的構想是否值得你全心全力投入呢？讓我們開始驗證這件事吧。

圖 1-1-1

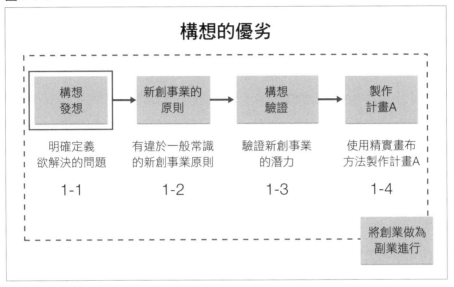

1-1 對新創事業來說，什麼是「好的構想」？

是否把焦點放在待解決的問題上？

提升問題的品質

　　「有沒有達到「製作出人們想要的東西」（PMF，能引起市場熱潮的產品），決定了一家新創事業的生死。」

　　美國一家大型創投基金（venture capital，VC）安德森・霍羅維茲的共同創業者，馬克・安德森（Marc Andreessen）[1]指出了這一點。就算新產品再怎麼優秀，要是市場沒辦法接受的話，新創事業就不可能成長。

　　那麼，該怎麼做才能達到「製作出人們想要的東西」呢？

　　走出辦公室，直接面對顧客並與之對話當然是件很重要的事。不過在此之前，新創事業還得做一件事。那就是**驗證自己手上的創業構想是否為市場所需要**。

　　說到創業構想，依切入的角度可分為各種類型，像是「賺錢的構想」、「有利基的構想」、「使用最先進技術的構想」、「貢獻社會的構想」等。

　　那麼，對於新創事業來說，構想最重要的又是什麼呢？那就是，**這個構想是否有聚焦在問題的品質上**。

　　至今我曾為近一千五百家新創事業進行盡職調查（due diligence）。可惜的是，很少創業者的構想是「問題導向（issue driven）」，大多數的新創事業都是「解決方案導向（solution driven）」、「產品導向」、「技術導向」。

　　舉個例子吧！

　　我目前在一家新創事業擔任顧問，這家公司擁有優秀的IoT技術。我與這個團隊談話時，可以感覺到他們對於自己的技術能力有很大的自信。「有了這樣的技術，想必能夠輕易拿下家庭的市場」，他們能夠理所當然

---

[1]　注：馬克・安德森是開發了著名瀏覽器Mosaic與Netscape的軟體技術專家。他與《什麼才是最難的事？》（連育德譯，天下文化出版）的作者，本・霍羅維茲（Ben Horowitz）於二〇〇九年設立了安德森・霍羅維茲創投基金，投資於早期階段的新創事業上。
右文的發言參考自安德森部落格上的歷史記錄。
http://pmarchive.com/guide_to_startups_part4.html

圖 1-1-2

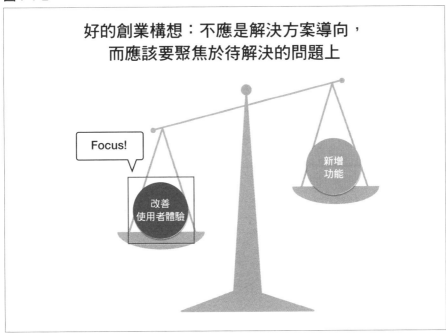

地講出這樣的話。

　　然而這卻是新創事業中常見的典型誤會。一般人常以為「好的解決方案」直接等於「好的構想」。

　　在還沒充分驗證過一般家庭是否有這樣的問題時，就投入心力在解決方案上（本例中為 IoT[2] 技術），是一件相當危險的事。即使真的存在需求，若新創事業未琢磨過對問題的設定，就絕對無法在 IoT 市場上勝過擁有強大技術與豐沛資金的大型企業。

---

[2]　注：IoT 為 Internet of Things 之簡稱。是將所有裝置以網路連接起來的技術，也是蒐集大數據、創造新型態商業模式的基礎。

圖 1-1-3

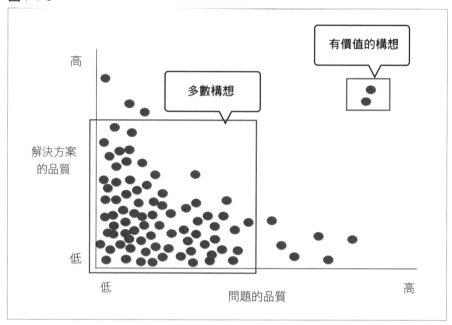

於日本 Yahoo 擔任策略長（CSO）的安宅和人先生在他一本說明知識性生產之思考模式的著作《麥肯錫教我的思考武器》[3]中提到「若想要提升工作的價值，就必須提高手上計畫的『問題品質』與『解決方案品質』」。

也就是說，雖然世界上有許多創業構想，但我們應該要把焦點放在問題品質高、解決方案品質也高的構想上。只有同時滿足這兩個條件的構想，才有可能在市場上發揮出它的價值。

這項論述也能直接套用在新創事業的構想上。那麼，該怎麼做才能找出有價值的構想呢？

---

[3]　注：在《麥肯錫教我的思考武器》（安宅和人著，經濟新潮社出版）中，安宅先生將「問題品質」定義為「在自己所處的局面下，為這個問題尋找解決方案的必要程度」，將「解決方案品質」定義為「針對這個問題，能夠回答出多明確的答案」。

事實上，只有一條路可以走。

那就是「先提升問題的品質，再提升解決方案的品質」。「先提升解決方案的品質，再提升欲解決之問題的品質」這條路是行不通的。

因此，在開始經營新創事業時，應該要把心力投注在提升欲解決之問題的品質上。

「我們現在討論的構想以及欲解決的問題真的是顧客的痛點嗎？」、「就這個構想而言，市場上是否已存在替代的解決方案了呢？」

像這樣從各個角度挑戰你自己的構想，才能逐漸提升問題的品質。得到一個品質高的問題之後，再針對這個問題討論解決方案，反覆琢磨下，有價值的「好構想」才會誕生。

輕視問題而以大失敗坐收

若不重視問題的品質，一味的追求解決方案的品質的話，就會在沒有顧客想使用你的產品的狀況下黯然退場。讓我們來看看幾個這類產品的例子吧。

【Google 眼鏡】

美國Google於二〇一三年時，自信滿滿的發表了眼鏡型裝置，Google眼鏡。卻在二〇一五年時宣布停止向一般大眾販賣Google眼鏡。這就是在未能符合市場需求、未能達成「製作出人們想要的東西」，只好退出市場的典型案例。目前Google則致力於研發供法人顧客使用的產品。

Google眼鏡失敗的原因相當明確，這是一個因為研發團隊自己想做而做出來的產品。換言之，這並不是問題導向的新產品。

Google眼鏡的單價為一千五百美元（約台幣四萬七千元）。雖然產品的功能相當新穎，卻不是一般消費者說拿就拿得出來的金額。

圖 1-1-4

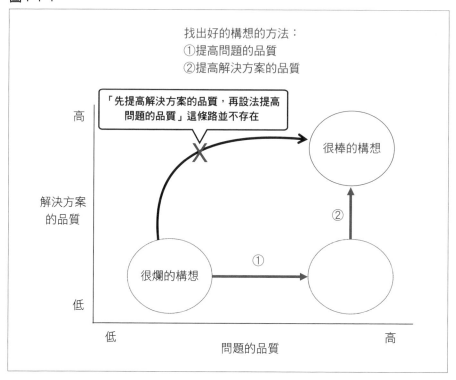

恐怕Google的目標是要在智慧型手機之後，推出新型網路裝置的基本規格（版型，form factor）吧。或許他們判斷「擁有這些功能的裝置，應該能夠以這樣的價格賣出才對」，然而事實並非如此。

不僅如此，由於Google眼鏡包含了相機裝置，有侵犯個人隱私的疑慮而引起了關注。酒吧禁止穿戴Google眼鏡的人進入，甚至有些州分禁止穿戴這樣的裝置駕駛車輛。沒有充分檢討過的構想，不僅沒辦法解決問題，甚至還有可能引發出新的問題，最後只換得諷刺的結果，Google眼鏡即為其中一個例子。

【Apple Watch】[4]

以 Apple Watch 為首的智慧型手錶（腕錶型裝置）也曾經落入像 Google 眼鏡般的狀況。第一世代於二〇一五年時登場，當時雖有引起一陣風潮，但二〇一六年時曾出現出貨量大幅下滑的報導，可見一開始的氣勢並沒有辦法持續下去。

使用智慧型手錶買東西、看地圖的使用者並不像 Apple 想像中得多。能夠用智慧型手機完成的事，一般人並不會想要透過戴在手腕上的小螢幕進行操作。

在二〇一六年後半，Apple 推出了含有 GPS 機能的第二世代產品後，出貨量才開始好轉。

Apple 想在智慧型手機之後，搶先推出下一個代表性的穿戴式裝置，想必 Apple Watch 就是為此而生的產品。然而當初在擴展 Apple Watch 之生態系時，卻有著倉促擴張（premature scaling，在產品還未成熟，使用者還未習慣使用該產品時，便急於擴張）的一面。

像 Apple 或 Google 這樣的大企業擁有充足的現金，也聚集了來自世界各地的優秀工程師。他們選擇在達成「製作出人們想要的東西」之前，就以龐大的資金量與品牌效應，強行打造出新的生態系。

然而，產品卻無法滿足使用者的期待，用盡心力製造出來的產品，銷售量卻不如預期。

不過，二〇一七年九月所發表的第三世代「Apple Watch Series 3」讓情況出現了轉機。手錶本體可單獨進行高速資料傳輸，使其功能變得更

---

[4] 注：Apple Watch 在前一個世代（Series 2）以前，仍無法單獨對外通訊。要使用網路的話，需透過 iPhone 本體進行連線才行。或許就是因為這樣，使得 Apple Watch 與人們想像中的腕錶型裝置有很大的落差。

廣、更有效率。或許從第三世代開始，Apple終於製造出了能正面回應使用者需求的產品，並成為Apple Watch開始成長的契機。

不重視問題品質，無疑是自殺行為

如前面的例子所示，即使是Google或Apple這種擁有豐富經驗與資金的公司，若輕視了問題品質，僅一味地追求產品與解決方案，亦很有可能會迎來失敗的結果。

那麼，對於沒有資金、沒有人才，也沒有知名度的新創事業來說，不重視問題品質，就更是自殺行為了。

智慧型手錶的新創事業之一，Pebble [5] Technology在群眾募資[6]平台上為其第一個產品募得了約十一億日圓的資金。然而與其它智慧型手錶類似，Pebble掀起一陣波瀾卻後繼無力，低價賣給了其它公司。Pebble搭上了穿戴式裝置的熱潮，卻沒有解決特定問題的念頭，在這種情況下逕行規模化，或許就是它失敗的原因。

不過在Series 3以後，Apple Watch可以單獨使用其通話、電子郵件等功能，提升了使用者體驗（使用者體驗）。未來的Apple產品仍值得期待。

不僅是Pebble，產品為小型裝置（gadget）的新創事業在實現「製作出人們想要的東西」之前的階段中，常能透過群眾募資的方式給人「好像有點厲害」的印象，進而募集到大量資金。因此，很容易在沒有充分檢討問題品質以前就將產品規模化，並以失敗坐收。

會在群眾募資平台上購買由新創事業所製作之小型裝置的人們，並不

---

[5]　注：二〇一六年年末，手錶型健康管理裝置開發商Fibit買下了Pebble。

[6]　注：群眾募資是企業透過網路平台，使一般群眾能以個人身分小額投資的募資方式。如果是硬體新創事業，多能以開發中的產品做為投資的回報，也就是所謂的「回報型（rewards）」募資。

是因為自己本身有著「會造成痛點的問題」而購買這些小型裝置。大多數的人只是覺得「這玩意看起來好像很有趣」，才抱著小小的期待支持一下而已。

因此，即使新創事業的產品真的募集到足夠資金並出貨，也只代表這樣的產品能夠吸引「覺得有趣而買下的顧客」而已，並不代表新創事業能夠抓到廣大使用者的喜好，進一步將產品規模化。

決定問題品質的三個要素

那麼，問題的品質又是由哪些因素決定的呢？能問出多好的問題，取決於創業者在以下三個要素上有多充分的準備。

- 高度專業性
- 業界現場的知識
- 對於市場環境變化（PEST）的理解

觀點、知識、經驗。這三者極為重要，且都是創業者必備的條件。我們會在稍後詳細介紹這些條件，這裡先讓我們以一個例子來說明。美國有一個名為Instacart的新創事業，使用者只要在智慧型手機上下訂單，就會有人到附近的超市代為購買這些商品。Instacart於二〇一二年創業，而在二〇一七年三月時，市值總額已達到約三十四億美元。

建立起Instacart的是亞馬遜公司出身的工程師。他曾參與亞馬遜物流系統FBA（Fulfillment Business by Amazon）的建構，相當熟悉物流方面的知識。他不僅瞭解物流與零售店之間的關係，對於物流業界也有著深遠洞見。

這項服務與既有的超市結成了共存共榮的關係，並彌補了電子商務無

圖 1-1-5

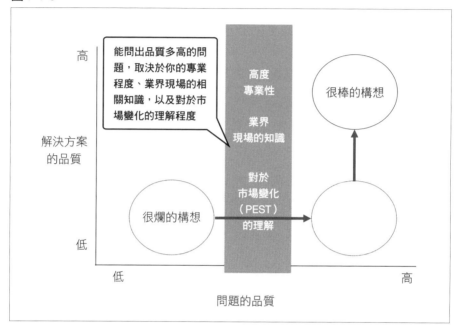

法直接確認食品品質的缺點。該創業者擁有專業與相關知識，並能掌握市場環境的變化，故能夠問出一個品質高的問題，成為他的創業構想。

先解決自己的問題

　　事實上，要提升問題的品質，還需考慮一個要素。那就是，想解決的問題是否是「自己的問題」。

　　住宿出租服務網站 Airbnb 的創業者之一，布萊恩‧切斯基（Brian Chesky）曾碰上付不起一千一百五十美元房租的窘境（當時他的銀行帳戶只剩下一千美元）。為了解決房租的問題，他開始在部落格上張貼「想要出租自己的房間」的訊息（當時的名稱為 AirBed & Breakfast）。

　　發明了高效率吸塵器的英國戴森創辦人詹姆士‧戴森（James Dyson）

原本是一位工業設計師。他很愛乾淨，卻覺得當時人們使用的吸塵器吸力太弱，且更換紙製集塵袋是件很麻煩的事，讓他感到相當憤怒，於是著手開發氣旋式吸塵器。

這些例子都是創業者在察覺到自己的痛點後，由一個具體的問題出發，一步步尋求解決這個問題的方法，才逐漸形成了創業構想。

因此，當你查覺到自己的問題之後，可以像這樣詢問自己。

「如果眼前有一個神燈，可以為你的問題提出解決方案，你會希望那是什麼樣的方案呢？」（這又叫做「神燈」問題。我們將在第三章中詳細說明）。

由這樣的自問自答所導出的答案之中，一定存在著尚待琢磨的鑽石原石。

另外，雖然這裡說要察覺到自己的問題，但當事者也不一定非得是自己才行。若你周圍的人有某些待解決的問題，而你也能夠深切理解到這個問題的痛點的話，也能夠做為創業的構想。

找到問題，還只是「開始」而已

不過，發現待解決的問題仍只是創業開始。這時想到的構想再怎麼說都還只是原石，之後的琢磨過程才是重點。問題越是琢磨，就越能深入核心，顯露出被藏在表象底下，造成這個問題的真正原因。

如果自己並不是這個問題的當事者、沒有強烈共鳴的話，能夠把這個問題琢磨到什麼程度呢？或者說，比起構想本身，創業者能不能把別人的問題當作自己的問題，試著實現這個構想，才是最重要的。實行（Execution）的過程，才有真正的價值。

我是創投公司Fenox Venture Capital的合夥人，而在Fenox所舉辦的「創業世界盃2017」（SWC）中，由來自日本的新創事業UNIFA（名古屋

圖1-1-6

誰的問題？	 自己 碰到的問題	 自己周圍的人 碰到的問題	 他人 碰到的問題
優點	最容易有共鳴。 訊息性強烈。	容易與之產生共鳴。	可站在旁觀者角度觀察，不容易有偏見。
缺點	容易將問題的痛點誇張化，需要客觀的意見。	視角可能較為狹隘，需要客觀的意見。	痛點的檢驗容易流於表面形式，有必要深入了解實際痛點所在之處。

要解決誰的問題？

是否有解決自己的問題？

市）奪得了冠軍。

　　UNIFA的主題是「智慧型幼兒園的實現」。他們的「Look-mee」服務可以讓家長透過網路，看到孩子在托嬰中心或幼稚園的照片，而「MEEBO」機器人則可協助幼兒園照顧園內的小孩。

　　UNIFA的土岐泰之社長在獲得SWC冠軍時的感言中提到「自己是為了解決幼兒園的問題而誕生」。當初他為了幫幼兒園做出一項產品，自己製作了數十個產品原型，可見最重要的是琢磨問題的過程。

　　土岐社長親自拜訪了日本全國約三百個托嬰中心與幼兒園，反覆傾聽他們的心聲。與身在現場的保母直接對話、觀察實際照顧的情形，試著找出連保母都沒發現、卻是強烈痛點的潛在問題。

為什麼你要做這件事呢？

另一方面，新創事業必須避免的就是解決「第三者的問題」。

所謂第三者的問題，指的是自己沒辦法產生強烈共鳴，彷彿與自己無關的他人事務。既然沒辦法產生強烈共鳴，就不會把它當成自己的事，於是痛點的檢驗也只會流於表面。就結果而言，要碰觸到真正問題所在是相當困難的事。

而且，因為自己沒辦法對這個問題的痛點有強烈共鳴，會使你創業的說服力不足，不容易獲得來自周圍的幫助（招募同伴與資金募集等）。

矽谷最厲害的創投公司（孵化器），Y Combinator（YC）總裁，山姆‧奧爾特曼（Sam Altman）[7]曾這樣說過。

「Y Combinator 會在面談時問創業者，『誰會打從心底想要這樣的產品呢？』。而「最想要這個產品的就是創業家自己」就是最好的答案。能看出創業者十分瞭解目標顧客的答案，則是第二好的答案」。

順帶一提，至今YC投資了約一千五百家新創事業，它們的市值總額超過了八百億美元。有非常多新創事業向它們提案，他們卻只選擇了不到3%的公司投資，是個很窄的門。做為世界知名的孵化器，YC會特別留意「有多瞭解產品使用者」，他們認為這是創業者很重要的條件。

若完全不瞭解自己產品的使用者，或者並不是想解決自己的問題，而是因為「想要變有錢」、「覺得很有趣」之類的理由而想要創業的話，那就不可能達到「創業團隊對問題的看法是否一致？」。

也就是說，如果創業者對於問題的理解，和問題本身有落差的話，最好在損失慘重以前停止這項創業計畫。

---

[7]　注：這段發言引用自山姆‧奧爾特曼的網站「Startup Playbook」的 Part I "The Idea"。
http://playbook.samaltman.com/

藉由創業者所提出的問題聚集同伴

在我為新創事業提供建議時，常會被問到「為什麼一定要用自己碰到的問題當作創業基礎呢？為什麼要對問題有強烈共鳴才行呢？」最大的理由在前面也有提到，那就是強烈的共鳴可以讓創業者徹底琢磨自己的問題。

另一個理由，則是創業者對問題的強烈共鳴，以及想解決這個問題的欲望，可以轉換成新創事業的願景與使命。在將產品正式投入市場之前，願景與使命是新創事業最大的競爭力來源。

不管是使用者、創業團隊、投資者——都是被創業者的願景與使命號召而聚集在一起的。如果在這個時候說出「讓我們一起來解決陌生人的困擾吧」之類的發言的話，想必會很難得到共鳴吧。這麼一來，有才能的工程師或設計師會寧可選擇到穩定的大企業工作。

換句話說，沒辦法描繪出公司願景和使命的創業者，就沒有辦法號召到有能力的人才。即使有找到人才，也沒辦法讓這些人才發揮出真正的實力。由於團隊成員努力的方向各有不同，就一個組織而言會很難經營下去。

要重視自己的問題的理由還有一個。那就是創業這條路比一般人想像得還要艱辛。

從欲創業的領域內有沒有值得解決的問題都不曉得的狀態開始，最初建立的假說陸續被推翻。而且在這段時間內，原本就很有限的資金越來越少。要在這種困難的狀態下持續前進，需要擁有很強的抗壓性才行。

在創業的過程中，每天都會被對方拒絕而覺得消沉。不過，如果創業者對於自己的問題很有想法，認為未來一定會是自己描繪出來的樣子，對新創事業的願景與使命懷抱自信，就可以培養出很強的抗壓性。

在什麼樣的經歷意識到這個問題

我們可以把「自己有沒有這樣的問題？」這樣的問題換個方式來問，「你是在什麼樣的背景（親身經歷）下意識到這個問題的呢？」。

致力於眼蟲相關應用的新創事業，Euglena的出雲充社長在就讀東京大學時，曾在暑假期間到孟加拉實習體驗，而這也成為了他創業的原點。他在孟加拉訪問時，遇到了許多因營養失調而受苦的人們。

出雲社長經過這樣的體驗後，便將援助這些人們視為自己的使命。於是他從東大的文學部轉至農學部，並開始研究對人類有益的農業方式。

開發了排尿、排便檢測裝置「D Free」的是Triple W Japan的執行長中西敦士。他想到這個構想的契機相當令人印象深刻。

他曾在美國加州大學柏克萊分校留學，某天他在搬家時實在憋不住，就在路邊解決了大便的問題。這實在是個會造成心理創傷的經歷。

「如果可以在出門前就知道等一下會想大便的話就好了」。在這個深刻的體驗下中西先生決定要發展能夠預測排便排尿的技術。其中就包含了「希望不會再出現像我一樣的犧牲者」這種強烈的意念。

任何人都覺得很棒的構想反而不應嘗試

是很瘋狂的構想嗎？

直覺上來說，如果把構想拿去問一百個人，而一百個人都說「不錯耶！」的話，這樣的新創事業成功率應該會比較高才對。來自周圍的評價越高，越能消除內心的不安，讓自己更有自信。

圖 1-1-7

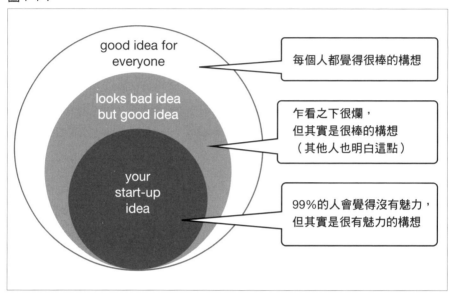

注：本圖改自馬田隆明先生製作的投影片「培育你的新創事業構想」第10頁的圖，本書作者另外加了對話泡泡的部分。投影片的引用來源如下。

https://www.slideshare.net/takaumada/how-to-get-your-own-startup-idea-46349038

　　但事實正好相反。每個人聽了都說很棒的構想，反而是新創事業不應深究的構想。如果在告訴別人自己的構想後，大部分的人都說「這個不錯耶」並表示認同的話，反而該遠離這樣的構想。

　　能夠改變世界的新創事業所提出來的，通常是乍看之下著眼點很爛，沒有人會想要碰觸的構想。

　　由岡田光信執行長所建立的新創事業 Astroscale（新加坡）訂下的使命是「回收宇宙垃圾」。想必一般人聽到這樣的目標時，十個有九個會問「這項服務的市場在哪裡？」、「要怎麼賺錢呢？」對吧。

　　岡田先生認為，周圍的人們之所以會有那麼多負面回饋，是因為「市場處於尚未被定義的狀態」，故現在正好是著手發展事業的最好時機。

Astroscale 想解決的是一個十分重要的問題。地球周圍的火箭與人造衛星殘骸（太空垃圾）增加速度相當快，其嚴重程度甚至有可能成為火箭升空時的障礙。要是這麼放任不管，到了二一〇〇年時，地球會被為數眾多的垃圾包圍，連離開大氣層都可能會變得很困難，是未來宇宙開發的一大障礙。

山葉發動機集團的 Yamaha Motor Ventures & Laboratory Silicon Valley 的營運長，喬治‧凱勒曼（George Kellerman）就曾在一場演講中提到「找出乍看之下沒有魅力，但事實上很有魅力的構想就是致勝關鍵」。

您有辦法找出乍看之下沒有魅力（unsexy）的構想嗎？請您試著挖掘出一個「99%的人會覺得沒有魅力，但其實是很很有魅力的構想」吧！

前面提到的預測排便裝置 D Free 可藉由超音波檢測直腸與膀胱內的糞便量與尿液量，預測排便與排尿的時間點。照護現場對這項產品的需求相當高，創業團隊已藉由群眾募資網站 READYFOR 募集到資金，並已將產品實用化。這正是乍看之下沒有魅力的構想，卻在人力嚴重不足的照護市場中，成為了一個相當很有魅力的構想。

對其他人說明這種瘋狂又沒有魅力的構想，常是一件難以啟齒的事。說明自己的構想時之所以會覺得難以啟齒，是因為還沒建立起將這個問題語言化的說明框架，故很難把自己的想法傳達給其他人。

當然，這也是因為把目標放在這個問題上的企業尚未出現，就算出現了，數量大概也不多。

另一方面，如果可以用語言化的方式說明你欲解決的問題以及欲使用的構想，通常表示這個問題已被許多人注意到，且市面上已有類似的替代方案。由於相關市場已存在，故你的創業目標其他企業也能輕易做到，於是你只能用為數不多的資源與其他企業打價格戰，這並不是一個聰明的創業方式。

圖 1-1-8

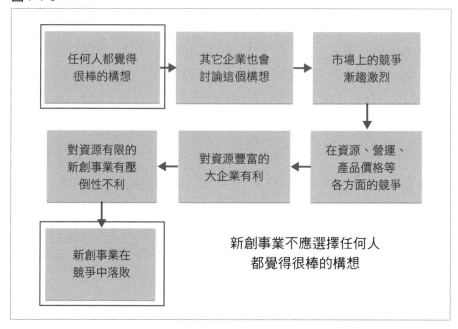

美國線上支付公司PayPal的共同創業者，投資家彼得・泰爾[8]（Peter Thiel）曾在史丹佛大學的課程上斷言「競爭是輸家在做的事」。

若企業間開始搶奪顧客，就容易陷入價格競爭。這時各公司從每一位顧客身上所獲得的利益，顧客終身價值（Life Time Value, LTV）[9]就會瞬間縮小，且在這之後還得在資源、營運品質上彼此競爭。為了在競爭過程中獲得較多顧客，廣告費用等獲取顧客的成本（Cost Per Acquisition, CPA）也會上升。

---

[8]　注：彼得・泰爾為美國PayPal的共同創業成員，亦為矽谷內最具影響力的「PayPal黑手黨」成員之一。《從零到一 你能從零中創造出什麼？》（NHK出版）為他的重要著作之一。文中的評論出自於https://www.youtube.com/watch?v=5_0dVHMpJlo

[9]　注：提升顧客終身價值以及減少獲取顧客的成本的方法將在第五章中詳細介紹。

　　再說，如果演變成搶奪市佔率的激烈消耗戰的話，資源豐富的大企業將會有壓倒性的優勢，新創事業一點勝算也沒有。

　　因此，當你在描述自己的構想時，如果對方的反應或評論中顯露出困惑，而且這個構想又能聚焦於世界上尚未解決的重要問題的話，這個構想將會是你創業的生命線。

大企業決定策略的方式

　　為什麼任何人都覺得很棒的構想所對應到的市場，馬上就會陷入激烈競爭呢？只要想想看大企業如何決定策略就能明白了。

　　若大企業想開始發展新事業，必須取得董事會內大多數董事的認可，才會被核准執行下一步。而董事會成員在判斷是否要發展新事業時，著重的並不是問題的品質，而是這項事業能夠帶來多少營收和獲利、成功的可能性、與既有的核心商業模式是否會有競爭關係等。

　　大企業的新事業負責人在向董事會提案時，會一直被問到這類問題。「三年內應該有辦法把營收拉到一百億日圓吧？不過，不能侵蝕到我們目前的事業喔」。

　　但是，如果被限制只能做確實能賺到錢的構想，那就只能選擇「任何人都覺得很棒的構想」了。

　　美國知名創投基金，安德森・霍羅維茲在Twitter和Facebook的草創期便已注資，而這家創投基金的合夥人，克里斯・狄克生（Chris Dixon）[10]曾在Y Combinator的一場演講中，就新創事業該選擇的構想提供以下建議。

---

[10]　注：克里斯・狄克生為創業家及投資家。這段發言引用自 http://www.youtube.com/watch?v=akOazwgDiSI

「不管是誰來看，開發蓄電量很高的行動電源都是一個很棒的構想。也因此，對於新創事業來說，這並不是一個很棒的構想。」

大企業一定會為「既有的使用者與既有的問題」提供解決方案，故必然會想開發「蓄電量高的行動電源」。所以這種改善既有商品的持續性創新，交給善於此道的大企業就行了。新創事業應該要提出像是「不需電池的智慧型手機[11]」，這種顛覆了既有基本規格的構想才行。

驗證乍看之下沒有魅力的構想，試著將其實現，是一條充滿荊棘的道路。需從假說的驗證開始，試著思考以前沒有人嘗試過的解決方式。乘著新創事業這個載具，挑戰未知的問題，最後成功跨越過難關，正是其價值所在。

YC的山姆・奧爾特曼[12]曾在史丹佛大學的演講中提到「新創事業中，看似困難的道路往往會是捷徑，而看似簡單的道路最後常讓人繞一大圈」。輕鬆就能成功回收投入心血的創業並不存在。

乍看之下很爛的構想才有改變世界的可能

看似瘋狂的構想卻可能會獲得很大的成功，提供住宿預約服務的Airbnb[13]就是這類新創事業的代表。

這個服務於二〇〇八年開始營運。在犯罪大國美國，讓陌生人住在自己家裡，或者住在陌生人的家裡，毫無疑問的是很爛的構想，何況當時並

[11] 注：二〇一七年七月，美國華盛頓大學發表了不需電池之行動電話的開發結果。這種手機可以將無線電波與周圍的光轉換成微弱的電力。
https://www.youtube.com/watch?v=CBYhVcO4WgI
[12] 注：山姆・奧爾特曼的發言引用自以下的演講。
https://www.youtube.com/watch?v=RfWgVWGEuGE
[13] 注：Airbnb的布萊恩・切斯基的發言引用自以下的演講。
https://www.youtube.com/watch?v=RfWgVWGEuGE

沒有使用Facebook帳號認證本人的機制。

執行長布萊恩‧切斯基對自家公司的服務曾這麼評論「許多人都說Airbnb是最爛的創業構想中，經營得最好的一個」。當初他向別人說明自己的構想時，總覺得很難以啟齒，周圍的人也一直和他說「放棄吧」。

不只是Airbnb，許多已成為我們生活的一部分的新創事業服務，都是從乍看之下很爛的構想開始的。

真要說的話，食譜網站Cookpad只是一般大眾的食譜集而已，叫車服務Uber也只是讓使用者搭上陌生人的車移動至目的地的服務而已。最近有個例子是美國的聊天軟體「Snapchat」，該公司於二〇一七年時IPO，一時間市值總額超過了兩百五十億美元。這個軟體可以讓使用者在送出訊息一段時間後，自動刪除訊息。

送出的訊息過一陣子後就會自動消失，乍聽之下是個毫無用處的工具。但仔細想想，在使用者把照片發送給親朋好友的時候，不用擔心個人隱私的洩漏，是個很吸引人的地方。

在Uber還沒有出現以前，如果說要提供「讓任何人都可以用智慧型手機叫車的服務」的話，想必許多人都會回應「為什麼要那麼麻煩呢？攔計程車不就好了嗎？」才對。

但實際上，計程車有很多問題。在攔到計程車以前得舉著手好幾分鐘，而且美國越來越多英文很爛的計程車司機，乘客很難將目的地的位置準確地告訴他們。而且計程車只能以現金付費，要是沒帶那麼多現金的話，就只能再到ATM跑一趟。這種讓人相當困擾的經驗，卻被美國人視為理所當然而被忽略，沒有人會把這當成一個問題。

二〇一七年時，Uber傳出有公司內的管理問題，但其服務本身卻有很高的水準。只要點選乘車地與目的地這兩個地點（在智慧型手機上點兩下），過一兩分鐘後，就會有登記在Uber的車開到你的眼前。車資會從之

前填寫的信用卡帳號扣款，不需現金就能完成支付，且金額只有計程車的一半。司機友善，車內也很乾淨。

你能夠像 Uber 一樣，從其他人都視為理所當然的事中提出你的疑問嗎？能否提出這樣的問題，就是你的新創事業是否能改變世界的分歧點。

你能察覺到他人察覺不到的秘密嗎？

成功的人，能夠察覺到他人所察覺不到的秘密。PayPal 的共同創業者，彼得・泰爾把這句話做為他的著作的主旨。

注意到其他人不曾注意過的地方，找出還沒有人能夠以言語定義清楚的秘密，才是催生出瘋狂構想的途徑。剛才提到的 Uber 正是一個很好的例子。

創業家們應利用人生至今所累積的專業知識、對於市場的洞見、在現場的經驗，再加上獨特的視點，建立出一個適合創業的構想。

Instacart 大成功的理由

讓我們以不久前介紹的 Instacart 為例說明吧。

Instacart 的使用者只要在智慧型手機上點兩下，配送人員就會將蔬菜水果送到使用者的家中。使用者輸入目的地所在位置的郵遞區號後，程式就會顯示半徑五英哩內的超市，接著點選喜歡的超市，就能秀出所有商品。

選好商品並確認後，便會有登記於該服務下，稱作「採購者」的一般人代替訂購者到店裡購買商品，並在四十五分鐘以內送抵訂購者的家中。

創業者阿伯娃・梅塔（Apoorva Mehta）是開發了亞馬遜物流系統的工程師，在物流與零售等方面有一定的專業，能夠掌握市場潮流，不過這

圖 1-1-9

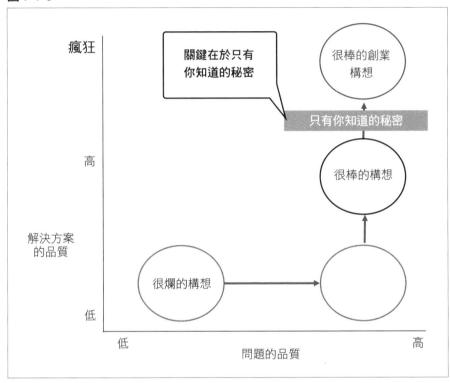

裡要談的並不是這點。他對於「grocery shopping（購買家庭使用的食品及日用品）需親力親為」這件事抱持著疑問，這樣的視點才是最重要的。

　　由亞馬遜這類電子商務公司所提倡的「建構出物流網與倉庫等巨大的基礎設施，讓商品能更有效率地送到顧客手上」作法，在既有的物流模式下是一個很棒的構想。另一方面，「雇用當地的陌生人，請他們幫忙購買家用雜貨」這樣的構想乍看之下卻很糟糕。

　　請一個從來沒見過的人幫你選購要吃下肚的食品，這樣真的沒問題嗎？把自己住的地方透漏給陌生人，這樣真的好嗎？隨之而來的只有滿滿的不安全感。

　　為解決這樣的不安，Instacart導入了經歷確認與訓練計畫等機制。實裝了針對配送人員的顧客意見回饋系統。於是這項服務一口氣擴張了開來，在二〇一七年三月的時間點，在全美共一千兩百個都市內皆可使用這項服務。

　　確實，以目前的觀點看來，沒有庫存壓力、不需購買配送車輛或倉庫等固定資產就能夠販賣食物日用品，這種商業模式相當獨特，獲利也高。然而當初卻沒有任何人能夠理解這樣的機制。是梅塔發現了這樣的潛在需求與市場，並成為了first penguin（踏出第一步的人）。

　　事實上，梅塔還在亞馬遜任職時，就曾經向公司提出這個新事業計畫，卻被駁回。雖然他的著眼點很好，是一個很棒的構想，但對於亞馬遜高層來說，Instacart只是一種會與自家事業競爭的奇特發想而已。

　　駁回的理由是，如果讓使用者與零售店與代為購買商品的採購者建立起這樣的關係的話，就等於是在否定過去亞馬遜投入了龐大資金所建立的自家倉庫、以及和3PL[14]（外部物流公司）之間的契約。亞馬遜是一個上市公司，要做出這種否定自己的過去、發展會與既有事業競爭的新事業，並不是件容易的事。

　　不過，構想被駁回對梅塔來說反而是件好事。這表示在亞馬遜現行的系統下，沒辦法開展這樣的業務，使梅塔察覺到這會是一個足以威脅到亞馬遜的巨大商機。

與零售商的雙贏關係

　　Instacart的解決方案之所以能獲得成功，最主要的原因在於梅塔發現了一個很重要的秘密，並將事業聚焦在這上面。就是這個秘密，使

---

[14]　注：3PL即第三方物流（Third Party Logistics），指概括承接物流業務的公司。

Instacart與零售商得以建立起合作關係。

對於超市之類的零售商來說，亞馬遜的抬頭是很大的威脅，若亞馬遜的營收增加，就代表著零售商營收的減少。這等於是一場搶奪顧客錢包的戰爭。

而與Instacart合作，增加在超商購物的人數，則可單方面地增加當地超市等零售店的營收，達到雙贏。

換句話說，對於既有的零售店來說，Instacart可能會是很好的合作夥伴，故梅塔便成功開創了這項服務。

在美國各地都可以看到這樣的場景。進入美國的天然食品超市，全食超市（Whole Foods）店面後，身障者專用的停車場旁邊，就設置了專供Instacart的採購者使用的停車場。店內也有採購者專用的結帳櫃檯。

Instacart有著要在四十五分鐘以內送至顧客手上的限制，為了盡可能縮短花費在購物上的時間，全食超市這邊也全面配合。

為什麼全食超市會特別優待Instacart呢？

Instacart的使用者在購物時並不追求便宜，故零售店不需為了售出商品而勉強降價。而且，如果採購者能協助將產品迅速送到顧客手上，再次購買的顧客也會增加。使全食超市有辦法搶回過去被亞馬遜定期寄送服務以及Amazon Fresh（生鮮產品配送）搶走的顧客。

與零售店建立起雙贏關係，是Instacart能夠在短期內規模化的最大原因。

Instacart並非只是採購者與顧客之間的仲介業者，他們也擁有使用大數據的優秀技術。他們的服務價值在於，顧客所訂購的食材與物品「能在指定的時間內送至正確的地方」這樣的使用者體驗（UX）。

為了實現這樣的使用者體驗，Instacart必須蒐集交通資訊、天氣、各時間帶的狀況等數十種參數，才能通知顧客精準的配送預測抵達時刻（預

測抵達時刻）。

　　二〇一七年八月，亞馬遜完成了收購Instacart的盟友，全食超市的程序。由於全食超市擁有Instacart的股份，使亞馬遜也成為了Instacart的股東。目前Amazon Fresh的勢力還未擴展至整個美國。想必未來亞馬遜會活用全食超市的店面與Instacart所建立的基礎建設，擴大生鮮食品的配送產業。

為何要追求瘋狂的構想？

　　我們之所以能看到那麼多人在追求瘋狂的構想，是因為在IT的進步之下，市場的典範模式轉移也跟著高速化。

　　大約從二〇一四年起，獨角獸企業（市值總額超過十億美元的新創事業）如雨後春筍般陸續冒出。

　　而這些企業市值評價的上升曲線也相當驚人。開發AR（擴增實境）裝置的Magic Leap只花了一年就成為了獨角獸企業。先前提到的Snapchat、提供創業家共用工作空間的WeWork，以及Airbnb等，都在創業不到兩年內成為了獨角獸俱樂部的一員。

　　這些事實，代表典範模式轉移的高速化，使產品和服務的「腳步」也變快了。科技如指數函數般地進化，對所有產業都會造成強烈影響。

　　在這個變動如此迅速的世界，即使是看到先行者[15]出現後馬上決定「好，我們也跟上」，也可能為時已晚。

　　因此，要成為市場上的勝利者，誰先達成「製作出人們想要的東西」就是一件很重要的事。當然，能否達成「製作出人們想要的東西」的關

---

[15]　注：先行者（First Mover）指的是第一個開拓出新市場的新創事業。

鍵，並不在於已被他人檢驗過的構想，而是在於「乍看之下很爛，但其實是很棒的構想（＝瘋狂的構想）」。

靠著針對既有問題，為既有顧客提供既有解決方案而累積獲利的企業，常會對現況變化做壁上觀。然而，在這個典範模式轉移高速化的時代，企業若無法應對狀況變化，將會失去市場。

影像出租產業的百視達、大型書店巴諾（Barnes & Noble）、百貨公司西爾斯（Sears）等原本規模很大，現在卻越來越小的企業不勝枚舉。

創新曲線的變化

過去的創新曲線中，一開始使用產品的是創新者以及早期採用者（early adopters），在跨過了行銷權威傑佛瑞・摩爾（Geoffrey Moore）[16]所說的「鴻溝（chasm）」之後，才能真正培養出早期大眾（early majority）。

在這種過去的創新曲線中，需要花不少時間在產品的驗證上。然而，在智慧型手機已普及的現在，資訊傳達速度相當快，這樣的創新曲線模型早已過時。

現在已不像過去般，慢慢等待市場接受商品，進而培養出早期大眾。而是分成試用顧客（喜歡嘗試新東西的顧客）與跟風大眾（在一般顧客中爆發性成長）兩個階段，迅速滲透至市場。

創新曲線改變了。現在的使用者只要看到有點興趣的東西就會去試試看，當有使用者被燒到，就會迅速傳出口碑引起熱潮，席捲整個市場。這種模式的產品越來越多。

---

[16] 注：傑佛瑞・摩爾為市場行銷顧問。在他 1991 年的著作《跨越鴻溝》（陳正平譯，臉譜出版）中提到，早期採用者和一般多數（majority）之間有一道鴻溝（chasm），許多失敗的商品就是落在這個鴻溝內。該書的日語譯本為《鴻溝 Ver.2 增補改訂版 讓新商品突破困境的「超」市場行銷理論》（翔永社出版）。

最近的例子如「精靈寶可夢GO」、以比特幣交易個人價值的「VALU」[17]、只要上傳照片就能進行典當的「CASH」[18]等，都是透過社群媒體在短時間內爆發熱潮。

「深度連結（deep link）」的普及，更是加速這種趨勢。深度連結能夠讓使用者直接從網站跳到iPhone或Android的app畫面。舉例來說，若使用者在Facebook上的動態消息中看到有興趣的app廣告，在點選後便可直接下載該app，並馬上開始使用。深度連結的普及改變了使用者的習慣。

此外，末端顧客於群眾募資[19]網站上看到喜歡的尖端產品時，可藉由小額贊助成為贊助者或試用者，並給予開發商適當的回饋。

現在的新創事業不需等待使用者數超過某個特定值，只要有了一定量的試用者回饋，就能以此為基礎再次琢磨產品。在商品的生命週期變快的現在，正是向這個世界提案新產品，打造新創事業的好時機。

尋找沒有替代方案的構想

克雷頓・克里斯汀生的名著《創新的兩難》（商周出版）的日文版監修者，玉田俊平太在他的著作[20]中提到，克里斯汀生常說「在思考新創事業方向時，應以非消費者為目標」。所謂的非消費者，指的是對這樣的消費完全沒概念的顧客。克里斯汀生認為，如果顧客原本對這樣的消費完全

---

[17] 注：VALU（東京・澀谷區）的使用者可以發行代表個人價值的「VA」。VA類似股票，可以用比特幣進行交易。

[18] 注：「CASH」是BANK（東京・港區）所營運的服務。使用者以智慧型手機拍下自己想賣掉的物品，並傳送照片後，便可馬上獲得以該物品做為擔保品的貸款。最後可選擇將貸款加上手續費歸還，或者將該物品交給營運方。

[19] 注：群眾募資的代表性營運公司包括美國的indiegogo和Kickstarter，日本則有Makuake、CAMPFIRE、READYFOR等。

[20] 注：《日本創新的兩難》（玉田俊平太著，翔泳社出版）。

沒概念，較容易接受簡單而便宜的產品。

也就是說，當市場上不存在可替代的服務時，代表這項服務沒有前例、沒有既有的消費者。若創業者能發現這樣的市場，並使產品達成「製作出人們想要的東西」的話，便能獲得很大的成長。

若你到新興市場，會發現沒有人在使用只能通話的功能型手機，幾乎所有人都在使用智慧型手機。雖然Nokia製的簡單型手機曾打入某些新興市場，但多數消費者要打電話時仍以使用固定式電話為主。當便宜的智慧型手機進入印度與中國等新興市場後，智慧型手機的市佔率便迅速超越了只有功能型手機。

另一方面，中國的去現金化速度也在日本的十倍以上。舉例來說，傳訊app「WeChat（微信）」[21]可藉由讀取條碼的方式完成支付（WeChat Payment），其使用人數已超過了兩億人。現在連路邊攤都很常使用這種支付方式。

因此，假設有人開發出了用區塊鏈技術實現的智慧型手機匯款系統，也不應選在ATM和網路銀行已普及的先進國家創業。把目標放在印尼或菲律賓等國家，一口氣擴大市場的機會可能還比較大。

將已在新興國家市場琢磨過的產品拿到先進國家上市，稱為**逆向創新**（reverse innovation）。舉例來說，共享單車「Mobike」[22]在中國創業，提升在中國的市佔率，持續琢磨他們的產品，之後才陸續於日本、美國、英國等先進國家市場上市。像這種由新興國家開始的逆向創新越來越常出現，也成為了典範模式轉移高速化的原因之一。

---

[21]　注：「WeChat（微信）」是由中國的IT大廠，騰訊所提供的傳訊app。相當於日本的「LINE」。

[22]　注：Mobike為中國·北京的新創事業，於日本福岡市設有據點，二〇一七年八月末時，於札幌市開始提供服務。https://mobike.com/jp

圖1-1-10

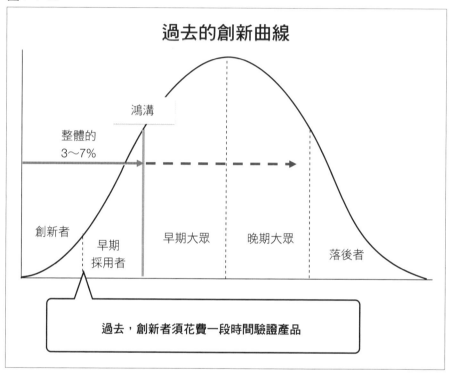

忠誠循環的劇烈變化

典範模式轉移的加速還有一個很重要的原因,那就是大數據與智慧型手機的普及,讓使用者對服務的忠誠循環也極端地高速化。

所謂的忠誠循環,指的是聽過這個產品的人在開始使用後逐漸喜歡上產品,並以使用者的身分持續使用,且越用越喜歡,成為一個循環。

過去的忠誠循環中,會透過媒體上的廣告「**引起顧客注意、使顧客產生興趣、激發顧客欲望、強化顧客記憶、促使顧客行動**」,也就是所謂的AIDMA[23]**模型**。使用者會花上一段時間選擇一個產品或一項服務,驗證是否有使用的價值。

　　然而，在智慧型手機普及之後，許多網路型服務卻不適用於如此漫長的 AIDMA 循環。

　　在網路型服務大量出現的情況下，忠誠循環的入口，也就是顧客歷程的起點（開始使用 app 的契機）急速增加。若要讓使用者固著於某項服務上，該如何建構接下來的故事就是一大重點。

　　在第一時間發送出資訊，藉由使用者的口碑推廣服務，增加與使用者的接觸頻率，提高服務的「大腦佔有率」（mindshare），使服務的黏著率上升。最後將可提升顧客終身價值（單位使用者的終身價值）。

　　幾乎所有服務都會有「首月免費」的免費增值（freemium），讓使用者先試試看，如果覺得好用再購買。於是顧客能先隨意試用，用到一定程度後轉變成忠實使用者，黏著於這項服務（捨棄其他替代方案），這就是新型態的忠誠循環。

　　讓我們以 J 聯盟的足球直播服務為例來說明這個過程。過去人們會使用 DVD 錄下影像，故 CD、DVD 商店會貼著很大的廣告海報，且廠商會利用傳統的四大媒體（足球雜誌、廣播節目、電視的足球節目、體育報紙）來引起觀眾的注意。

　　不過到了現在，若要吸引喜歡足球的潛在觀眾，在搜尋引擎上廣告、在 YouTube 放上前導廣告（teaser）[24] 影片、在 Facebook 放上廣告影片等方法會更有效率。

---

[23]　注：AIDMA 為引起注意（Attention）、產生興趣（Interest）、激發欲望（Desire）、強化記憶（Memory）、促使行動（Action）之一連串過程。

[24]　注：前導廣告會隱瞞部分產品元素，以引起使用者的興趣。汽車與智慧型手機廠商在公布下一代產品時，常只公開其中的某些元素吊人胃口。而放在影片網站上的前導廣告，就稱作前導廣告影片。

圖 1-1-11

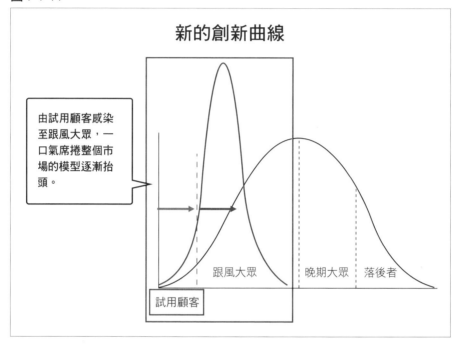

舉例來說，如果有「首月免費」的活動，那麼J聯盟的狂熱粉絲就會馬上跑去申請。如果他們獲得了很棒的觀賞體驗，就會想購買一整季的影片直播服務，成為黏著度高的使用者。

而如果廠商針對持續使用的顧客推出更多免費增值服務、定額訂閱服務[25]等，以留住顧客，並快速蒐集來自顧客的回饋，基於這些回饋意見持續改善服務，就能夠提高粉絲的質與量（高顧客終身價值、低解約率）。

---

[25] 注：許多定額訂閱服務會使用一項名為「Net Promoter Score」的指標，估算顧客將商品、服務推薦給其他人的可能性。為使商品持續擁有很好的口碑，並提升商品本身的魅力，廠商會持續蒐集來自使用者的回饋。

新創事業應該要避免的七種構想

在本節最後，讓我們將新創事業應該要避免的七種構想整理出來，做為自我驗證的參考，同時也可當作複習。

①任何人乍看之下都覺得很棒的構想

乍看之下很棒的構想，通常已有其他人做過，卻大都失敗了。要是這樣的商業模式還不存在於世界上，很有可能是因為不存在達到「製作出人們想要的東西」的道路，或者已存在著很好的替代方案。

就算你從網路上找不到競爭者的存在，世界上的某個角落中，有個優秀團隊在進行準備的機率近乎100%。因此沒有必要特地闖入這個市場。

②利基過小的構想

就算創業者有一個瘋狂的構想，也不代表找到利基後，搶下市場就穩了。創業者除了確定市場當下存在利基，未來也需有一定的成長空間。

二〇一三年登場，以奇特設計的產品為賣點的電子商務網站Fab.com就是一個失敗例子。該網站以會衝動購買設計奇特商品的顧客為目標，主打「偶然相遇（serendipity）」。

然而其利基市場就只有會衝動購買奇特商品的使用者，這樣的利基市場實在過小。Fab.com當初募集了四百億日圓的資金，最後卻沒能規模化，並以十五億的價格賣出。

③只是剛好做得出來，不是自己想做的構想

二〇一五年登場的產品「SEMG Pod」是一款能夠檢測肌肉運動的穿戴式裝置。SEMG指的是表面肌肉電位，不過這種測定方式並不是很新的

技術，創業團隊只是因為做得出來才做這個產品，而不是因為自己有什麼待解決的問題，這也成為了他們的敗因。

④沒有根據、流於空想的構想

「KOLOS」是一項讓使用者在玩平板電腦上的賽車遊戲時，可以操控遊戲中賽車的產品。平板電腦可放置在相當於方向盤的位置上，使用者則看著上面的畫面進行遊戲。團隊於群眾募資網站Kickstarter上募集到一億元的資金，卻沒能實現這個產品。

事實上，該創業者一開始甚至連平板電腦都沒有，只是單方面想像「這種東西應該有需求吧！」，並在Kickstarter上獲得部分人士的支持，卻在開發過程中完全沒有進行問題的驗證，才導致失敗。

若使用群眾募資網站募資，有時會出現這樣的例子：創業者在上傳了概念影片後，募集到了必要以上的資金，卻沒辦法把這些資金退回去。這就是在沒有實現「解決顧客問題」（CPF）的情況下，只達成了表面的「製作出人們想要的東西」的狀態。

如果一開始這項產品的目標客群僅定位成為那些願意在群眾募資網站上贊助的人們，把產品做出來賣給他們就算了也無妨。不過，如果一開始就希望未來能夠規模化，就必須驗證這樣的產品能夠解決哪些問題才行。

⑤只用數據分析得到的構想

二〇一一年，提供優惠券與團購服務的Groupon登陸日本時，市場上出現了許多山寨版。其中一半以上的企業都遵循著Groupon的機制，計畫攻下Groupon尚未拿下的市場，但最後都以失敗告終。

他們從上方俯瞰整個市場，尋找尚未被佔據的空間，僅做到了由上而下的分析。卻完全沒有規模化計畫，創業者也沒有自己的想法。以這種方

圖 1-1-12

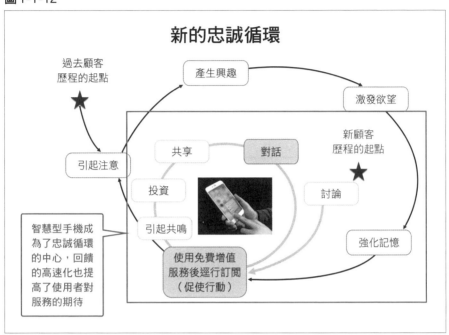

式開始的新創事業沒辦法好好琢磨產品，當市場環境出現些許的改變時，將無法進行適當的軌道修正（修正軌道），許多案例便是在空想中自己分解。

⑥會演變成激烈競爭的構想

在 Groupon 的山寨熱潮結束後，二〇一二年左右掀起了另一波與社群網站有關的創業熱潮。當時典範模式轉移已逐漸進入終盤，市場上的既有業者與新加入的業者卻進行著激烈競爭。新加入的業者即使擁有其他後進者所沒有的競爭優勢，卻難以在與大企業的價格持久戰中獲得勝利。

新創事業的戰略第一要務就是「**要避免競爭**」，這點請隨時銘記在心裡。

⑦難以用一句話表達的構想

　　「要用什麼方式解決誰（顧客）的什麼（問題）。」如果沒辦法像這樣用一句話講出你的構想的話，就表示構想琢磨得還不夠。要做出能為這個世界帶來衝擊的產品，突顯出產品核心是一大重點。若能夠用一句話明確地表示出你的構想，可以減少創業同伴彼此間的誤會，也容易聚集起對此問題有共鳴的成員。

圖 1-2-1

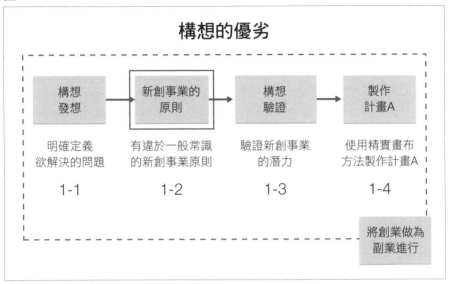

1-2　瞭解新創事業的原則

新創事業與小型企業的差別

　　從我以一個創業投資家的身分開始活動後，每天都會有許多創業者和我聯絡。他們大都是為了募資才來找我，並會說著「這個商業模式的市值總額約為五億日圓，這次我們想要募集七千萬日圓，請您考慮一下這筆投資」之類的話。

　　然而，仔細聽他們所說的內容，會發現許多人並不是要展開新創事業，而是要開一家小型企業（small business）。

圖 1-2-2

新創事業與小型企業的差別

	新創事業	小型企業
成長方式	J型成長 若是成功， 可在短期內獲得巨額報酬	線形成長 可確實獲得還不錯的報酬
市場環境	未確認是否真的存在市場 在不確定的環境下進行競爭 時機相當重要	已證明市場存在 市場環境變化較小
規模化	初期規模很小， 但可以一口氣觸及到許多人	可由少數客群慢慢成長 即使顧客少也經營得下去
利害關係人	創投基金或天使投資者	自有資金、銀行
執行動機	股票選擇權在公司上市、 被收購後的資本利得	穩定的薪水
潛在市場範圍	在任何地域都能提供服務， 調集到勞動力	只在特定地域提供服務， 並使用當地的勞動力
創新方法	重新定義既有市場的 破壞式創新	以既有市場為基礎的 持續性創新

　　許多創業者並不了解新創事業與小型企業的不同。

　　其中也有人認為「自行開業＝創業」，然而自行開業大多屬於小型企業，只有一小部分是新創事業。新創事業與小型企業有所不同，得持續琢磨自己的構想才行。接著讓我們從這兩者的差異，進一步思考新創事業是個什麼樣的組織吧。

差異1　成長方式

　　新創事業的理想曲線中，現金（手上擁有的資金）會先減少，降幅逐漸趨緩後突然暴增（像是二次函數般，有時甚至可以用三次函數描述），看起來就像一條J型曲線。事業成功的話，可以在短期內獲得巨額報酬。

　　另一方面，小型企業不管在員工數目的增加、商品種類的增加、店鋪擴張等方面，在初期階段都是像線型函數（一次函數）般緩緩成長，腳踏實地地獲得還不錯的報酬。

差異2　市場環境

　　這項差異應該是最易理解的部分。小型企業是以既有的市場為目標，另一方面，新創事業卻是把目標放在連是否存在都不確定的市場上，故在創業初期需從發現構想、假說驗證等開始。

　　因此，新創事業瞄準的是高風險、高報酬的構想。而本書的目的就在於降低創業的風險。

　　另外，由於市場的不確定性很高，故切入的時間點相當重要。

　　舉例來說，如果想開一家很漂亮的咖啡廳，什麼時候開業都可以。讓人能放鬆心情喝杯香醇咖啡的價值，以及咖啡廳之商業模式須具備的要素等，現在與十年前並無太大差別，恐怕十年以後也不會有什麼改變吧。

　　不過，我們在1-1所介紹，以打造智慧型幼兒園為目標的新創事業UNIFA，選在現在這個時間點創業，便有其意義在。如果在五年前創業，從機器人製造成本與智慧型手機普及率等外部環境條件看來，大概不容易成功；而如果是五年後，市場應該已經飽和了才對。

　　因此，創業者在準備要創業時，一定要針對「為什麼要在現在創業？」這個問題，提出一個合理的說明。

圖1-2-3

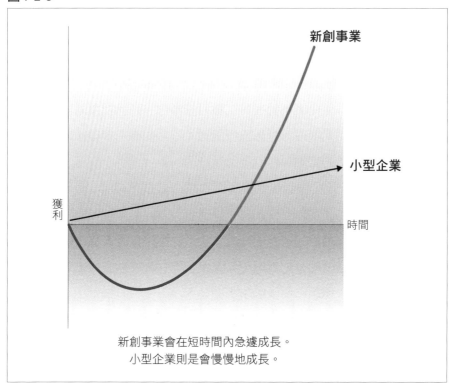

新創事業會在短時間內急遽成長。
小型企業則是會慢慢地成長。

差異3　規模化（擴大事業）的意義

新創事業若能達成本書第一章至第五章中所說明的五個階段目標，便能夠一口氣規模化，或者也可以說「創業是否成功，就取決於能否規模化」。在新創事業超過一定規模的瞬間，便可藉由網路效果（顧客越多，每一位顧客所獲得的好處就越大）以及規模經濟效應，一口氣席捲整個市場，形成二次函數般的成長曲線（如Facebook、Google、Airbnb、Mercari等）。

另一方面，小型企業已有既定市場存在，能夠製造已達成「製作出人們想要的東西」的產品並藉此展開市場，故比起規模化，更應重視事業的獲利（單位經濟效益，unit economics）。只要能確保事業的獲利，就沒有必要賭上企業的存亡去進行規模化。

差異4　利害關係人

提供新創事業資金的是創投基金或天使投資者（個人投資者），而提供小型企業資金的則是銀行或信用合作社等金融機構。

創投基金對於出資所要求的回報為資本利得（賣掉股票的獲利），故只會投資在未來有可能一口氣規模化的新創事業。而金融機構所要求的回報大都是固定報酬（利息），故只會投資在有擔保品或有過去業績做為基礎的健全獲利預測之商業模式上。

差異5　潛在市場範圍

像拉麵店、機車快遞、理髮店這種，僅限於某商圈內的商業模式並不算是創業。

如果是以經營商標為目標，消費者有可能會擴及全國，然而產品本身仍只能在某些商圈內買得到，所以也只能算是小型企業（要是有地理限制的話，便不可能產生指數函數般的成長）。

差異6　創新方法

就像是Facebook改變了人與人之間的交友方式，就像是智慧型手機改變了我們的生活型態，許多新創事業所帶來的破壞式創新打破了既有市場的秩序。

圖1-2-4

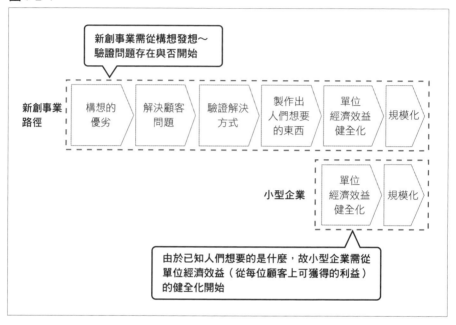

以改良既有市場為目的的持續性創新，並不是新創事業該去做的事。

我並不是要在這裡否定小型企業。重點是，新創事業與小型企業的前提完全不同。

在已達成「製作出人們想要的東西」的狀態（已清楚知道市場或人們想要的東西是什麼的狀態）下開始經營的小型企業，不論是價值提案或解決方案，大都已有可參考的答案，因此如何有效率地執行，才是經營的重點。也就是說，若要提升競爭力，關鍵在於流通方式、廣告、價格、商品齊全度等。

與之相較，創業者所面對的不確定性，是小型企業經營者難以想像的。要創業就必須有這樣的覺悟才行。

不過，只要能達成「製作出人們想要的東西」，順利規模化的話，將獲得相當豐碩的果實。擁有Facebook兩成股票的執行長，馬克‧祖克柏（Mark Zuckerberg）的個人資產就將近十兆日圓。

新創事業只是暫時性組織

以優秀創業教育家著名的史蒂夫‧布蘭克將新創事業定義如下[26]。

「新創事業是一個以探索有成長性、有再現性、能夠獲利的商業模式為目標的暫時性組織。」

「暫時性組織」這樣的評論可能讓人聽不習慣，不過對於有志成為創業者的人來說，這卻是相當重要的一點。

也就是說，當新創事業達到「製作出人們想要的東西」，並順利規模化之後，重點就該由新商業模式的探索轉向經營效率的提升，逐漸轉變成「一般企業」[27]。

這是每一個新創事業都無可避免的過程。即使核心成員都相同，也不代表團隊必須永遠停留在新創事業的階段。隨著創業的進展，成員們也必須有所改變（進化）才行。

創業界中有一個詞是「殭屍創業」。這是指創業開始後十年、二十年還沒辦法規模化，卻也沒有倒閉的公司。

事實上，這樣的公司也不少。它們大多在一開始時募集了足夠的資金，卻錯過了IPO的時機，而當時為了確保公司活得下去而接下的業務（包括各種委託以及顧問工作），不知何時竟成為了該公司的支柱。

---

[26] 注：史蒂夫‧布蘭克的發言引用自以下網頁。
https://steveblank.com/2010/01/25/whats-a-startup-first-principles/

[27] 注：在新創事業進入規模化階段，轉變成一般企業後，自身公司仍可繼續研發市場上尚未被定義清楚、如新創事業般的產品或服務。

有些新創公司從創投公司那裡獲得資金援助，卻沒有規模化，也沒有被收購，而是轉為小型企業經營。當創投公司想要回收資金時，手頭上的資金卻已用盡，只能解散。

Google、Apple、Facebook、Amazon等公司，是許多創業者憧憬的目標。然而，這些公司已經規模化，現在的它們並不屬於新創公司（這些企業雖然也試著發展各種新事業，但基本上，它們還是從確實成長的本業賺取資金，再將其投資於新事業上。組織本身並不屬於新創事業）。

歸根究柢，新創事業是讓產品的市場大小從「0」轉變成「1」的組織。人們所說的連續創業家（serial entrepreneur）便十分擅長琢磨構想，使其達成「製作出人們想要的東西」，由「0」轉變成「1」。他們對此充滿著熱情。

當新創事業規模化，轉變為一般企業時，管理階層會被要求擁有擴大事業的能力，以及保持組織整體動力的能力。這個階段所要求的是從「1」到「100」的能力，故管理階層的任務與新創事業會有很大的差異。

「Start」之後，可以「Up」嗎！？

曾我弘[28]先生是一位傳說中的創業家，也是我的導師之一。

曾我先生從新日本製鐵（現在的新日鐵住金）屆齡退休後，移居至矽谷，並在那裡創立了七個公司，前六個公司以倒閉收場。而第七個公司Spruce technologies，則在與史蒂夫・賈伯斯（Steven Jobs）直接交涉後，於二〇〇一年賣給了Apple公司。

曾我先生曾對我說，世上的創業幾乎都「只是模仿個樣子而已」。

---

[28] 注：曾我弘所創立的Spruce technologies致力於DVD的編輯、管理系統的研發。

連路徑怎麼走都不清楚的狀態下勇敢地「Start」，並在短時間內交出「Up」的成果。若沒有這樣的覺悟，則稱不上是創業（startup）。

Y Combinator（YC）的創業團隊之一，保羅‧格雷厄姆（Paul Graham）[29]也曾說過「新創事業應該要是一個急速成長的企業。就算擁有尖端技術、有來自創投公司的投資、有被收購的戰略，只要沒有急速成長的話，就不能叫做新創事業」。這和曾我先生的說法一致。

在達成「製作出人們想要的東西」之後，應健全化單位經濟效益[30]（從每位顧客上可獲得的利益），在大企業還沒進入市場時，一口氣規模化席捲整個市場，這就是新創事業的宿命。

想要創業的人們，應該把這件事銘記於心。

你能對97%的常識說NO嗎？

如同至今我們所看到的，經營新創事業與經營小型企業（一般企業）有很大的不同。經營一般企業時用到的常識，在新創事業的初期幾乎都沒什麼用。

YC的總裁，山姆‧奧爾特曼曾說過「新創事業的創業者需要對97%的常識說NO」[31]。

接著我們將會介紹一些適用於一般企業，但卻是新創事業需避免的行動與思考方式。讓我們來看看專注於琢磨構想的新創事業，與一般企業會有什麼不同吧。

---

[29]　注：保羅‧格雷厄姆的發言引用自他的個人網站。http://www.paulgraham.com/growth.html
[30]　注：單位經濟效益的健全化將於達成「製作出人們想要的東西」後的第五章中詳細說明。
[31]　注：山姆‧奧爾特曼的發言引用自以下演講。
　　http://www.youtube.com/watch?v=CBYhVcO4WgI

差異❶　製作過於詳細的事業計畫

　　許多新創事業會在初期階段便製作詳細的事業計畫。曾在大企業做過企畫管理工作的人特別容易做出這種事。

　　他們常以為，將計畫做得越嚴密、考慮的範圍越廣、說明得越詳細，投資者應會更容易接受這項計畫才對。

　　但事實上，當新創事業將產品或產品原型拿到顧客面前給他們使用，並獲得顧客回饋後，最初的問題假說[32]以及解決方案假說，很有可能需要大幅更動。

　　即使創業團隊在一開始建立了詳細的計畫，並設計了用以驗證績效的KPI（關鍵績效指標），做為其前提的價值提案或問題假說也很有可能說變就變。這麼一來，之前擬出詳細計畫所花費的時間就白白浪費掉了。

　　對於新創事業來說，產品的**持續迅速改善**（sprint）與**修正軌道**（pivot）是常有的事。以不考慮修正軌道之可能性為前提，製作出長達十多頁，詳細說明了商業模型的企畫書，從根本上來說就是錯的。

　　此外，如果事先做好詳細的計畫，就會傾向把達成這個目標當作正確答案。若以此為前提進行創業的話會很危險。這使得創業團隊無法徹底驗證問題假說與解決方案假說是否正確，而這正是創業最大的風險。

　　我曾看過某些創業者會進行嚴格的績效預算管理。在剩下的跑道（runway[33]，距離資金見底前還有多少時間）中，為了不讓資金枯竭而慎重使用預算固然是很重要的事，然而，與其為了節省預算而消耗大量勞力，

---

[32] 注：「問題假說」指的是創業者認為使用者可能有什麼樣的痛點，而解決痛點的可能方法就稱作「解決方案假說」。

[33] 注：跑道指的原本是機場的「跑道」。這裡指的是計算每個月必要的資金（資金消耗速率，burn rate）後，預估距離新創事業的規模化（起飛）還能撐多久。要是在規模化之前就衝到「跑道」盡頭的話，新創事業便會死亡。

不如把這些錢用在產品的持續改善上，快速、反覆進行改善還比較恰當。

差異❷　製作精準的財務預測

同樣的，在「製作出人們想要的東西」之前製作精準的財務預測也是沒有用的。

當然，在A輪融資、B輪融資等階段提出有一定完成度的營收計畫，且實現可能性高的財務預測，對創業來說是很重要的事。但如果商業模式的前提還不明確，仍在構想驗證（verification）階段時，財務預測完全沒有任何意義。

以前，一間仍處於種子期的新創事業請我作顧問，他們的財務長想先作出財務預測。

雖然我全力阻止他這麼作，但他最後仍作出了為期五年的財務預測，並藉由DCF法（由未來獲得的現金流為基礎計算出企業價值的方法）計算出當下的市值總額。

在達成「製作出人們想要的東西」以前，即使只是小幅度地修正軌道，像是銷售方式稍有變更之類，便會使這些試算工作的前提整個改變，讓之前算的結果完全失去意義。如何運用寶貴的時間，在對的時機「畫大餅」，是對於創業者的一大考驗。

順帶一提，像我們這樣的創投公司，有時候會從仍處於種子階段的新創公司收到作得相當精緻的財務預測，但其實看了意義也不大，因此我從來都沒有打開相關檔案過。

差異❸　執著於精緻的報告書

製作精緻的報告書也是浪費時間。曾在一般企業工作過，已習慣他們的報告途徑（reporting line）的人，總會認為「製作報告書」給上司看是

很重要的工作。許多會計部門出身的人會致力於製作會計報告、曾擔任主管的人則會製作績效報告。

然而，對於新創事業來說，用報告這種形式來進行定型化考核，或期中、結果報告並不是一件很重要的事。

比起這個，新創團隊更該把時間花在進一步探究那些在既有框架下看不到的顧客意識（顧客洞見）、發現潛在問題、找出隱藏在市場內之構想的秘密，然後迅速地傳達給所有成員知道才對。

差異❹ 「大部分的人都覺得不錯」的創業計畫

大企業擅長的持續性創新，是以自家公司過去的計畫或競爭對手的計畫為基礎，試著作出再更好一點的產品。也就是說，如果你能作出「大部分的人都覺得不錯的產品」，獲得廣大既有顧客的支持的話，上司就不會有任何意見，也會把你當作公司內的「優等生」。

但對於新創事業來說，製作「大部分的人都覺得不錯的產品」卻意味著失敗。這種產品無法重新定義市場，達成破壞式創新的目的，要從目標市場上取得壓倒性的市佔率想必也不容易。就算之後能開始獲利，在資金上不至於出現困難，也只能以緩慢的速度成長，就像是之前所提到的，一直無法規模化的殭屍創業一樣。

比起「大部分的人都覺得不錯的產品」，作出「能讓一部分的人瘋狂愛上的產品」，才是新創事業者的使命。

差異❺ 製作詳細的規格書

這是有系統工程師經驗的創業家常落入的陷阱。新創事業應建立在快速的持續改善循環之上，沒有必要製作詳細的規格書。

「敏捷開發（agile development）」是開發風險最小的軟體開發方式，

「比起總括性的文件，更重要的是軟體要跑得動」是開發業界的格言。有時間去寫規格書的話，不如把那些時間拿來製作跑得動的產品，盡快獲得來自顧客的回饋。

　　基本上，從開始寫規格書的時間點起，工程師就與創業團隊和顧客拉出了一道距離。無論如何，都應該要與團隊站在一起和顧客持續對話，以琢磨自己的構想為優先才行。

　　疏於和顧客對話，覺得「因為自己是程式設計師，專心寫規格書就好」，這種對工作自我設限的人，絕對不能讓他成為初期創業團隊的核心成員。

差異❻　執著於一開始想到的商業模式

　　這點與「製作過於詳細的事業計畫」共通。曾在過去的商業模式中獲得成功經驗的人，特別容易迷信、執著於一開始所建立的商業模式，認為那是最好的。

　　當然，確實有極少數的例子是靠著一開始想到的商業模式成功的。

　　airCloset的社長天沼聰先生在二〇一四年成立了這家主打女性顧客的服飾租借服務公司，從創業以來，他們的商業模式就未曾改變過，並順利規模化。顧問出身的天沼社長想出了近一百個構想，並訪問了兩百人左右的顧客，徹底琢磨了他的商業計畫。天沼社長曾在樂天擔任過專案經理，相當了解要讓一項生意成功的關鍵要素，是一位專業人士。

　　雖然不是沒有這種一開始就能夠找到最佳商業模式的例子，但如果創業進展得不順利卻又一意孤行的話，將是最可怕的事，這會讓創業者永遠都做不出顧客需要的產品。

　　成立新創事業時，需視顧客的反應隨時改變商業模式。不要不敢去否定一開始的構想，而是該從這個過程中持續學習。

差異❼　過度重視與其他公司的競爭

意識到潛在競爭者的存在並不是件壞事。此外，關注能夠左右商業環境的大型公司，如Google、Amazon的動向也是件很重要的事。

然而，若把競爭者當作指標，有「那家公司都這麼做了，所以我們也要這麼做」這種想法的話，就成為了他們的追隨者，等於一開始就認輸了。再怎麼緊追在後，也無法找出顧客洞見，在競爭中永遠無法居於優勢。

差異❽　過度重視產品的市場區隔

有行銷經驗的創業者，常會把做出「市場區隔」掛在嘴邊。然而對於新創事業來說，市場區隔僅是結果論的產物，並非創業的目的。「做出與競爭對手有市場區隔的產品」這樣的想法很常見，但這並沒有考慮到顧客的聲音，卻落入了開發者的陷阱。

製作新產品的時候，不應以做出市場區隔為目的，而是該以如何提供更好的使用者體驗為基礎進行開發。

差異❾　追加許多「可有可無」的功能

我常看到許多創業者想著「如果有許多方便的功能，使用者也會很滿意」，於是在創業初期就在產品上實裝了許多「可有可無」的功能。

然而，能否達到「製作出人們想要的東西」，並非取決於產品有多少「可有可無」的功能，而是取決於產品是否實裝了「必要」的功能，使其能夠解決造成顧客痛點的大問題。

因此，新創事業應該要投注心力在「必要」之核心功能的提升，徹底埋首於該功能的實現。

　　而且，如果一開始產品的功能過多，會模糊掉核心功能的存在。使創業者難以驗證是哪一項功能吸引使用者使用這項產品或服務。於達成「製作出人們想要的東西」、準備要規模化的階段，再來考慮追加「可有可無」的功能也不遲。

差異❿　一開始就很堅持產品設計與產品操作性

　　這是設計師常犯的錯誤。只要不是硬體產品，產品設計與操作性的細節等應該要之後再來考慮。

　　為了提升設計細節的完成度而投入資源，只是時間與金錢的浪費而已。在完成度70%左右時，迅速生產出產品原型，以獲得顧客的回饋才是最重要的。等到完成度80%或90%之後，再來改善細節也還來得及。

差異⓫　一開始就進行系統自動化、最適化

　　這是技術高超的工程師們常犯的錯誤。

　　現在，即使是人工智慧（AI）的深度學習（deep learning）這種複雜的技術，工程師也可利用身邊軟體內的函式庫（library）[34]任意操作。

　　因此，有些仍在創業初期的創業家在進行簡報（pitch）時，會做出「我們公司將會利用人工智慧技術進行流程的自動化」之類的說明。在初期階段就考慮要將系統自動化、產品最適化的新創事業，等於是在徹底驗證自己的構想之前就想著成長之後的事，實在為時過早。

　　在需要仔細傾聽顧客的聲音，以驗證構想的初期階段，不應放任人工智慧自行理解顧客的意見，而是要由創業者自己想辦法理解才對。

---

[34] 注：函式庫指的是為了實現有某項功能的程式，利用其他程式製作出來的「功能集」。新增產品功能時，只要知道如何呼叫出想要的功能，就不需親自寫出程式碼。

　　舉例來說，東京的世田谷區有一個新創事業，正試著開發出能針對學生理解程度，於命題時列出適當問題的 AI，並用這個產品做為補習班營運的方針。

　　創業者神野元基在著手進行 AI 開發之前，先以紙張製作專用教材，在自己經營的補習班內反覆驗證自己的假說。在確認到一定成果之後，才邀請認識的工程師加入，委託他們進行產品原型的開發。這才是開發新產品的正確順序。

差異⓬　在商業模式還沒確定之前就雇用大量人手

　　願景是企業的基礎，商業模式建立在此之上，產品、使用者體驗、商業模式的建立則是之後的事。

　　換句話說，在「製作出人們想要的東西」之前，團隊還沒摸清楚商業模式，故公司內的工作流程與成員分工應持續保持著模糊的狀態。當商業模式改變時，就可以立刻重新分配擁有不同能力的人才。

　　因此，在商業模式還沒確定以前，不應積極雇用大量人手。新創事業的初期階段，包括創業者在內，團隊成員應在十名左右，且每位成員必須有什麼都要做的拚勁，不應執著在分工上，只選擇自己想做的事做。

　　特別注意的是，不要過早雇用擁有特殊技能的人才。特定領域的專家常會提出最直接的解決方案。由這樣的人才所開發出來的產品就不是問題導向，而是解決方案導向的產品。若之後會修正軌道，就有可能會改變產品的必要要素，以此為前提，創業者必須謹慎考慮成員人選。

　　舉例來說，為了進行市場驗證而製作擁有最低限度之可行性的產品，最小可行產品[35]時，邀請圖像辨識演算法的專家加入團隊，並給予10%的

---

[35]　注：最小可行產品（Minimum Viable Product, MVP）是為了獲得使用者的回饋而投入市場，實裝了最低限度之功能的產品。我們將在第四章中詳細介紹。

股份。然而當團隊收到顧客使用最小可行產品後的回饋時，發現重要的並不是產品的圖像辨識而是聲音辨識，那麼一開始給予該工程師的10%股份就白白浪費掉了。

因此，對於現在的新創事業來說，招募一位瞭解許多技術，泛用能力高的人才做為技術長是一件非常重要的事，甚至可以說是決定新創事業生死的關鍵。

即使開發產品時所需的技術在修正軌道時稍有改變，一個好的技術長仍能保持著寬廣的視野。在非自己專業領域的工程師進入公司時，也能夠正確評估出該工程師的價值，不管碰上什麼樣的狀況，都能在帶領團隊前進時保持著靈活度。

差異⓭　參加許多與本身產品無關的聚會

令人遺憾的是，世界上有很多想成為創業者的人都只是嘴巴上說說而已（我把這樣的人叫做 Wanna-be Startup）。

這類創業者很喜歡參加交流活動，以他們為目標而舉辦的活動也相當多，大公司的新事業負責人也會為了「蒐集資訊」而參加這類活動。故參加這類活動時，總有種能夠創造出什麼東西的氣氛。

但是，創業者最該接觸的對象是自己的顧客，接著是與自己一起參與創業計畫的夥伴們。和那些「憧憬創業者的人」與「蒐集新創事業資訊的人」會面所花費的時間並不符合創業者的成本。

我能夠理解那些在學生時期就想要創業的人為什麼會想參加這類活動，但如果要認真投入創業的話，應該沒有時間去聽其他創業者在講什麼才對。

差異⓮　雇用經歷輝煌的人擔任營業經理或事業開發負責人

　　我明白有些創業者為了提升自己企業的價值、彌補經驗上的不足，會想要雇用經歷輝煌的人加入團隊。然而要雇用這樣的人，通常需要準備相應的「厚禮（如大量股份、選擇權，或者極高的報酬等）」才行，對新創事業來說有很高的風險。

　　創業初期，團隊成員應該要不分彼此，一起處理各種事物才對。若團隊中有人說出「我是以管理者的身分加入計畫的，不想做雜事」、「我是擁有實績的工程師，才不去做客服的事」之類的話，想必那些什麼事都做的成員也會覺得不公平。

　　這將使創業團隊失去整體感以及主導權等，被認為是新創事業特有的競爭優勢。

　　當然，如果能夠找到不在意低報酬，願意與年輕成員們一起處理雜務，積極參與團隊活動的人也很不錯。但如果他們說自己「只坐頭等艙」之類，要求要有和過去職位相同待遇的話，最好敬而遠之。創業團隊需要的並不是經理人，而是實行者（Doer）。

差異⓯　在商業模式還未確認以前，就簽訂合作關係或獨佔契約

　　我們常可見到某些新創事業的目標是與其他企業組成合作關係，一口氣將產品規模化。確實也有許多公司在還沒達成「製作出人們想要的東西」以前就走上了這條路。

　　舉例來說，假設有個擁有優秀技術的新創事業，在創業初期就與大型家電廠商組成了合作關係，或與少數大廠簽訂了獨佔契約。如果契約中明確定出技術的黑盒化（專利化或機密化）要作到什麼程度的話就還好，然而大公司常會要求解開技術黑盒，捨棄產品的泛用性而追求客製化。這麼一來，新創事業就不再是新創事業，而只是藉由接受委託來支撐營運的承

包商，也就是小型企業。或許大公司能藉此獲利，但新創公司卻會淪為失敗者，而成為令人遺憾的結局。

新創事業為了要規模化，必須自己直接將產品送到顧客手上，以築起競爭優勢。依靠與特定企業的關係成長，且只能透過該企業，間接獲得來自顧客的回饋，是新創企業應極力避免的情況。

在達成「製作出人們想要的東西」之後，能夠在商業模式中獲得合理利潤時，再來考慮與其他企業建構合作關係也不遲。

在某些例子中，確實有經驗豐富的創業者能在適當的時機，活用與大企業的合作關係擴大事業，但大多數情況下，應該要避免與單一公司簽訂獨佔排它契約，將「脫逃路徑」保留下來才對。

差異❻　把焦點放在行銷與公關卻不直接與顧客對話

行銷與公關確實是很重要的元素，但在達成「製作出人們想要的東西」以前招來再多使用者，也只是往破洞的水桶裡倒水。就像是服務不好、食物難吃的餐廳，卻在積極招攬客人一樣。

舉例來說，假設你的新創事業剛作出來的產品剛好登上了TechCrunch這類專門報導新創事業消息的媒體。敏感度高的使用者看到網站上的報導後會想試試看，短時間內或許能增加不少使用者。

但是，當人們知道你們的產品其實還處於未成熟的階段的話又會怎麼樣呢？想必app store的評論欄以及Twitter的推文，將會永遠留下最壞的評論。

因此，在創業的初期階段應該要著重在銷售（sales）上。但這裡說的銷售並不是指把商品賣給顧客，而是與顧客直接對話，大量聽取包含負面意見在內的顧客回饋，持續琢磨產品。創業者需親自到現場接觸顧客，與顧客對話才行。

差異⓱　嚴格區分不同職位的工作

不管擅長還是不擅長，創業初期的成員們每件事都得做。

工程師要能夠與顧客對話，客戶開發人員也要懂得一定程度的系統。使用者體驗更是要全員一起琢磨才行。

在創業初期，讓所有團隊成員一起建構商業模式是一件很重要的事。因此成員間私底下的交流非常重要，在這個階段時，不應以擅長或不擅長為基準，將每位成員負責的工作徹底分離。創業成員們應該要持續學習有關事業的任何事項才行。

差異⓲　簽訂保密協議

有些創業者會在與投資者見面時簽訂保密協定（NDA）。然而這樣的創業家並不明白兩件相當重要的事。

首先，在投資者與新創事業的世界中有所謂的介紹文化。投資者們經常交流，並交換彼此的資訊，談論「之前我有看到一個很不錯的新創事業」之類的話題。但如果投資者與新創事業簽訂保密協議的話，就沒辦法與其他投資者談論這個話題了。

再者，構想[36]本身其實沒有太大的價值。

像是半導體或生物科技之類擁有劃時代技術的創業，或許有必要以保密協議之類的書面資料保護。除此之外，構想只是一個原石，在這之後的產品開發與尋找顧客洞見[37]的過程中，持續琢磨產品才是更重要的事。

---

[36]　注：「構想本身是廉價的，實現方式才是產品價值的全部」出自Uber與Twitter的早期階段投資者，克里斯‧薩卡（Chris Sacca）的發言。

[37]　注：顧客洞見指的是藉由訪談顧客等方式，導引顧客說出本人原先未意識到的真正想法、深層心理狀態等。

「構想本身是廉價的，實現方式才是產品價值的全部（Ideas are cheap, execution is everything）」

不要忘了這樣的視點。

前面也有提過許多次，新創事業在與顧客對話，反覆檢驗過構想之後，一開始想到的構想大都會再修正軌道。若在一開始時便執著於自己的構想，出現想要守護這個構想的想法的話，就會限制住思考的範圍與想像力，故需特別注意。

差異⓳　承接過多的開發委託及業務委託

IT類的新創事業為了確保營運資金，常會接受開發委託或顧問等工作以獲得非經常性收入（non-recurring revenue，本業以外的營收），這是很正常的。Facebook在缺乏資金時，其創業者馬克‧祖克柏也曾接受外部的系統工程委託。

然而，絕不能因此而疏忽了本業的進行，要極力避免接受長期開發的委託計畫，以及難以脫身的案子。

無論如何，都應該要盡早將事業主軸移回經常性收入（recurring revenue，來自本業的營收）才行。

差異⓴　過於依賴業界專家的建議

接觸自己不熟悉的領域時，謀求業界專家的建議是很重要的一環。但如果把思考工作都交給他人的話，就顯得過於依賴他人了。資金募集、人事任用、戰略擬定等方面可以尋求專家意見，但做出最後判斷的仍是身為公司所有人的新創團隊，千萬別忘了這點。

差異㉑　積極接觸VC創投基金

像金融科技、硬體開發、生物科技這類初期投資（設備投資或專利費用）龐大的新創事業，某些情況下確實要從一開始就積極募集資金。

但基本上，新創事業在達成「製作出人們想要的東西」，擁有一定驅動力（事業的推進力）之前，沒有必要積極接觸VC創投基金，或者積極爭取登台簡報的機會。未達成「製作出人們想要的東西」的新創事業簡報缺乏說服力，公司估值也很低，只能以大量股份換取外部投資人的少許資金。在達成「製作出人們想要的東西」後，事業規模化的機率也跟著提升，這時再去募集資金，於交涉上會更為有利。

而且，若一個新創事業有希望成功，他們的故事很快就會在VC創投基金界傳開，馬上就會有VC創投基金主動來敲門。在日本，積極的VC創投基金會從PR TIMES、日經產業新聞、TechCrunch、THE BRIDGE、Pedia News等報導新創產業相關資訊的媒體中，仔細確認每一則消息，若看到有趣的新創事業，就會主動上門詢問。

在VC創投基金主動來敲門以前，拼了命地琢磨自己的構想是新創事業最重要的工作。

當問題與解決方案的驗證結束，找到產品方向之後，再來認真募集資金就好。永遠別忘記「現在的自己該專注在什麼事上」。

丟掉假工作

YC總裁，山姆‧奧爾特曼[38]曾說過「和應做的工作相比，假工作做起來更簡單輕鬆」。

---

[38]　注：山姆‧奧爾特曼的發言引用自以下部落格 http://blog.samaltman.com/the-post-yc-slump

　　不只是新創事業，許多商業人士常會說著「好忙好忙」，卻把自己本來該處理的難題放在一邊，把時間花在「假工作」上。

　　這麼說或許有點誇張，對許多公司的員工來說，就算一直把時間花在無法增加客戶價值的假工作上（像是為了開會而開會，在報告途徑不只一條的矩陣組織中準備給多個上司的報告等），每個月拿到的薪水也一樣。然而對於新創事業來說，若不以最高效率催生出結果的話就會慘遭淘汰，根本沒有花在假工作上的餘力。

　　網路相簿網站Flickr的創業者，亦為連續創業家的卡特里娜‧菲克（Caterina Fake）[39]就曾指出「比起有沒有拼盡全力處理問題，有沒有處理到正確的問題比較重要」。

　　新創事業的創業者應該要專注在瞭解顧客痛點所在，成為相關問題的專家，製作出顧客喜愛的產品才對。

　　在達成「製作出人們想要的東西」之前，90%的時間都應該要花在找出顧客自己無法語言化的潛在問題（洞見）上，試著將其語言化、結構化，以找出問題真正的原因，並製作出可以解決的產品。其它工作的優先程度則應降到最低。

新創事業相當違反直覺

在達成「製作出人們想要的東西」以前別在意表面工夫

　　新創事業通常看起來會很「土氣」。

---

[39]　注：卡特里娜‧菲克的發言引用自以下網址。

　　http://www.businessinsider.com/working-hard-is-overrated-2009-9

　　一九三九年，兩位工程師在加州帕羅奧圖的自家車庫內創立了惠普公司（順帶一提，這間車庫被視為矽谷的發祥地，現在亦被認定為歷史建築物保存下來）。

　　微軟公司是由保羅‧艾倫（Paul Allen）邀請當時還在哈佛讀大學比爾蓋茲（Bill Gates），於一九七五年創立。一開始的辦公室是在新墨西哥州的阿布奎基，那是一個外觀不起眼，像日本長屋般的辦公室。當時的照片中，完全看不出艾倫只有二十歲出頭，蓋茲則完全是個少年。

　　如各位所知，二〇〇四年創業的Facebook是馬克‧祖克柏就讀於哈佛大學時，在宿舍裡一步一步做出來的產品。

　　二〇一六年時，我曾訪問矽谷一家做資料分析的新創事業。他們沒有印著公司logo的豪華招牌，只有在辦公室的門上貼著一張印有logo的紙而已。即使他們已從矽谷頂級的VC創投基金募得了近十億日圓的資金。

　　進到辦公室內，在狹小的空間擠了約十名埋頭苦幹的工程師。不過，該新創事業的創業者曾擔任美國英特爾公司的首席科學家，擁有印度理工學院Ph.D（博士學位）與近二十個資料分析專利，有著一身尖端技術。其它工程師也有著類似的輝煌經歷。在壁紙已到處剝落、破破爛爛的辦公室內，他對我說「我們的使命，就是取代掉世界上所有資料科學家與商業顧問」，讓我印象非常深刻。

　　就像這些例子一樣，在達成「製作出人們想要的東西」以前，新創事業的公司位於何處、長什麼樣子和成不成功一點關係都沒有。只有在公司要規模化的階段，需要募集人才或品牌化時，才需開始做一些表面工夫。創業的初期階段不應聚焦在這上面。

該忘掉的遊戲規則

　　如同我們一直強調的，你在一般企業、學校、考試中學到並已習慣的

遊戲規則，在新創事業的世界中大都不適用。

　　就像YC的共同創業者保羅‧格雷厄姆[40]曾說過的「新創事業非常違反直覺」一樣，若不自覺地把過去的常識與思考方法套用在新創事業上，容易讓自己陷入險境，故反而應該要「拿掉這些念頭」才對。

　　接著讓我們舉幾個應該要被拋棄的常識。

①忘掉在滿分100分的答案紙填上正確答案的遊戲

　　不管是在學校還是在企業，都把沒有犯錯視為一種美德。換言之，人們都把能夠在答案紙填上模範解答，獲得滿分100分的人視為優秀人才。

　　但是，認為新創事業的事業中有答案紙或模範解答的想法，本身就是一大誤解。

　　自行設定新的問題，並自己找出與之相應的獨特解決方案，才是新創事業的目的。

②忘掉向上司做出完美報告的遊戲

　　在一般企業中，員工的評價是由上司依照報告的優劣決定的。因此員工為了讓自己看起來更優秀，會花費許多資源來做出更好的報告書。

　　但很明顯的，這在新創事業的世界中一點意義都沒有。

③忘掉取悅多數人的遊戲

　　每個人都希望被他人喜愛。想必許多人都曾經有過積極參加活動、想辦法在社群網站交到更多朋友的時期，只為了讓自己看起來很厲害、很會炒熱氣氛。

---

[40]　注：保羅‧格雷厄姆的發言引用自他的個人網站http://www.paulgraham.com/before.html

然而，這些努力並不是新創事業最直接的成功因素。相反的，最好把想讓自己看起來更厲害這種「想被他人認同」的欲望丟掉。

如果你現在準備要做的事顛覆了至今的常識與手法，那麼只會有一小部分的人能夠理解你的想法，而無法理解的人就會在社群網站留下「這種產品紅不起來啦」之類的話。這樣也沒關係。對新創事業來說，重要的是專心做出能讓一部分的人瘋狂愛上的產品。

④忘掉慢慢改善產品的遊戲

持續進行 PDCA 循環是一般商業的基本功。

不過，新創事業需要在資金與時間有限的強況下催生出結果，在許多案例中，與其一步步慢慢地改善細節，不如一口氣修正軌道還比較好。把產品功能整個改頭換面，瞄準不同的市場。等找到達成「製作出人們想要的東西」的路徑之後，再來一步步慢慢地修正產品就好。到了那時，為了增加使用者在產品上的黏著率，需要進行用戶測試持續改善使用者體驗，並活用部落格、社群網路等內容行銷，逐漸增加接觸到的顧客才行。

⑤忘掉擊敗許多競爭對手以獲得第一名的遊戲

與一百位同期加入公司的職員彼此競爭搶出鋒頭、在全國考試中爭得好名次，擁有這類成功經驗的人常會有很強的競爭心理。在競爭越激烈的環境下，他們的幹勁就越強。

然而，新創事業並不是要和一大堆人一起競爭。而是應該要挑選競爭對手很少的領域，以席捲這個領域之市場利基為優先。先從獨佔特定市場開始，再慢慢拓展至周圍的市場，才是新創事業的王道。資源有限的新創事業，並沒有餘裕和為數眾多的對手競爭。

⑥忘掉消化預算的遊戲

新創事業的經營就像是特技飛行一樣，消耗著有限的資金，在即將墜落之際想辦法讓它急速上升。像大企業那種「申請到預算後就想辦法把它全部花光」的想法，一開始就要把它丟掉。

很顯然的，在募集到資金之後就開始擺闊，無端浪費資金或到處亂投資的創業家並不在少數。事實上，新創事業濫用資金的話會讓投資者產生不信任感，當創業者想再募集更多資金時常會失敗。

⑦忘掉從一開始就瞄準廣大市場的遊戲

以廣大市場的顧客為目標，是大企業的策略。PayPal的共同創業者彼得・泰爾也曾說過同樣的話。新創事業若想要提升成功率的話，得先從獨佔較小的市場開始。這可說是創業的定石。

亞馬遜在創業開始的三年內只販賣書籍，在獲得了壓倒性的市佔率以後，才跨足至影像及DVD產品等周邊市場。重要的並不是顧客的絕對數量，在限定的市場內從競爭對手的手上獲得壓倒性的市佔率才是重點。

⑧忘掉把事情進展不順利的責任歸咎到某個人身上的遊戲

當工作出現差錯時，大企業就會開始玩起尋找犯人的遊戲。在報告途徑固定的大企業中，明確追究責任所在，或許是管理員工時的必要之惡。在新創事業中，檢討責任歸屬也有其必要。但如果一直強調工作上的差錯是因為誰的失敗而造成的話，就會形成害怕失敗的企業文化。

真正重要的並不是「誰（Who）」出了差錯，而是「為什麼（Why）」會失敗。

在新創企業中，該徹底檢討的不是「誰」犯了錯，而是「為什麼」會犯錯，以讓整個組織都能深刻地學習到這個教訓。

圖 1-3-1

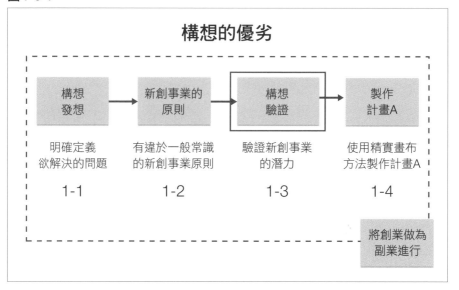

1-3　分析構想的可行性

新創事業的時機就是一切

在瞭解到對於新創事業來說，「好的構想」有哪些基本原則之後，接下來就必須進入「構想驗證」階段。在這個階段中，請你仔細評估你想嘗試的構想是否值得你賭上自己的人生去實現。

新創事業之所以能成功，最重要的原因是什麼呢？Y Combinator（YC）的執行長，山姆・奧爾特曼[41]曾說過「新創事業的成功率由以下五個項目決定，分別是「構想、產品、團隊、執行方式、時機」。

圖 1-3-2

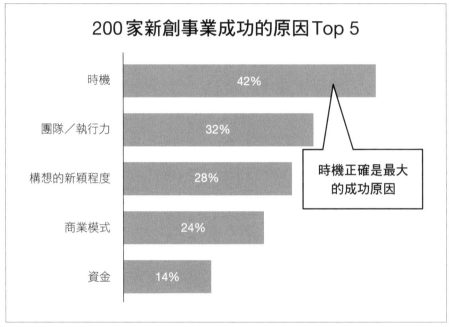

注：圖片來自由連續創業家比爾‧格羅斯（Bill Gross）的演講整理而成的著作。
https://www.ted.com/talks/bill_gross_the_single_biggest_reason_why_startups_succeed#t-218886

　　當然其它還包括資金能力等各式各樣的元素，但最重要的就是這五個項目。若被問到創業時最需注意的是什麼，許多人可能會回答錢或構想。但決定新創事業能否成功的關鍵因素，其實是時機。

　　我們曾提到「Why you？」（為什麼得由你來做？）很重要，然而「Why now？」（為什麼是現在做？）也同樣重要。

　　奧爾特曼在聽創業者推銷自己的構想時，一定會問「為什麼不是在兩年前、也不是在兩年後創業，而非要在現在這個時間點創業不可呢？」

---

[41] 注：山姆‧奧爾特曼的發言參考自以下連結
　　https://www.youtube.com/watch?v=CBYhVcO4Wgl

如果不能為「Why now？」這個問題給出一個明確的答案，或許再重新考慮一下這個構想會比較好。

市場經常在變化

新創事業的相關資訊網站「AngelList」的共同創業者那佛・拉維康特（Naval Ravikant）[42]曾說過，「市場隨時在進化。創業者所瞄準的業界生態系隨時間經過會越來越有效率，未來將能夠用更少的資源做到更多事」。

回過頭來看，二○○○年代初期，若想做網路相關的新創事業，光是伺服器費用就需要數百萬至數千萬日圓。建構開發環境、登廣告等也相當花錢。

不過到了現在，如果想做網路創業，只要一張信用卡就能準備好必要的基礎設施。隨著時代的演變以及技術的進步，製作產品時所需的關鍵技術成本也會越來越便宜，使市場競爭越來越激烈。因此，當你覺得時機到了的時候，就應該迅速著手進行。

雖說如此，太早撩下去做也不行。

「dodgeball.com」是十多年前美國一家針對行動電話用戶提供位置資訊的服務。這就像最近的Foursquare，提供使用者與位置資訊連動的社群軟體服務，在當時是一個非常新穎的構想。

> 「為什麼不是在兩年前、也不是在兩年後創業，而非要在現在這個時間點創業不可呢？」
>
> 山姆・奧爾特曼，Y Combinator總裁

---

[42] 注：那佛・拉維康特的發言引用自以下網址。
https://www.youtube.com/watch?v=2htl-O1oDcI

「市場隨時在進化。創業者所瞄準的業界生態系會隨時間經過而越來越有效率，未來人們將能夠用更少的資源做到更多事」

那佛・拉維康特，AngelList創業者

然而，那時智慧型手機還未普及，當時的手機性能又無法滿足這樣的功能，使這家公司最後無法規模化。創業數年後就被Google收購，現在該服務本身也已結束營運。

或許有些人還記得，日本在二〇〇三年時有一項名為「Second Life」的服務，可以讓人化為3D虛擬人物，住在虛擬空間。當時的裝置以PC為主，雖名為虛擬空間，卻不是使用VR眼鏡，而只是看著液晶螢幕的畫面而已。

這個構想在當時相當新穎，引起了一陣話題，吸引許多早期採用者的加入。然而對於大多數人來說，這個構想太過新穎，使該公司無法跨越鴻溝，找到穩定的市場。

像這種著眼點很好，但「為時過早」的構想並不少見。當然，要抓準時機確實是件很困難的事。過早跨入的話會有成本太高或者性能太低的問題，有意願的使用者不多，但如果等到市場成熟時才加入的話，又會輸給大企業，那時已不可能席捲整個市場。

因此，對這個構想以及這個市場來說，現在創業是否正處於恰當的時機，是創業者必須看清楚的重點。

順帶一提，由美國的學術書籍出版社，John Wiley & Sons所出版的《The Business of Venture Capital》[43]中，統計了一九八三年和一九八五年

---

[43] 注：《The Business of Venture Capital: Insights from Leading Practitioners on the Art of Raising a Fund, Deal Structuring, Value Creation, and Exit Strategies, 2nd Edition》（Mahendra Ramsinghani 著，John Wiley & Sons, Inc出版）

時創業的IT（資訊科技）相關事業最後能夠IPO的機率，一九八三年為
52%、一九八五年為18%，相差近三倍。

即使方向性相同，要是時機稍有不對，市場的潛在的上升幅度
（Upside）便會有很大的改變。

有哪個領域已經停止進化了嗎？

有一個方法可以做為找出最佳創業時機的提示，那就是試著尋找有沒
有哪個領域的產品已經停止進化。

產品停止進化有可能是因為法律規定，有可能是因為既有的業者幾乎
獨佔了整個市場，也有可能是該市場不容易發生競爭。只要仔細觀察市
場，就能夠發現許多領域中，末端使用者正被迫使用既有的平庸服務或平
庸產品。

舉例來說，我們常常使用的試算表軟體，由微軟公司開發的「Excel」
已成為了試算表的標準，這二十年來幾乎沒有什麼變化。然而並不是所有
人都很滿意這項產品，只是因為大家都在使用，便使Excel持續獨佔整個
市場。

若新創事業的成員們想要共同編輯試算表時，可以直接在網頁瀏覽器
上使用由Google所開發的「Google試算表」。Google試算表可以讓多人
同時編輯同一份試算表，在使用上方便許多。

但大企業目前仍將Excel視為珍寶。由於大企業只用Excel，使得與大
企業進行交易的中小企業也只能跟著用Excel。就結果而言，大多數人的
PC或Mac裡面都會安裝Excel。

對於新創事業而言，若想要為市場帶來重大創新，就要試著探索有哪
些領域已經僵固化，並試著打破這個僵局，投入「能夠重新定義市場之產
品」的開發才行。

你能夠重新定義市場嗎？

基本上，如果自己的思考模式被既有的典範模式限制住，那麼不管再怎麼思考，想必也很難想得到能夠重新定義市場的構想才對。不過，反覆質問自己的構想「是否能重新定義市場」，在驗證新創事業的潛力時會有很大的幫助。

舉例來說，WHILL 就重新定義了輪椅。

不可思議的是，輪椅在過去的八十年內，幾乎沒有任何進化。於是創業者杉江里利用最尖端的科技（藉由智慧型手機的 app 遙控操作、輪內馬達、輕量化電池等）一口氣將輪椅改頭換面。

此外，二〇一七年由 Fenox 所舉辦的創業世界盃中，來自美國的 SnappyScreen 重新定義了防曬保養品。

過去的防曬乳液是用手將其塗抹至全身，不僅容易塗得不均勻，還會弄髒手，也很花時間。由 SnappyScreen 所開發的裝置可以把身體整個罩住，只要按兩下觸控面板，等十秒鐘左右，這個裝置就可以為使用者塗上一層均勻的防曬乳液。麗思卡爾頓、安達仕、萬豪等世界知名的連鎖飯店皆導入了這個裝置。

英國的金融科技類新創事業 TransferWise 重新定義了海外匯款。

過去，當我們想匯款至國外時，僅能委託銀行辦理，而且就算我們只是想匯出少量的金額，也會被收取數千日圓的手續費。這種讓消費者利益嚴重受損的服務實在難得一見。

在 TransferWise 的機制下，當 A 先生想要匯款給國外的 B 先生時，TransferWise 系統會分別尋找 A 所在的國家內可收取的對象，以及 B 所在的國家內可支付的對象，然後讓 A 與 B 在各自的國家內分別支付與收取款項。

　　表面上看來，似乎是由A把錢匯給了B沒錯，實際上卻完全沒有將錢匯至國外，這種方法可以讓手續費降得非常低。目前TransferWise的使用者已超過了一百萬人，每個月撮合了十二億美元以上的「匯款」。

　　要重新定義市場，需以時代的脈絡為基礎，思考由其衍生出來的可能性，故也與「Why now？」有關。

　　過了八十年也沒有任何變化的輪椅，之所以會到了現在才重新定義，是因為相關技術的成本下降了許多，智慧型手機也已普及化。防曬保養品的創新，也是因為相關硬體的價格下降的關係。

圖 1-3-3

照片取自 SnappyScreen 的網站 http://www.snappyscreen.com/

看懂市場環境的潮流

「在產品的歷史上有哪些關鍵的進步？」

「未來產品會朝哪個方向演變？」

「如果是因為時間點正確，才讓這樣的解決方案適用於這個問題，那麼使這種解決方案成為可能的關鍵技術，其趨勢又是如何？」

創業時，必須像這樣質問自己，確定自己有看清市場環境的潮流才行。

Airbnb 與雷曼兄弟事件

若要說明新創事業的商業模式如何在時代潮流下一口氣規模化，Airbnb 會是一個很好的例子。

Airbnb 包含了租出住宿用房間的屋主與租用這間房間的旅客，也就是所謂的雙邊市場，要是其中　一邊沒有使用這項服務的話，交易就不會成立。Airbnb 就是利用了這一點，滿足了兩邊的需求。

首先來談談提供住宿的屋主。Airbnb 於二○○八年時創業，那時美國發生了雷曼兄弟事件。雷曼兄弟事件的起因在於金融機構未盡監督責任，濫發次級房貸。原本以投資為目的購入住宅的人們難以脫手這些物件，空屋率居高不下，使許多屋主相當懊惱。而 Airbnb 便提供了一個機會，讓屋主能把房屋租給其他人住，以減緩房貸利息支出的壓力。

此外，當時 Facebook 剛好開始啟用了個人認證機制。一般人大多會排斥讓陌生人住在自己的房子內。不過在 Facebook 的幫助下，使屋主可以輕易確認旅客的背景。這也成為了 Airbnb 擴大規模的助力。

於是，在二○○八至二○一○年左右，Airbnb就在時代潮流的幫助下迅速成長。

搭上兩陣潮流的Uber

叫車服務Uber又是如何呢？

Uber於二○○九年時創立於舊金山，至二○一七年時市值總額已達到了六百八十億美元（約七兆五千億日圓）。這個數字甚至超過了本田（Honda）的市值總額（約六兆日圓）。其急速成長的原因有兩個。

第一，「mobile only」戰略。比起PC，優先使用智慧型手機與平板電腦的「mobile first」策略。二○一六年時，美國智慧型手機的普及率來到了七成以上，平板電腦的普及率亦超過了五成，這樣的上升曲線與Uber的急速成長會在同時發生，絕非偶然。

另外，共享經濟的抬頭亦推了Uber一把。[44]

現在只要去舊金山一趟就能明白，即使是公路主義的美國，會去考駕照的年輕人們卻越來越少。不僅是因為只要在Uber裡點兩下就能叫到車，而且保養車子的費用很高，喝了酒之後又不能開車，使許多年輕人對自駕敬而遠之。擁有自己的一台車變得沒有那麼重要了。與十年前相比，擁有汽車駕照的人少了15%。

讓自己的資產最小化，選擇更為輕鬆的生活方式之「輕資產（asset light）世代」逐漸增加，也是Uber能夠壯大的原因。

---

[44] 注：以下網站的內容詳細說明了為什麼美國年輕人越來越不想去考駕照。
https://www.usatoday.com/story/money/cars/2016/01/19/drivers-licenses-uber-lyft/78994526

圖 1-3-4

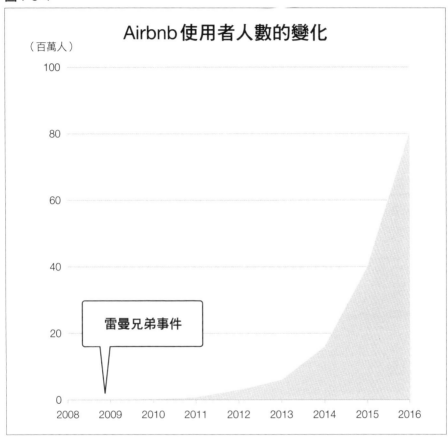

想像五年、十年後的市場

我們一直反覆提到「Why now？」的重要性，但若想藉著分析當下的市場需求來抓住時機的話，已晚了一步。

如果要從現在開始創業的話，該看的就不是現在這個瞬間，而是五年、十年後的狀況。「未來，供給會遠遠小於需求的領域是甚麼？」、「下一個典範模式轉移會是什麼？」該想的是這樣的問題。

　　日本的代表性創業者之一Metaps的佐藤航陽在他的著作《準確預測未來趨勢的思考術》[45]中提到「明白世界潮流，準確看出目前哪個地方有龐大利益，是創業者必須擁有的能力」。

　　在一九九〇年前半的網路黎明期，某些人將目光放在網路上，而他們也在未來席捲了全世界。同樣的，若有人察覺到某些在二〇一七年時仍處於黎明期的典範模式，他們或許也能在二十年後席捲整個世界。像是區塊鏈、無人機、VR、自動駕駛、ICO[46]（首次代幣發行）等，正處於與二十年前的網路同樣的情況。

　　YC的合夥人，投資者保羅・布赫海特（Paul Buchheit）[47]曾這麼說過「想像我們在未來會缺乏什麼，然後把它做出來吧」。也就是要我們想像二〇二二或二〇二七年的世界會是什麼樣子，然後反過來推論我們現在該做些什麼。

---

[45] 注：《準確預測未來趨勢的思考術》（佐藤航陽著，王志弘譯，春天出版）

[46] 注：ICO（首次代幣發行）為 Initial Coin Offering 的簡稱。獨自發行虛擬代幣 token 募集資金，取代一般企業的發行股票的機制。投資者可利用比特幣等虛擬貨幣購買這種 token，而這種 token 則可用在發行公司所提供的服務上。此外，這些 token 也可在網路上的交易所進行交易。

[47] 注：保羅・布赫海特在設立 FriendFeed 之前於 Google 工作，以創立 Gmail 的人物為人所知。

Google走在尖端的理由？

Google的創業者，現在也是持有Google股票之控股公司Alphabet的執行長，賴利‧佩吉（Larry Page）[48]曾在一個二○○二年的訪談中，對於Google的發展做了如下評論。

「我們的搜尋引擎在沒有人工智慧的幫助下是不可能完成的。」

使用者在Google的搜尋欄內輸入的關鍵字，會被當作人工智慧的「訓練資料」，使演算法逐漸進化。當時的他已經在談論這件事的重要性了（遠在Google買下以AlphaGo著名的英國DeepMind公司之前）。

二○一五年時，AI專家桑達‧皮采（Sundar Pichai）就任Google的執行長時，說出「Mobile first的時代已過去，接下來是AI first的時代」這樣的話。這個藍圖卻已規劃了十年以上。

在現在這個時代，光是要想像數年以後的狀況就已經很不容易了，要想像五年、十年後的時代決不是件簡單的事。

由此便可明白Google為什麼能夠總是走在時代的尖端。

「想像我們在未來會缺乏什麼，然後把它做出來吧」

保羅‧布赫海特，FriendFeed共同創業者及Y Combinator合夥人

---

[48] 注：賴利‧佩吉的發言出自《The Big Switch: Rewiring the World, from Edison to Google》（尼古拉斯‧卡爾（Nicholas Carr）著，W. W. Norton & Company出版）。

以PEST分析找出「預兆」

在觀察細部狀況之前，先觀察整體狀況

　　能夠預測出十年後的社會是什麼樣子的預兆，一定存在於現在這個時間點上。是否能夠找出這樣的預兆，又是否能夠實現這樣的可能性，就決定了新創事業的命運。

　　能夠協助找出預兆的方法中，又以從各種角度分析總體環境的框架，「PEST分析」最為有效。PEST分析是由以下四個領域的第一個字母所組成。

① Politics（政治）

＝影響市場組織、規定的項目

例：法律、政治、條例的動向為何？

② Economy（經濟）

＝影響價值鏈的項目

例：經濟動向為何？所得與消費的動向為何？

③ Society（社會）

＝影響需求結構的項目

例：人口動態的變化為何？文化、流行的變化為何？

④ Technology（技術）

＝影響競爭環境的項目

例：技術革新的方式為何？大型科技公司（Tech Giants）的動向為何？

圖1-3-5

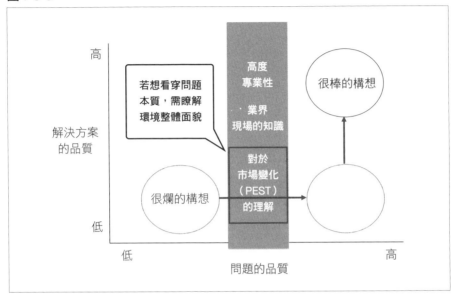

蒐集來自各個領域的資訊，針對未來會演變成何種情況，自己建立出一套假設。再進一步思考這樣的變化，會對自己的創業構想帶來什麼樣的影響。

這聽起來很像是教科書中會出現的框架。不過，即使你是很依賴直覺思考商業策略的人，也可藉由這個框架，冷靜地判斷市場整體的狀況。「在觀察細部狀況之前，先觀察整體狀況」。新創事業需隨時保持這樣的想法。

就算只有三天，如果把一部分時間花在這方面的研究上，大概就可以看出哪裡有商機、哪裡又是「地雷」。

越受管制的產業機會越大

在PEST的分析中，政治與法律隱藏著足以翻轉整個商業環境前提的

　　影響力，是相當重要的因素。舉例來說，最近常可看到有報導指出，民宿的相關規定有放寬的趨勢。像這種新制規定越來越寬鬆的時間點，正是重新省視法律、條例的時機。創業者應注意這些改變的動向。

　　舉例來說，在民宿事業的領域中，二〇一七年六月時，日本新的住宅宿泊事業法成立，使一般住宅也可提供旅客住宿使用，這項法案於二〇一八年時施行。此外，該法的成立也關係到二〇一七年度於例行國會提出的旅館業法修正案，使該法的規定大幅放寬。

　　過去若要取得旅館業法的核准，飯店業者需有十間以上的房間，旅館業者則需有五間以上的房間，而該修正案則傾向廢除這樣的限制。雖然該修正案將延至二〇一八年度的例行國會繼續討論，但一般認為，未來民宿以旅館的形式加入市場的門檻將會下降。

　　對於新創事業來說，法律管制有時可幫助成長，有時則會阻礙成長。當受長年管制保護的領域放寬規定、市場開放時，通常就是個很好的機會。

　　這是因為，對於因管制而被保護的大企業來說，不需考慮使用者體驗等末端使用者的感覺。由於沒有其他選擇，故使用者只能乖乖使用同一項產品。

　　當管制緩和之後，新的業者加入時會變得如何呢？當然，基於顧客至上的想法製造出來的產品、提供方便使用的使用者體驗之企業，使用者數目會一口氣大增。

　　因此，最理想的方式就是預先猜測到未來管制可能會放寬，然後在管制真的放寬以前，做好問題與解決方案的驗證，達成「製作出人們想要的東西」（PMF）等前置準備。直到管制放寬的瞬間，就能一口氣規模化。

圖 1-3-6

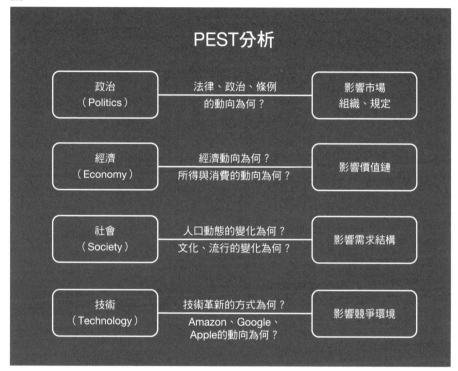

經濟變化也存在著機會

　　新創事業也需要關注經濟動向的變化。美國人均國民生產總值（平均每人GDP）每年都在增加，但富人與窮人的階級落差卻逐年增加，故以貧窮階級為對象的教育服務（如依使用者的程度選擇教材，調整進度教學的Khan Academy）或貸款服務（如LendUp）等皆引起了話題。

　　過去在融資時，銀行會藉由信用分數（以信用卡、貸款、房屋貸款的使用與繳款記錄為基礎，將個人信用數值化的分數）決定融資額度。而LendUp的創業者薩莎‧奧洛夫（Sasha Orloff）除了信用分數之外，再加上社群網站的使用記錄與居住地點等各種項目做為評斷標準，總評價越高

的人，就能獲得比其它銀行提供之利率更低的貸款。

由社會環境的動向看出商機

接著要討論的是，如何從人口動態與人類的偏好在未來的變化看出商機。舉例來說，在觀察人口動態趨勢時，思考未來哪個領域的供給會遠遠小於需求，就是很好的方向。

日本的看護人力就是一個例子。到了二〇二五年，看護人力會有三十八萬人的缺口，這明顯是一個機會。比起面向年輕人的服務，面向老人之服務的需求似乎更大。

而關於偏好方面，最近美國越來越多人開始注重健康與地球環保，素食者與彈性素食者（較沒有那麼嚴格的素食者）的增加，創造出了一個新的市場。以製造「植物肉」（用植物性蛋白質製成的絞肉）為主要業務之新創事業的出現，即為一個象徵。

製作植物肉的Beyond Meat與Impossible Foods兩家美國公司察覺到人類偏好的改變，成功募集到巨額資金使公司成長。

關注技術的變化

PEST分析的四個要素中，明顯與其它要素不同的就是技術。從Brexit（英國脫歐）或川普當選美國總統等事件可以看得出來，政治、經濟、社會等要素皆有可能會回復到以前的典範模式（如反全球化、國家主義等），故難以預測。

另一方面，技術的進步為不可逆的過程，我們不可能會再回去使用十年前的技術。舉例來說，由英特爾提倡，並親自實現的摩爾定律（積體電路上可容納的電晶體數目，每十八個月就會變成兩倍）就是一個典型的例子。

圖1-3-7　日本市場內看護人員的需求缺口

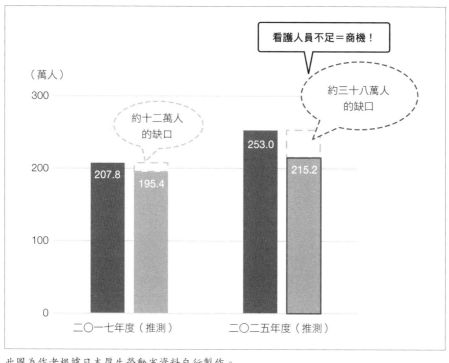

此圖為作者根據日本厚生勞動省資料自行製作。

　　還有一個例子可與摩爾定律相提並論，那就是最近逐漸受人矚目的基因分析成本[49]。二〇〇一年時，為一個人進行基因解測的所需成本接近一億美元，到了二〇一五年時則降到一千三百美元，僅為過去的七萬分之一。而到了二〇二五年時，估計只要一百美元左右就可以完成基因分析。

　　藉由這樣的服務，可以依照各人的基因資訊，提供更適合每位病人情況的預防與治療方式，即所謂的精準醫療（precision medicine）。這也馬上成為了新創事業的目標。

[49]　注：可降低基因分析成本的新裝置如以下網站所示。
　　https://www.illumina.com/company/news-center/press-releases/press-release-details.html?newsid=2236383

技術的革新，包括網路與智慧型手機的登場等，改變了我們的生活環境與商業環境的根基，造成了很大的衝擊。即使原本的商業模式中並不會使用到太多新技術，對現在的新創事業來說，為了讓商業模式更加精緻，必定會將新技術應用在產品上。若你是一位創業者，請你一定要掌握住技術的趨勢。

高德納的技術循環曲線

美國諮詢公司高德納（Gartner）[50]每年都會發表技術循環曲線（hype cycle）[51]，說明目前有哪些技術正在發展中，並衡量這項技術進行到哪個應用階段。

高德納將目前有哪些技術處於成長階段、有哪些技術受到人們矚目、又有哪些技術處於成熟階段等，整理在同一張表中。在預測由技術進步所帶來的典範模式轉移時，有很大的幫助。

圖1-3-8為技術循環曲線的概念圖。

技術循環曲線將技術的生命週期分成五個階段。「黎明期」時，會對該技術的基礎概念進行實證研究，而對該技術之可能性的期待，常使之受到媒體矚目；當這樣的期待越來越高，到達極限時，即進入「『過度期待』的高峰期」；而在該技術的進展不如周圍的預估般順利時，期待度便會往下掉，進入「幻滅期」；若應用實例增加，使其再度受到矚目的話，

---

[50] 注：「Gartner Research Methodology, hype cycle」的出處如下（藍色框內文字為本書作者所加）。

https://www.gartner.com/en/research/methodologies/gartner-hype-cycle

[51] 注：二○一七年八月時，高德納以技術循環曲線的形式發表了「尖端技術的技術循環曲線：二○一七年」。

https://www.gartner.co.jp/press/html/pr20170823-01.html

圖1-3-8 美國諮詢公司高德納的技術循環曲線

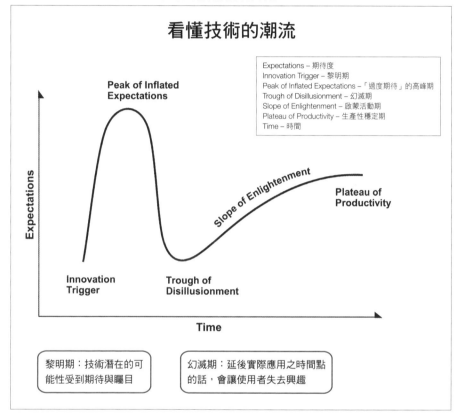

就會進入「啟蒙活動期」；技術進展穩定下來時，則是「生產性穩定期」。

目前仍處於「黎明期」的技術，很有可能在五年、十年後成為技術革新的重點。

二〇一七年版中，「量子電腦」、「泛用人工智慧」、「人類增強（Human augmentation）」的技術常為各媒體津津樂道。而在曲線高峰處則有「奈米管電子元件」、「區塊鏈」等技術。這些技術正逐漸走出鎂光燈的焦點，各廠商為了生存下來，開始進行實用技術開發的激烈競爭。在這個階段中，要是企業沒辦法做出好的商品吸引顧客，就會被淘汰。

　　經過激烈競爭後殘存下來的企業，可藉著走過「幻滅期」的低潮，期待度再次緩緩上升的技術，在大眾市場中爭取更多顧客。

　　舉例來說，虛擬實境（VR技術）便屬於這個區域。該技術本身在數十年前就已存在，然而直到現在才終於進入普及階段。今後，VR末端裝置與能夠處理VR內容的裝置價格應該會迅速下降才對（VR需讓兩隻眼睛分別看到不同的影像，以實現立體視覺。然而現階段仍需使用高規格的電腦或遊戲機才能夠處理）。

　　你可以試著確認你的新創事業中想要使用的技術，在目前這個時間點位於曲線的何處。

KPCB[52]的報告很有幫助

　　創業者最好能夠像這樣持續關注總體趨勢，盡可能確認最新技術的新消息。以技術為核心的新創事業更需多加確認「Why now？」，對於相關新聞該要更敏感才行。

　　舉例來說，二〇一七年四月時，Facebook的產品開發、研究團隊「Building 8」的雷吉納・杜根（Regina Dugan）發表他們正在研究讓人可以在不說話的情況下，將思考語言化的的技術。特斯拉的執行長，伊隆・馬斯克（Elon Musk）也創立了一項新事業，計畫打造出連接人腦與AI的介面。

　　要是這種新型介面真的實現，那麼人與人的交流方式、工作方式，甚至連戀愛方式都有可能會改變。

---

[52]　注：KPCB的「Internet Trends」
　　　http://www.kpcb.com/internet-trends

圖 1-3-9

　　若要問哪裡有可靠的資訊來源，我推薦由美國的VC創投基金之一，KPCB於每年五月左右發表的「Internet Trends」報告。報告內以簡單明瞭的方式整理了技術動向與市場動向，可做為創業者在驗證構想時的參考。

　　此外，新創事業中的HootSuite[53]每年公布的報告中亦提到了世界各地的數位產業動向，是很棒的報告。

　　為了避開正在萎縮中的夕陽產業，找出未來能夠引起典範模式轉移，催生出新市場的產業，創業者必須時常關注技術動向。

[53] 注：推特的網頁客戶端服務「Hootsuite」的開發者HootSuite每年都會公布一份報告，說明數位趨勢。以下為二〇一七年的版本。
https://hootsuite.com/de/newsroom/press-releases/digital-in-2017-report

思考有哪些「未知之未知」

　　還有一種用來預測未來的方法，那就是整理出目前有哪些是已知（known）、哪些是未知（unknown）。

　　舉例來說，讓我們回顧過去二十五年來，用來看影片的技術與平台趨勢變化。由VHS轉變成DVD，再由DVD轉變成直接下載影片本體。由於這些是已發生的事，故屬於「已知之已知」。

　　而到了現在，網路影音串流已相當流行，包括Netflix、Hulu、亞馬遜等，參與者相當多。我們幾乎已可確定未來網路影音串流會成為主流，但卻不曉得誰會成為最後贏家，這可以說是「未知之已知」。

　　問題在於五年、十年後。

　　我們連未來會出現什麼樣的平台都不知道，自然也不曉得到了那時會有哪些參與者。在這層意義上，我們對於未來的預測就像是思考有哪些「未知之未知」。

　　要是完全沒有任何資訊的話，就只是在憑空臆測。不過若能參考剛才所介紹，由美國高德納公司所製作的技術循環曲線或Internet Trends，就能夠做出「或許未來VR影音串流會成為主流」這樣的預測。像這樣思考、看穿有哪些「未知之未知」會在未來成為潮流，並積極蒐集資訊、投入其中的創業家，就能打造出新的世界。

新的典範模式轉移在何處

　　創投公司安德森‧霍羅維茲的合夥人馬克‧安德森曾在網路興盛期留下「Software is eating the world（軟體正在蠶食這個世界）」這樣的名言。這句話說明了，所有產業都將因軟體產業而發生改變。

隨著時代不斷進化，現在亞洲各國提倡的是「SNS is eating the world」。舉例來說，泰國的人們在蒐集資訊的時候並不是使用Google搜尋，而是利用Facebook的群組詢問朋友。這是因為，除了新加坡以外的東南亞國家，並不像美國或日本一樣，經歷過由Google主導，方便使用者在網路上蒐集資訊的環境，也就是沒有經歷過Web 2.0的世界。

那裡的人們跨過了使用部落格的時代，直接開始使用Facebook與Instagram，故即使他們用Google來搜尋，通常也找不到有用的相關資訊。就結果而言，Facebook與Instagram之類，資訊來自信息發送者的社群網站就成為了資訊來源。人們在Instagram上瀏覽店家，用LINE問客服問題並結帳，所有問題都可以在社群網路服務app上解決。

另一方面，中國與日本甚至可說已進入了「訊息服務正在蠶食這個世界（Message service is eating the world）」的狀況。

請你打開智慧型手機裡的LINE，看一下它有哪些服務。不知道LINE在什麼時候又多了新的功能，不僅能傳送訊息，還能夠玩遊戲、聽音樂、支付、管理日程表、找兼職工作等。

每月活躍用戶（MAU）達七億，由中國騰訊打造的微信除了傳訊功能以外，還可以玩遊戲、使用優惠券、交友、支付、上傳影片，實裝的功能比LINE還要多，大多數的事情都可以在app上完成。

那麼，不久後的未來又會如何呢？

Google主張的則是「AI is eating the world」。將所有資訊輸入至電腦內的AI，做為訓練資料來源，提升演算法的精準度，使AI有辦法針對不同屬性使用者，輸出他們都能夠理解的內容及答案。

舉例來說，你有注意到你在Google上的搜尋結果與其他人的搜尋結果完全不同嗎？Google累積了每個帳號的搜尋記錄，並會依照這些記錄提供相應的搜尋結果。

同樣的，Facebook動態消息的內容，也是基於至今使用者的行為（按讚的內容或閱讀過的文章），在機器學習之下，將與使用者連結性最高的內容，或使用者可能有興趣的廣告刊登在動態消息中。

因此，在AI的發展下，使用者體驗優異的產品將成為未來的主流。

但未來的主角也可能不是AI，如果數年後VR一口氣普及的話，「交友VR」、「VR電子商務」、「VR教育」等服務也會隨之登場，使「VR is eating the world」成為未來的樣貌。

之前我們也有提到忠誠循環發生的變化。隨著智慧型手機與AI的普及，忠誠循環的圈子變得比以前更小，使產品能夠以更快的速度循環。

這提升了使用者對產品的期待度，期待廠商打造出能搔到自己癢處的產品與體驗，提供更無微不至的服務。想必這樣的流程應會逐漸加速。

在二〇二五年左右，AI和IoT會成為理所當然的基礎設施，將我們的行動與選擇記錄逐一記錄下來。那時的我們將會連續不斷地收到各種商品與服務的推薦，使我們購入更貼近需求的商品與服務。想必商業流動的速度也很可能會越來越快。

觀察大型科技公司的動向

這也是PEST分析的一環，在驗證自己的構想時，也需觀察Google、Amazon、Facebook、Apple等大型科技公司的動向。因為當他們這些建構平台的廠商做出某些關鍵行動時，將會影響到整個業界的前提條件。

近年來，大約每五到十年，矽谷就會發生一次歷史性、足以改變整個市場規則的大事。

一九九五年的大事是網頁瀏覽器，二〇〇七年則是iPhone。若問下一個大事會是什麼，或許會是Amazon Echo或Google Home這類活用了聲音辨識的使用者介面吧。

　　聲音辨識介面在美國已有一千萬以上的使用者，許多人說「用過一次後就不會想要再回去使用智慧型手機了」，可見聲音辨識介面已跨過了技術發展的鴻溝（在技術普及之前碰到的障礙）。隨著各種專用app陸續登場，生態系也逐漸建立了起來。或許數年後的日本家庭內，使用有聲音辨識功能的家電已是尋常的光景，而沒有聲音辨識介面的產品將會被淘汰。

　　與物流、零售相關的新創事業，絕對要確認亞馬遜的動向才行。

　　如無人超市、Amazon Go般，沒有收銀台且不用現金購物的時代即將到來。

改變了移動方式的特斯拉

　　若要說與汽車相關的產品，就不能不提以電動車著名的特斯拉。

　　收到了三十七萬預購單而備受矚目的二〇一七年車種「Tesla Model 3」很可能與十年前的第一代iPhone有著同樣的地位。這款電動車只賣三萬五千美元，是許多人可以負擔得起的價格（過去的Model S和Model X的價格超過七萬美元）。

　　特斯拉的執行長，伊隆・馬斯克曾說過「我們的目標並不是打造出高級轎車，而是打造出任何人都買得起的汽車」。

　　不只要關注大型科技公司的新產品，也需時常確認他們定期發表的未來計畫（roadmap）。當然，他們發表的內容一定會有誇飾的部分，但這卻是窺探他們腦中暗自盤算哪些目的的好機會。像是Facebook每年都會在研討會中說明自家公司的未來計畫。

　　也需多加注意企業收購的新聞。

　　舉例來說，二〇一六年時，微軟公司買下LinkedIn。先前提到Instacart與全食超市曾有過合作關係，不過二〇一七年時亞馬遜卻收購了全食超市。

其意圖為何？目標又是什麼？就結果而言改變了什麼？

不能只是單純接受事實，而是要習慣於追究收購行動的真正原因，這樣也能提升從單一新聞中所獲得的資訊量。

尋找技術混亂之處

Box [54] 是一家提供雲端型儲存（資料保管）服務的公司，他們的年輕執行長，亞倫‧萊維曾說過一段有趣的話。

「試著去尋找哪裡有技術混亂的情形。掌握目前的潮流，找出現在的人們最需要哪種技術。如果現有技術與人們最需要的技術之間落差越大，你的機會就越大。」

這裡說的混亂指的是使用者不曉得自己需要什麼的狀態。能夠找到那樣的市場，仔細分析顧客需求並做出價值提案的企業，才會是最後的贏家。

順帶一提，亞倫挑戰雲端儲存領域時，該領域正處於混亂期的狀態。亞倫認為，對雲端不熟悉的的一般使用者，應該會選擇相對簡單、相對便宜的產品。於是Box採用了最簡單的使用者介面，使用者人數也大幅成長。在二〇一五年時於紐約證券交易所（NYSE）上市。

總體分析關係到構想的品質

如前所述，驗證構想時，藉由PEST等分析，了解市場環境的變化是相當重要的事。大前研一也曾說過「若想看穿問題本質，需瞭解環境整體面貌」這樣的話。創業家需先從總體的視點找出自己應該要前進的道路，

---

[54] 注：美國BOX的執行長亞倫‧萊維的發言參考自以下網址。
https://www.youtube.com/watch?v=tFVDjrvQJdw

再來從個體的視點思考自己的產品。

　　將業界的景象、整體面貌（landscape）或未來藍圖好好地印在腦海裡，不但能成為新創事業前進的路標，也能明白到哪些路徑行不通。就結果而言，將能提升問題假說及解決方案假說的品質。

破壞式創新與持續式創新

創新的兩難

　　對資源不足的新創事業來說，和大企業正面對決並不是一個很好的選擇。盡可能避免競爭，保持自身的速度感，在大企業的笨重機制還沒啟動前，以迅速獨佔市場的氣勢衝刺，才能提高達成「製作出人們想要的東西」之機率，這點請銘記於心。

　　在驗證構想時，需時時自問「這是否為大企業難以辦到的事？」。大企業所面對的「創新的兩難」，就是新創事業的突破點。

　　讓我們針對這點詳細說明吧。

　　大企業很擅長持續性創新。他們為了不被既有顧客拋棄，會以既有顧客的價值觀為基準，為既有產品進行改良。於是，他們的開發工作便會聚焦在「已明朗化的需求」上，就「已明朗化的商業模式」提供更有效率的服務、產品等。

　　在這樣的市場中，參戰企業會把焦點放在資源如何分配，以及以市場領導者為基準之標竿管理上，以強化自身在產品改良上的戰力。當然，這對資源充足的大企業相當有利。大企業的特徵（優勢）就在於，他們為了提供既有市場的既有顧客更好的服務，已摸索出一套最佳化的行動方式與組織結構。

圖 1-3-10

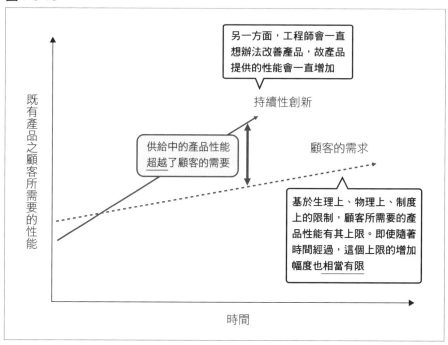

另一方面，既有的顧客雖然會要求功能更多、性能更高、更便宜、更好的產品或服務，然而顧客的需求卻只會緩緩上升。基於生理上、物理上、制度上的限制，需求並不會一口氣提升太多。

也就是說，隨著時間經過，大企業持續性創新所製造出來的產品，其提供的性能會在某一天超越顧客需要的性能。

改變了熱水瓶市場的Tefal

雖然不是新創事業，不過這裡讓我們以Tefal為例說明這個概念。

某個大型家電廠商生產的最新熱水瓶，只要三十秒就能將水煮沸，即使拔掉插頭，也可以在兩小時內將水溫維持在九十度。功能顯示更可以在

英語和日語間切換，還能夠預約開始煮水的時間。

　　但是，這個熱水瓶要價兩萬多日圓。每個人都想要一個高性能的熱水瓶，但想必沒有人會想要花大錢去買一個功能過剩的產品。

　　Tefal的電熱水瓶就在這個時候登場。它們的產品僅專注於盡快煮沸熱水，拿掉其他多餘的功能。而且重量只有過去熱水瓶的四分之一，相當輕巧。而且這款熱水瓶只要三千日圓左右就買得到。

　　在Tefal開始販賣熱水瓶時，或許還沒有達到顧客的需求，但在某個時間點，終於讓使用者的使用感追上了他們的期望。在商品評論欄中一條條寫著「有買真是太好了」、「每家都需要一台」的評論，正是滿足了需求的證明。

　　到了這個階段，大型家電廠商的熱水瓶已沒有任何勝算。這是因為，從使用者的角度來看，這兩種商品的效能都能夠滿足使用者的期待，既然如此，當然是選擇價格上有壓倒性優勢的Tefal熱水瓶。

　　在價格.com[55]的電熱水瓶排名中，Tefal佔據了第一名與第三名的位置（二〇一七年十月十六日時）。

　　這種大型家電廠商執著於既有產品的改善，而製造出超越了使用者需求，功能過剩的產品，卻被Tefal的破壞式創新奪走了一大半的市場佔有率的現象，就叫做「創新的兩難」。

掀起破壞式創新

　　所謂的破壞式創新，指的是藉由能夠破壞過去產品的價值、催生出新價值的破壞性技術，或新型態商業模式所帶來的創新。這樣的創新將能夠創造出新的市場。

---

[55]　譯註：價格.com（価格.com）為日本著名的比價網站。

圖1-3-11

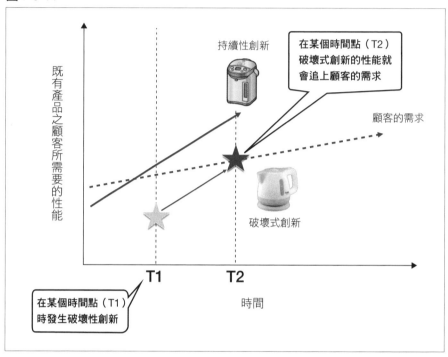

持續性創新

在某個時間點（T2）
破壞式創新的性能就
會追上顧客的需求

顧客的需求

既有產品之顧客所需要的性能

破壞式創新

T1　　　　T2

在某個時間點（T1）
時發生破壞性創新

時間

照片：Tefal（電熱水瓶）

　　新創事業所提供的產品或服務，必須要有破壞式創新的要素才行。

　　二〇〇七年一月九日，史蒂夫·賈伯斯在洛杉磯國際會議中心發表了第一代 iPhone。他拿著一個小小的黑色裝置高聲宣告「今天，Apple 重新發明了電話」。這就是破壞式創新發生的瞬間。

　　Sony 的共同創業者，井深大[56]先生在一九四六年，東京通信工業（現Sony）的設立典禮上，用以下的話鼓舞員工。

---

[56] 注：井深先生的發言引用自「Sony History」的第一章
https://www.sony.co.jp/SonyInfo/CorporateInfo/History/SonyHistory/1-01.html

　　「若和大公司做一樣的事，我們不可能會有勝算。然而，技術的夾縫隨處可見。我們應該要試著去做那些大公司做不到的事，以技術之力協助祖國復興。」

　　當時以真空管做為家電控制系統的核心是理所當然的事，然而東通工卻決定不要把焦點放在真空管應用的持續性創新上，而是使用沒有人想用的電晶體一決勝負（當時電晶體的溫度適應性很糟糕，若用來放大收音機播放頻率帶內的訊號，會有不穩定的情形）。

　　這個決定催生出了之後的破壞式創新產品，也就是使用了五個電晶體，可以帶著走的電池式攜帶型收音機。

持續性創新的淘汰

　　圍限於過去典範模式的產品，被破壞式創新產品淘汰的過程大都大同小異。

　　典型的「破壞循環（disruption cycle）」大致上會經過以下四個階段。

1：過度自信「我們好得很。任何時候我們都可以擊潰對方！」
2：急速失勢「怎麼會這樣。市佔率被搶走了一大半！」
3：發現為時已晚「不管用什麼方式都追不上。」
4：撤退「從市場上撤退吧。」

　　拿融合電話與電腦的裝置的始祖「黑莓機」為例。回想十年前，常可看到有些對科技敏感的商業人士拿著黑莓機，用那極小的鍵盤輸入文字。那是當時的標準配備。

　　第一代iPhone就在這樣的時代中登場。

　　這時，不只是黑莓機，連夏普和NEC這些日本功能型手機廠商也理所當然地宣稱iPhone「流行不起來」。「沒辦法用來支付，鍵盤很難按，相機只有兩百萬像素，電池很快就會用完。而且還得藉由PC進行某些設定，顏色又只有黑色一種。這不可能會大賣。」

　　微軟的前執行長，史蒂芬‧巴爾默（Steven Ballmer）[57]也補了一腳。他曾提到，iPhone在市場上獲得足以造成威脅之市佔率的機率「是零。完全不可能」。

> 「今天，Apple重新發明了電話」
>
> 　　史蒂夫‧賈伯斯（Apple創業者），於二〇〇七年一月九日的發表會

有辦法超越既有的服務嗎？

　　然而，在第一代iPhone出來的數年後，Apple基於使用者的回饋，又增加了許多更好用的功能（如複製貼上、多工、資料夾管理、錄音、推送通知等）。這使得iPhone的功能一口氣達到了使用者的要求。再加上iPhone能與iTunes、Apple Store等Apple的平台無縫接軌，使用者體驗更是壓倒性地勝過其它公司。

　　想必黑莓機讓過去的行動電話廠商吃了一驚吧。不過在這之後，Android的登場使智慧型手機的市場成為雙強寡佔的狀態。而沒有搭上這波典範模式轉移的黑莓機與Nokia則逐漸衰退。

---

[57] 注：史蒂芬‧巴爾默的發言參考自以下網址。

http://usatoday30.usatoday.com/money/companies/management/2007-04-29-ballmer-ceo-forum-usat_N.htm

　　讓我們來看看其它產業吧！

　　飯店可說是服務業的代表，從飯店這種商業模式誕生以來，該產業便一直在進行持續性創新（企業為了提供品質更好的服務而持續努力）。

　　然而Airbnb[58]這種破壞式創新出現了。藉由Airbnb，一般人（屋主）可開放自己的家給陌生人（旅客）住宿。不管屋主在不在場，對旅客來說都是世界上獨一無二的旅行體驗（借用執行長布萊恩‧切斯基的話，這是一場「真實的體驗」），這就是Airbnb所提供的服務。

　　一開始，當時的萬豪國際董事長比爾‧馬瑞歐曾說過「概念是很好」、「但品質很難兼顧吧，會變成龍蛇雜處的感覺不是嗎」。不過Airbnb的勢力卻逐漸追上了一般飯店。

　　舉例來說，二〇一四年時Airbnb宣布與出差管理服務公司Concur合作，被認可為正式的商務旅行住宿提供機構（於二〇一五年時提供了用於出差的程式）。

　　這使得Airbnb的顧客不再限於以觀光為目的的長期住宿旅客，亦拓展至以商務旅行、員工旅遊為目的的旅客上。

　　也就是說，對於多數的使用者來說，住在一流飯店內的體驗，與在Airbnb住宿的體驗之間，差異並沒有那麼大。

　　順帶一提，二〇一七年的Airbnb的市值總額被認為有三百億美元左右（至今仍未上市），比希爾頓飯店集團和凱悅飯店集團還要高。

　　他們不像過去的飯店集團般擁有建物、土地等固定資產。之所以會被認為有那麼高的市價總額，是因為他們擁有優異的使用者體驗以及優異的技術。

---

[58]　注：Airbnb的故事參考自《Airbnb創業生存法則：多次啟動、敏捷應變、超速成長的新世代商業模式》（莉‧蓋勒格（Leigh Gallagher）著，洪慧芳譯，天下雜誌出版）

他們擁有數百位機器學習工程師。假設使用者輸入舊金山以及特定日期，系統就會從附近數萬個待出租房間中找出五、六個符合使用者偏好的房間資訊。工程師每天都在對這個系統的演算法進行最佳化。

大企業無法改革的原因

大半的商業競爭都是比誰資源多。然而在資源豐富的大企業裡面，幾乎不可能會發生破壞式創新。

因為他們是「資優生」。

之所以說他們是資優生，是因為市場就像一張滿分一百分的考卷，而他們會以拿九十分為目標。如果想要九十分，最重要的就是想辦法減少出差錯的機會，因此大企業會進行組織最適化。

圖1-3-12

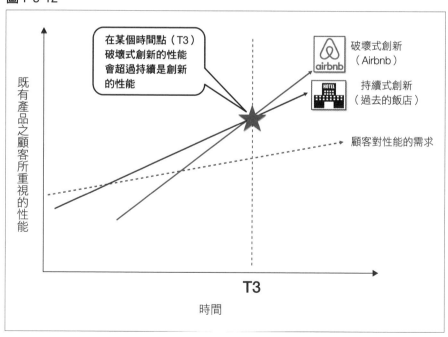

這麼一來雖然可以讓工作變得更有效率，提升獲利率，但也會造成組織分離、組織僵化等負面效果。在上下關係的縱深形成後，便難以否定公司過去的成功經驗。

「去年推出的熱水瓶，功能已經相當完備了。」即使負責這個案子的工程師能理解這一點，卻仍會被上面要求要追加新的功能，製作出高規格的熱水瓶。

此外，如果是上市企業的話，利害關係人中的股東們就會要求一定的財務報酬，這也是難以進行改革的主要原因。

比起十年後的獲利，股東們更在乎明年的獲利。即使公司經營者有一定的先見之明，認為應將部分核心業務轉移到新的典範模式上，大多數情況下，股東會因為這有造成短期獲利減損的風險，而拒絕讓經營者這麼做。

最近越來越多創業者不喜歡這樣，故在確立新事業的商業種子以前不會上市，也有些企業直接下市，從根本上改變事業形態。

歸根究底，重視縱向關係而不在乎橫向聯繫的組織，與從零催生出一的新創活動可說是完全相反的概念。

舉例來說，隸屬於公司新創部門的員工沒辦法和顧客直接對話，向財務部門申請預算時，卻被要求「製作未來五年內精確的財務預測」等。這種會造成新創活動障礙的事時常發生。

這就是為什麼大多數企業不會出現破壞式創新的原因。

協同式創新

新創事業成功的方法不是只有破壞式創新一種。

新創事業可與既有企業合作改變市場，這種方式稱為協同式創新（collaborative innovation）。Instacart即為一個例子，他們與既有商業模式

下的零售店合作，提供劃時代的使用者體驗。

　　被稱為中國版Uber的滴滴出行，是一家叫車服務的新創事業。這也是一家選擇了協同式創新的企業。

　　滴滴出行像Uber一樣可讓司機以自用車註冊，但事實上，註冊者的大多是計程車司機。中國的計程車業界與其他區域類似，幾乎沒有任何革新，故使用上有許多不便之處。在滴滴出行提供叫車app與支付服務後，才提高了末端使用者的使用者體驗。

　　與Uber直接從計程車公司搶奪市佔率的成長模式不同，滴滴出行與計程車公司合作，協助叫車服務的完善，改變了產業結構，使失業的煤炭礦工也能成為司機，帶動產業成長。

　　滴滴出行透過與其它公司的合作擴大了供給面（司機），就結果而言，方便性提高了，使用者數也隨之增加，使公司享受到規模化效益。由此可看出滴滴出行與既有的計程車公司應為互補關係。

　　這就是協同式創新。

大企業不會涉足的領域？

　　新創事業的優勢，就在於他們可將用以實現創新（破壞式或協同式創新）的機能置於「組織中心」。組織設計得好，是新創事業能夠贏過大企業的少數優勢之一。

　　舉例來說，Airbnb的共同創業者，喬・傑比亞（Joe Gebbia）在創業時，一整天都在電話線上服務客戶。直接傾聽使用者的聲音，包括他們的抱怨與各種意見，這對他們商業流程的改善有很大的幫助。

　　同樣的，Airbnb共同創業者布萊恩・切斯基也會每週親自出差到顧客（Airbnb的屋主）所在的大城市，持續尋找顧客潛在的需求。

　　結果他們發現，若屋主上傳房間照片的話，房間的預約率會一口氣暴

圖 1-3-13

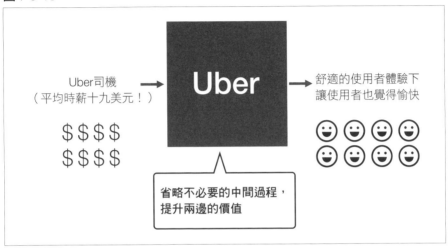

增。雖然切斯基並不是專業的攝影師（他畢業於設計學校），卻自己化身為攝影師，持續拍出上相的房間照片。

　　DeNA 的創業者，南場智子在 Bidders（DeNA 早期提供的拍賣網站）剛成立時，會親眼看過所有使用者寄來的信，不管是嚴重的問題還是激烈的指責、抱怨，她都會代替客服人員親自回信。這造就了經營團隊會親自面對顧客的公司文化，亦成為了未來 DeNA 成長的基礎。

　　像這樣，在機能、職位、分工上沒有明確分離的組織型態，正是新創事業面對大企業時最大的競爭優勢。

新創事業的十個框架

　　新創事業的商業模式構想可分為數種型式。確認自己的構想屬於哪一種型式，亦是一種驗證構想的方法。以下介紹十種代表性的框架。

框架❶　剔除中間過程

剔除賺取中間獲利的參與者，重新建構商業模式的構想。

舉例來說，請回想一下Uber普及以前的樣子。

若要靠開計程車賺錢，就要花一大筆錢去申請執照，時薪低，勞動環境也很差。事實上，美國每年都有數千名計程車司機遭到搶劫。

另一方面，對使用者而言，搭計程車也是一件很無聊的事。計程車司機多為移民，講不出流暢的英語，故會留下不舒適的使用者體驗。

那麼，當Uber剔除了中間過程之後又會變得如何呢？首先，可以提高Uber駕駛的時薪。前陣子我到舊金山時用過一次Uber，司機是一位墨西哥出身，很有精神的中年人。據他的說法，開Uber每個月居然可以賺到八千美元。不管再怎麼不眠不休地開計程車，也賺不到這樣的收入。

另外，在Uber訂立的規則中，當使用者評價從5分掉到4.6分以下時，該名駕駛就沒辦法再做Uber的司機了。換句話說，顧客的回饋會直接影響到自己的生計。

這讓Uber的車隨時都保持得很乾淨，司機也很友善，就結果而言，使用者的滿意度也隨之上升。

框架❷　解開綁定的產品，使其最佳化

若將過多功能綁定在一起的話，使用者體驗會變得很糟糕，使顧客不容易感受到產品的價值。將各項功能先打散，提出價值提案更為明確的構想，即稱作「去綁定（Unbundle）」

舉例來說，過去報紙的商業模式是由新聞報導、廣告、分類廣告（包括徵人資訊等依主題分類的廣告）、報紙攤、配送員、印刷公司等組成，將媒體功能與物流功能綁定在一起。但這麼一來，使用者就會看到他們沒

圖1-3-14

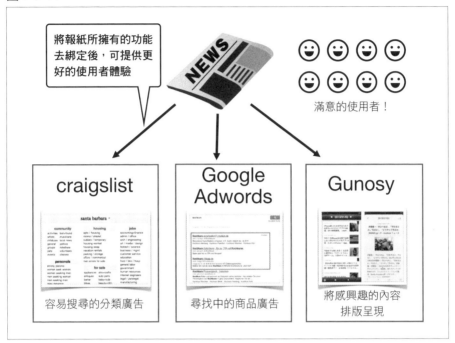

什麼興趣的內容。而且花在物流上的固定成本也是一個不小的負擔。

　　經過去綁定、最佳化的過程後，可將其分為分類廣告的「Craigslist」[59]、商品廣告的「Google Adwords」，以及新聞內容的「Gunosy」、「SmartNews」等服務。

　　另一方面，在金融科技類的新創事業中，有些公司就是將銀行等金融機關至今綁定在一起的服務去綁定化，提供優質的使用者體驗與壓倒性的高附加價值，一口氣搶走市場。

　　前面提到的「TransferWise」就是海外匯款的例子，而「WealthNavi」等機器人理財顧問則在資產運用的領域上，於美國和中國皆有很大的市

---

[59] 注：Craigslist、Google Adwords、Gunosy的圖片皆源自於各服務的網站

場。此外，「網路借貸（P2P lending）」[60]的借貸方式也讓共享機制跨入了融資領域。

　　將目前由銀行所負責的功能一個個取出，打造擁有優異使用者體驗之產品的新創事業，在年輕世代中常能獲得很大的支持，使其能夠急速擴大事業規模。

　　只是，如果在去綁定後所提供的服務或產品只有比原來的好10%或20%的話是絕對不夠的。這種程度的使用者體驗改善，沒有去綁定化的價值。如果去綁定化後，可以使原來的服務改善超過十倍以上，才是新創事業應該要涉入的領域。

框架❸　將分散的資訊整理起來

　　將散落在各處、片段化的資訊或功能整合在同一個地方，以提供更多價值的構想。

　　「價格.com」便是一個很好理解的例子。過去，如果我們想要在網路上用便宜的價格買到想要的鞋子，需要一一連到各個電子商務網站，比較各網站的商品價格。不僅非常花時間，也會煩惱是不是有蒐集到所有資訊。

　　這時只要在價格.com的搜尋欄中輸入商品的關鍵字，便會自動列出各個店家相關商品，只要看一眼，就知道各個網站中各個商品的價格與規格。此外，還有整合了餐廳資訊與評價的「Tabelog」，整合了地區產業資訊的「Yelp」等，皆屬於這個框架下的創新。

60　注：「網路借貸」是讓個人戶與企業戶的債權人和債務人可以藉由網路上的平台進行借貸的服務。

圖 1-3-15

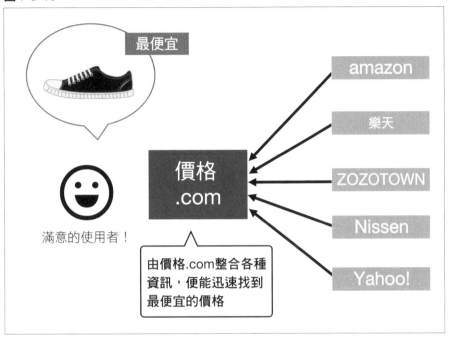

框架❹　活用閒置資產

活用閒置資源，使其能轉換為營收的構想。

Airbnb便成功地將閒置中的房間變成了搖錢樹。

說是資源，卻也不限定是物品或金錢。像時間也是一個很好的資源，群眾外包便是讓使用者能利用空閒的時間接下零碎的工作，而Uber則是讓休假的人們可以當司機賺取外快，這些都是能讓當事人活用閒置資產的構想。

最近則是有許多公司研究如何活用供給方與需求方的屬性資料（過去的行動記錄、購買模式等），實現精確度更高的媒合工作。

框架❺　提升戰略自由度

　　勇敢跳出既有的框架，將至今仍未有人提過的價值提案化為可能的構想。也就是所謂的藍海策略。

　　以傳訊app為例，每家app都有著各自的特徵（像是可以貼圖、使用實名等），卻沒有任何一家公司是以「發出去的訊息會在一定期限內自動消失」為前提設計他們的產品。

　　於是，擁有「在訊息被打開後就會馬上消失」之功能的「Snapchat」就出現了。

圖 1-3-16

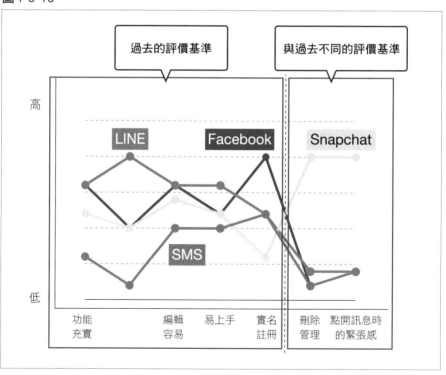

已經玩膩既有傳訊app的美國年輕人，在使用Snapchat時感受到了「點開訊息時的新鮮感與刺激感」。而且對那些會煩惱自己會不會傳錯訊息的人來說，「時間經過後就會自動消失，可以更自由地談話」是一個很好的價值提案。

Snapchat在年輕客群中獲得了壓倒性的支持，市佔率大幅提升，並於二〇一七年時上市。

無視至今人們所使用的戰略或價值提案框架，在自由發想下提出一個與眾不同的價值提案。在還沒有人注意到，甚至連顧客自己都沒有察覺到，亦無法將其語言化時，獨自挖掘出這種價值提案，並將其實現。持續琢磨產品與使用者體驗，使之吸引到顧客的目光，漸漸打入市場，這裡想談的就是這樣的構想。

框架❻　新的組合

這是商場構想的鐵則，也就是將來自兩個完全不同領域的服務組合在一起，創造出新價值的構想。

創業者需擁有高度抽象化能力，以找出各要素間的相關性；還需擁有足夠的洞察力與創造力，以找出新組合的成功之路。讓我們以「airCloset」這個面向女性的服飾租借服務為例說明。

只要每個月繳六千八百日圓，就有設計師幫顧客挑選適合服飾，並送至顧客家中。顧客在穿過以後無須洗滌，可直接退還，亦不需繳任何費用（如果喜歡的話也可以買下來）。這個新創事業可說是由設計顧問、免運費、免洗滌、免費衣櫥等四項服務組合而成。

創立airCloset的天沼聰先生，過去曾是ABeam Consulting的員工，原本就擁有將商務及業務抽象化的思考模式。之後他到樂天工作，而在買斷式的電子商務公司裡服務時，他注意到與顧客關係較緊密的會員制服務，

可以創造出更高的價值，於是想到了這個構想。

框架❼　時間差

將在某個市場內已驗證完畢的模型或產品拿到其它市場的構想。

我從二〇一五年起擔任東南亞的投資負責人，常與當地的新創業者進行交流。印尼一個創業家所說的「我們不造車輪（We don't invent wheels）」讓我留下了很深的印象。也就是說，他們認為，只要把已在國外驗證完成的商業模式（車輪）搬到國內使用就好。

雖說是模仿別人的策略，卻也不表示不會大成功。

圖 1-3-17

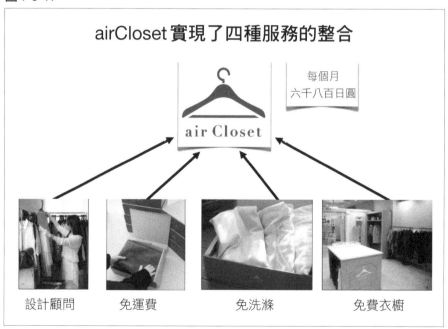

照片 airCloset

　　印尼的共乘服務「GO-JEK」是隨選機車共乘服務。在雅加達市內有越來越多戴著GO-JEK綠色安全帽的機車騎士。雖然他們只是將Uber的商業模式原原本本的帶進來，卻能夠成為獨角獸企業的一員。

　　為了使該服務在地化，他們做了兩項調整。

　　首先，印尼的塞車相當嚴重，故不使用汽車，而是提供機車的叫車服務（雖然比較不安全，但機車在壅塞的車陣中機動力較高）。另外，由於當地的信用卡滲透率相當低，只有幾個百分點，故支付方式改為prepaid或top up（之後再加值的方式）。

圖1-3-18

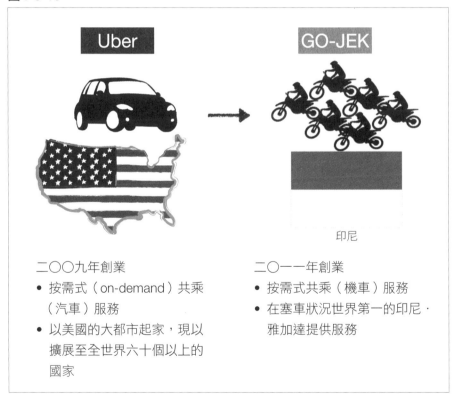

　　GO-JEK的例子告訴我們，要使用時間差模式獲得勝利，最重要的是要了解欲創業地區的基礎設施特性，打造出符合當地使用者期待的使用者體驗。

框架❽　套利

　　將資源從供給過多的市場，轉移到需求遠大於供給的市場的構想。

　　舉例來說，菲律賓以英語做為第二語言，許多人能夠流利地使用英語。然而在菲律賓當地，英語會話老師要找工作時，卻因為供給過多而很難找得到滿意的工作。

　　另一方面，日本對於英語會話老師的需求相當高，然而日本卻很少以英語為母語的英語老師，故課程費用相對較高。

圖1-3-19

照片 RareJob

於是，RareJob便提供人在菲律賓的英語會話老師，以及人在日本的學生的媒合工作，填補需求與供給的缺口，創造出新的商機。

框架❾　低規格式的破壞

當既有產品的性能過高，超過了多數顧客要求的水準時，將產品多餘的部分剔除，使售價得以降低的構想。

前面曾提到Tefal的破壞式創新，即屬於這類。

還有一個有趣的例子是只要花費五百日圓就可以接受健康檢查的Carepro服務。

圖1-3-20

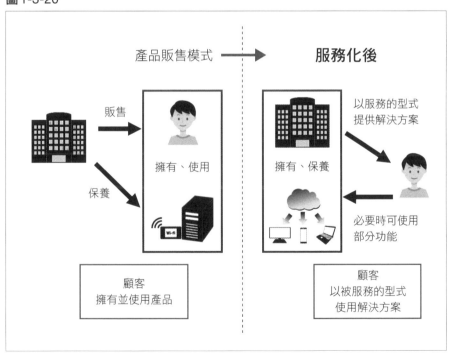

　　若是讓真人醫師進行檢查的話，通常得花費數萬日圓才行，且最少也要耗上半天。如果受雇於公司，由公司負擔全額或一部分檢查費用的話就還好；但對於自營業者來說，這樣的負擔實在過大。於是Carepro這家公司便推出了簡化的健檢流程，使成本一口氣下降許多。檢查項目包括被視為重要健康指標的九大項目（血糖、肝功能、血管年齡等），只需數分鐘時間就可完成。

　　大多數的人只是為了求一個安心而接受健康檢查。若是如此，只確認重要項目的Carepro服務，與過去可獲得詳細結果的健康檢查，對使用者來說，體感效果應該不會差太多才對。

　　在持續性創新的框架下，很容易誕生出功能過剩且價格過高的產品。低規格式的破壞就是將產品拿掉多餘功能，只留下必要、最低限度的功能，並以便宜的價格提供產品或服務，一口氣將產品拓展至至今未曾觸及的客群。

框架❿　服務化

　　將賣斷商品的概念拋開，使商品服務化、會員化的構想。

　　日本也有這樣的概念，在矽谷更是不論B to C或B to B，各種產品都能夠服務化。

　　在美國，公司後勤部門的服務約有八成是與公司內部業務切割開來的，公司會將這些後勤部門的服務外包給外部業者。

　　產品服務化可以增加公司與顧客的接觸，對於公司和使用者雙方都有好處。

　　在賣斷型的商業模式中，商品賣出去的那一瞬間是使用者的滿意度最高、精神最亢奮的時刻。在售出商品之後，雖然公司仍會持續追蹤產品狀況或提供保養服務，但在這之後公司與顧客的接觸會片段化。

　　產品服務化後，想辦法讓顧客在購入產品後會長期使用，便是一大關鍵。積極與顧客接觸，獲得顧客意見回饋，將能使公司能夠持續改善服務或使用者體驗（對於服務化後的會員制事業來說，最重要的目標就是降低解約率）。

　　最近，使人工智慧得以前進一大步的技術之一，深度學習（deep learning）的服務化案例便在持續增加中。

　　現在，想要製作圖像辨識模組的企業不需請一大堆懂得機器學習的工程師，也不用自己準備用來儲存訓練資料的伺服器，只要使用由美國Clarifai公司所提供，擁有深度學習功能的線上服務便能完成這個模組。

　　hachidori是一個將聊天機器人的開發工具服務化的日本新創事業。

　　二〇一六年可說是「聊天機器人元年」，將自家公司的客服人員轉乘聊天機器人的企業大幅增加。然而，真要製作一個聊天機器人卻比想像中還要麻煩許多，光是開發費用就得花上數百萬日圓。不過，只要每個月繳九百八十日圓，就能使用hachidori所提供的聊天機器人。

　　未來，在顧客支援、Web UI（使用者介面）、手機app、裝在各種裝置上的感應器（IoT裝置）等方面，廠商與顧客之間的接觸會越來越頻繁。除了已明朗化的需求之外，能夠從顧客行為中挖掘出潛在性需求的產品，才能夠獲得競爭優勢。

框架僅是框架

　　這十個框架只是「守破離[61]」的守，僅為新創的基礎而已。實際上，新創事業的構想大多是多種框架排列組合下的產物。

---

[61] 譯註：守破離為日本傳統拜師的學習過程。「守」指的是學全師父的技能，「破」指的是將傳統技能進行改良，「離」指的則是開發新的技術。

最重要的是，瞭解到這些創業基礎後，創業家能不能將其對照到自己的故事（經驗、專業知識、顧客洞見、問題假說）上，找出還未有人發現、還未有人關注的祕境，創造出獨特的產品。

PayPal 的共同創業者彼得・泰爾[62]曾說過「世界上還有許多還未明朗化的秘密。能挖掘出這些秘密的創業家，才有辦法打造出未來的世界」。

「Demo day」可說是構想的寶庫

順帶一提，如果想要一次看到許多構想，推薦你去看看由 YC 主辦的 demo day[63]。Demo day 聚集了該年最先進的新創事業，可說是創業最頂尖的舞台。這裡聚集了約四百位來自全世界的頂級投資者。像是 Instacart、Dropbox、Airbnb、Stripe、Zenefits 等，都是在這個 demo day 中一躍龍門。

二〇一六年的春夏間，於創業界中最受關注的 demo 內容，皆在日語版的 TechCrunch 中有詳細報導。報導內詳細說明了每一個產品，對創業者來說有很高的參考價值。這場 demo 的簡報內容，也映照出了未來三年、五年的市場趨勢。

瞄準目標市場

在驗證構想的好壞以及潛在性時，也需好好研究目標市場的狀況。這裡我們常會用到名為「潛在市場範圍」的概念，這是「Total Addressable Market」的簡稱，中文翻作「潛在市場範圍」，也就是可以接受自家產品的市場範圍。

---

[62] 注：彼得・泰爾的發言引用自以下演講。
　　https://www.youtube.com/watch?v=yODORwGmHqo
[63] 注：關於 YC 的 demo day 可參考以下連結。https://www.ycombinator.com/demoday/

潛在市場範圍可由以下公式計算出來。

「潛在可能市場（TAM）」＝
「末端使用者數」×「使用者每年花在該項產品或服務上的金額」

創業時，找出沒有任何人發現的利基市場是很重要的事，但如果這樣的市場太小的話，未來進行規模化時很快就會抵達上限。做為一個參考，潛在市場範圍最好能在一百億日圓以上。

過度焦急的話便難以在大市場中擴大潛在市場範圍

有一點需注意。

在產品剛發售時，想必市佔率不會太高。然而，在市場上有還不錯的表現時，就會讓經營者有想要擴張事業範圍，擴大潛在市場範圍的想法。他們常以為，如果能參與更大的市場，即使只拿到少許的市佔率，也能大幅提升銷售額。這是個很大的誤會，一開始絕不能把目標放在過大的市場。

舉例來說，「Homejoy」是一項隨選居家清潔服務。Homejoy 於二〇一〇年創立，二〇一三年時募集到四千萬美元，但到了二〇一五年時卻停止營業。一名管理幹部在之後的訪談中提到「我們明明都還沒發展出核心商業模式，就想要拓展新市場，現在想起來一切都是胡鬧」。

在這四千萬美元之出資者的壓力之下，他們決定要盡快提升公司的營收，於是在未達成「製作出人們想要的東西」，單位經濟效益也尚未健全時，就積極拓展新市場（在六個月內擴大至三十個都市）。

「想在廣大的市場中獲得1%的市佔率就好。這是創業者常犯的典型錯誤」投資家蓋伊‧川崎（Guy Kawasaki）[64] 如此說道。

要從已明朗化的廣大市場中獲取1%的市佔率是非常困難的事，為達到這個目標所需要的資源相當可觀。由於得和已控制了廣大市場的既有大型企業正面對決，難度高也是理所當然的。

想必前面提到的Homejoy經營團隊以為，只要繼續擴大市場、提高營收、再調集足夠資金，應該就能撐過難關了才對。但他們沒注意到，若欲跨足至已成熟的廣大市場，就必須與提供替代方案的對手競爭，陷入顧客爭奪戰。Homejoy是靠著優惠券起家的服務，雖然可以藉由大打折扣增加顧客人數，然而由這種方式獲得的顧客忠誠度並不高。

新創事業投入廣大市場，就是刻意在削減自己的體力。不如專注於未受矚目、範圍較侷限的市場，以取得壓倒性的市佔率為目標，難度還比較低。

> 「市場小也沒關係，先獨佔一個市場再說。競爭是輸家在做的事。」
>
> 彼得‧泰爾[65]，Paypal共同創業者

先在局部範圍的戰爭中取勝

以來本國旅行的外國旅客市場為例，創業者不應從一開始就把「打倒大型旅行社！」當作口號，以成為綜合旅行社為目標。而應該要先試著

---

[64] 注：蓋伊‧川崎是Apple創業時期的團隊成員之一，對於Macintosh的成功有很大的貢獻。後來以創業家、投資家的身分活躍，創立了創投公司Garage Technology Ventures。

[65] 注：彼得‧泰爾的發言參考自以下演講。https://www.youtube.com/watch?v=z6K8PZxyQfU

圖 1-3-21

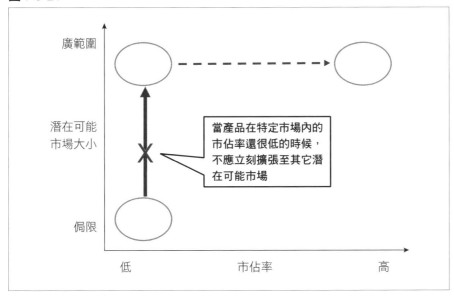

展開某些面向外國旅客的服務，如提供SIM卡、可兌換外國硬幣的兌幣機、讓旅客可以在咖啡廳寄放行李的服務等（順帶一提，在日本，上述服務分別由WAmazing、Pocket Chage、ecbo cloak提供）。

　　若能順利做到這點，該領域對你的新創事業來說就成為了一個可以帶來穩定獲利的金牛（Cash Cow）。可以想像未來會出現品牌效果，提升民眾的認知度，這時，募集資金的難度也會下降許多。在持續累積營運經驗，知道如何有效率地吸引顧客之後，單位經濟效益也能更加健全，使事業獲利變得更穩定才對。

　　到了這一步，在想辦法跨足至周圍市場，慢慢擴大潛在市場範圍，才是最踏實、成功率最高的規模化方式。

關注大型活動的Airbnb [66]

舉例來說，亞馬遜於一九九四年創業，創業者傑佛瑞·貝佐斯（Jeffrey Bezos）的腦中，就有著支配線上零售市場（成為一個everything store）的目標。他大膽地從書籍領域開始進入這個市場。

書籍容易目錄化、不會過期，故不需要頻繁地報廢商品。書的外形幾乎都相同，故要提升運送業務的效率相對容易，這些都是選擇書籍做為最初商品的理由。為了在這個局部的市場獲得勝利，他推出了一百萬個書籍品項，以壓倒性的齊全度與低廉價格攻佔市場（圖1-3-22）。

於是它們在書市的市佔率越來越高，從一九九〇年代後半開始，漸漸跨足至CD、DVD、遊戲等周邊市場，擴大他們的潛在市場範圍。不過，要是亞馬遜突然把目標轉往食品、鞋子等範圍很大的市場的話，事情又會變得如何呢？

恐怕會變得像Homejoy一樣，短時間內雖然可以提升營收，但花太多時間在讓獲利健全化上，於是在開始賺錢以前就燒光資金停止營業了吧。其它大型零售店也可能會推出降價活動，一口氣把亞馬遜擊敗。

Airbnb也是從很小的市場開始的。他們並不是一口氣將住宿服務推展至全美各個都市，而是以大型集會或活動為目標。

書籍《Airbnb創業生存法則》中提到了以下的故事。

二〇〇八年，巴拉克·歐巴馬（Barack Obama）被提名為總統候選人時，受到許多媒體的關注，民主黨大會也成了眾所矚目的焦點。

預定於科羅拉多州丹佛市郡舉行的歐巴馬提名演說，臨時改至可容納八萬人的大型會場舉行。然而丹佛的飯店只能提供兩萬七千個房間，當地

---

[66] 注：Airbnb的故事參考自《Airbnb創業生存法則：多次啟動、敏捷應變、超速成長的新世代商業模式》（莉·蓋勒格（Leigh Gallagher）著，洪慧芳譯，天下雜誌出版）。

圖 1-3-22　亞馬遜的戰略 1

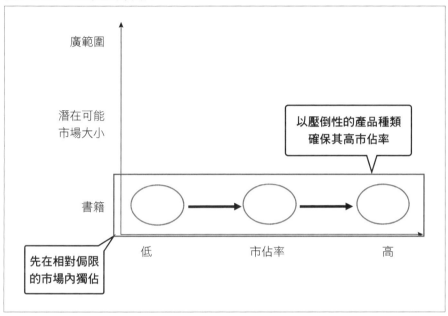

圖 1-3-23　亞馬遜的戰略 2

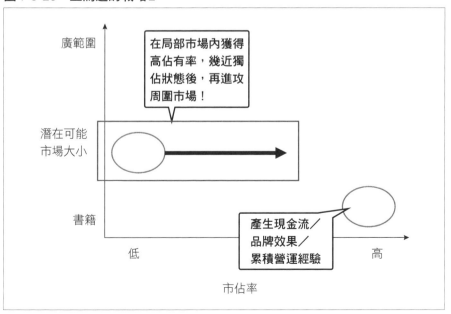

報紙紛紛報導住宿地點嚴重不足的相關新聞。而一步的部落客則介紹了 Airbnb 的服務，使許多大型媒體注意到了他們的服務。結果，在該活動期間內，有八百位屋主在 Airbnb 註冊房間，還有八十人預約了房間。這對 Aribnb 來說是一項很特別的記錄。Airbnb 的切斯基[67]在一場演講中提到了當時的狀況，他說「那一場活動剛好可以用來驗證我們的商業模式」。

由於還沒達成「製作出人們想要的東西」，故他們沒有將其拿到廣大的市場上驗證其服務好壞。而是在特定地區、特定活動的舉行期間內進行實證實驗，反覆驗證其假說，以提高服務品質。

於小市場的驗證工作結束，且募集到足夠資金以後，Airbnb 才開始拓展在大都市的業務。

Facebook 也是從小市場開始發展

Facebook 也是以同樣的模式拓展事業。

即使他們在哈佛大學校內發展得還不錯，也沒有馬上把業務推廣至全世界。當時已有「Myspace」與「Friendster」等競爭者存在，Facebook 則避免與之直接對抗。

Facebook 於二〇〇四年創業時，使用者範圍僅限於常春藤聯盟的學校內，而且是一校一校慢慢開放服務（先從校內已有類似社群網站的學校開始開放，在瞭解自己的優勢與弱勢後逐步修正服務）。而且他們還定下了「若任一個學校的註冊人數沒有超過75%，就不會再跨足至下一個學校」這個非常嚴格的目標。

不過，也因為他們立下了這個高難度的目標，使他們在營運初期階段能夠迅速改善（sprint），在二〇〇六年開放給一般民眾使用前，經過千

---

[67] 切斯基的發言引用自以下演講。https://www.youtube.com/watch?v=03kSzmJr5c0

錘百鍊的服務已相當完善（日語版於二〇〇八年開放）。

回頭看當時的情景，馬克‧祖克柏[68]這樣說道。

「我們一邊開放更多大學加入Facebook，一邊最佳化我們的服務。我們在增加一個功能後，會先確定能夠順利運作，再打入其它大學的市場。這就是我們拓展市場的過程。」

雖然現在的Facebook有一萬個以上的功能，但其實一開始只有八個功能。重要的並不是功能的數目，而是使用者是否會瘋狂愛上這樣的服務，祖克柏深知這一點。

直覺上，人們會以已明朗化的大市場為目標。如果是曾協助大企業爭奪市佔率的人，一開始都會想著要怎麼奪取這龐大市場的市佔率。然而對剛成立不久的新創事業來說，這樣的想法相當致命。

對新創事業而言，將眼光放在沒有人注意到的潛在市場，以獲得壓倒性市佔率為目標，避免與他人競爭，才是最重要的戰略。

這是沒有任何人注意到的市場嗎？

為了將前面的敘述做一個整理，我以市場成長性與目前的市場規模為雙軸，畫出一個二維矩陣（圖1-3-24）。

「成長性高且規模大的市場（上列中央）」是最混亂的區域，未達成「製作出人們想要的東西」與單位經濟效益的新創事業若突然跨入這個區域，無疑是自殺行為。

新創事業的構想應該要把目標放在「市場規模小，成長性卻很高的區域（圖1-3-24的中列中央）」。事實上，多數新創事業也確實是從這個區

---

[68] 注：馬克‧祖克柏的發言引用自以下演講。

https://www.youtube.com/watch?v=oz7muQxug_M

圖1-3-24

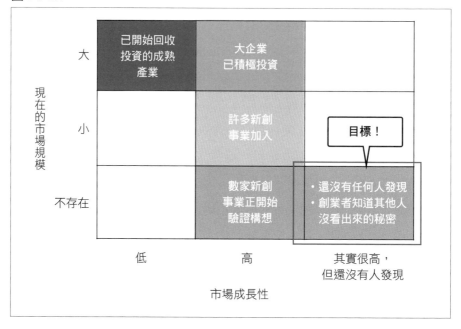

域開始的。

　　不過，也有一部分前衛的新創事業處於「市場還不存在，成長性卻很高的區域（下列中央）」，持續驗證自己的構想；甚至也有些新創事業「市場還不存在，大多數的人也沒發現其成長性（下列右端）」，卻仍持續在這個區域努力中。

　　雖然現在共享經濟與隨選服務等用詞已一般化，但在Airbnb與Uber的事業剛開始服務時，根本沒有人在使用這些詞。因此這些構想連大型企業也不在意，大多數人也覺得這樣的構想很「瘋狂」。

　　你的創業構想又是如何呢？是否還沒有人能將其語言化？是否有跨入未知的領域呢？能夠勇敢挑戰這樣的構想的人，才能夠創造出新的市場。

圖1-4-1

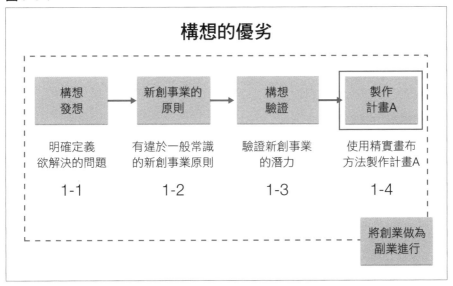

1-4 ┃ 製作計畫A（可行性最高的計畫）

如何撰寫精實畫布

　　構想是創業者自己，或者是創業團隊腦力激盪下的產物。而本節將會介紹如何使構想逐漸成形。

　　在這個步驟中，許多新創事業的創業者（特別是有管理企畫經驗的人）會製作格式繁複的事業計畫書，然而正如我們先前提到的，製作事業計畫書需耗費的時間過長，基本上不適合新創事業。

　　這個階段的構想還只是個草稿，因此將未來一定會發生變化的構想鉅細靡遺地描述清楚，也只是在浪費時間。這裡需要的是計畫A，也就是創業初期時，創業者認為可行性最高的預設商業模式（在計畫A之後，還會有B、C、D等版本）。

精實畫布的優點

　　那麼，該如何讓計畫A成形呢？

　　我認為使用由阿什・毛里亞（Ash Maurya）[69]在他的著作《精實執行：精實創業指南》（楊仁和譯，歐萊禮出版）中所提到的精實畫布（lean canvas）是最有效的方法。這是一個可以讓新創事業將他們的商業模式視覺化的工具，由在商業界中常使用的工具，商業模式圖（business model canvas）修改而成。

　　基本上，商業模式圖的框架適合讓擁有豐沛資源的大企業在討論新事業時使用。對於資源較少的新創事業來說，商業模式圖的某些項目並沒有那麼重要。

　　舉例來說，新創事業不需要過度重視商業模式圖中的「關鍵合作夥伴」項目（新創事業需要與顧客對話，故與其透過合作夥伴販賣產品，不如自己賣還比較好。而且要是透過合作夥伴販賣產品，產品會有合作夥伴的影子，當產品要規模化時可能會成為一道枷鎖）。

　　相對於此，精實畫布在設計時，聚焦於對新創事業來說特別重要的項目，包括顧客、問題、產品等。

---

[69] 注：阿什・毛里亞，提出USER cycle的創業者。即使創業者不是資料科學家，該公司也能幫創業者分析資料，做出決定。該公司在開發新產品時，會使用精實畫布的方式積極運作，並因此而為人所知。主要著作為《精實執行：精實創業指南》（楊仁和譯，歐萊禮出版）

圖 1-4-2

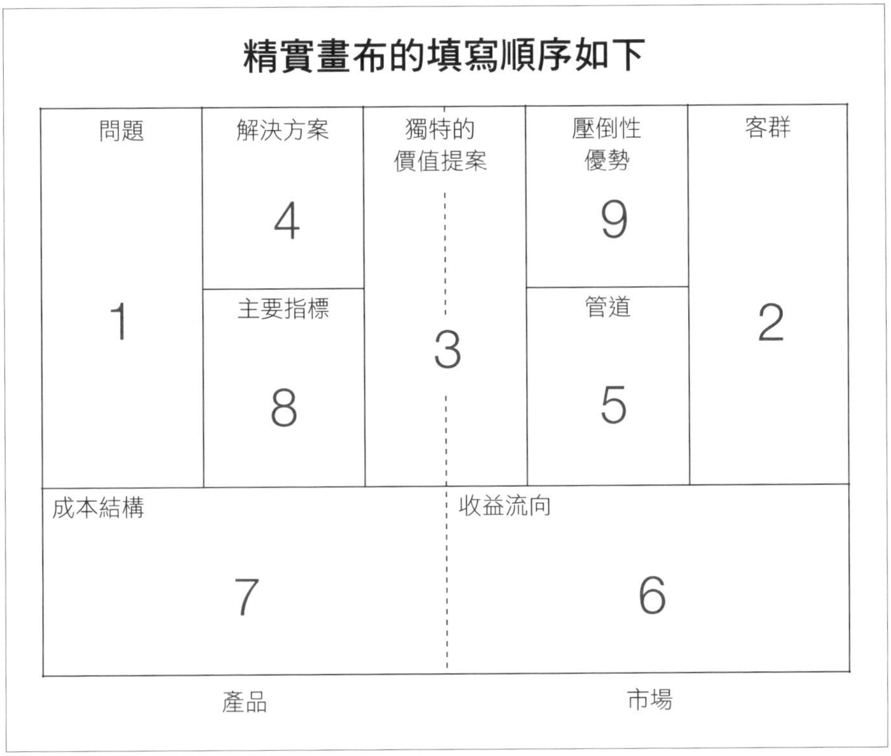

精實畫布的填寫順序如下

問題	解決方案	獨特的 價值提案	壓倒性 優勢	客群
	4		9	
1	主要指標	3	管道	2
	8		5	

成本結構	收益流向
7	6

產品	市場

精實畫布是根據《精實執行：精實創業指南》(阿什·毛里亞著，歐萊禮出版)製作而成。

最重要的是，完成一份精實畫布很短，而且不管是誰都能馬上理解其內容。最簡單的精實畫布只要十分鐘就能寫好，只要五分鐘就能看完。

故與其耗上兩個月左右來製作事業計畫書，不如把這兩個月拿來修改花十分鐘就能寫好的精實畫布修改個幾百次，效果還比較好。

精實畫布如上圖所示，依照順序填入各部分。

以團隊形式運作的新創事業，推薦在白板上寫出你們的精實畫布，並將各項目的內容用便利貼貼在上面。不僅可以讓成員對最後結果留下實體印象，也能凝聚團隊間的共識。

圖 1-4-3

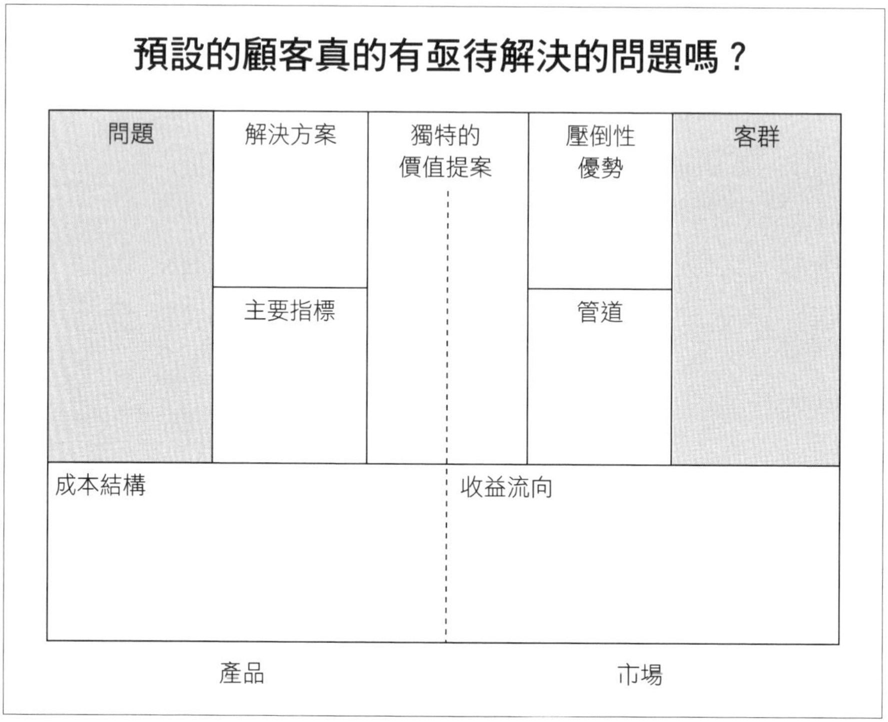

預設的顧客真的有亟待解決的問題嗎？				
問題	解決方案	獨特的 價值提案	壓倒性 優勢	客群
	主要指標		管道	
成本結構		收益流向		
產品		市場		

最重要的是「問題」與「顧客」

在第一章的開頭我們就有提到，新創事業得以問題導向為基礎。若以精實畫布整理構想，就能夠以「問題」與「顧客」為中心進行討論。

讓我們來簡單看一下精實畫布中各項目提到的內容吧。

❶問題（問題假說）

對於我們預設的顧客來說，或許有不少問題（問題假說）亟待解決，這裡先選出三個最重要的問題填入。請記得，再實際與顧客談過以前，這些問題都還只是假設性的問題而已。

❷客群

確定顧客是誰。填寫這個部分時，應以產品的早期採用者為目標。

早期採用者對資訊的敏感度較高，平時就會針對問題積極尋找替代解決方案。在一開始將產品投入市場時，包含負評在內，能夠給予回饋的人們，就是所謂的早期採用者。若這些顧客喜歡這個產品，就會向他們周圍的人推廣，成為所謂的傳教顧客。

舉例來說，在討論照護的解決方案時，「客群」的早期採用者就會是最關心照護、雙親正處於需照護年齡的五十多歲女性。

之後我們還會再提到，對客群的描述不應只是「五十多歲女性」那麼籠統。應該要塑造出更具體、更有臨場感的人物像，才是這一步的重點。像是「白天得去工作，但因為擔心一個人待在家的母親，需要時常和家裡聯絡的五十多歲女性」這樣的描述，能讓客群變得更具體。

❸獨特的價值提案

針對該問題，自家公司的產品或服務能夠提供什麼樣的獨特價值。

或許你已經注意到了，在驗證問題的過程中，會一直重寫「問題」與「客群」欄，反覆琢磨一個問題。重點是要在整理眼前已明朗化之問題的同時，探詢潛在問題並將其語言化。

已有人發現、已明朗化的問題，大多已有適當的替代方案。某些問題雖然還沒被任何人發現而未明朗化，但在與顧客對話的過程中，創業者可以慢慢挖掘出隱藏的需求，找出這些潛在的候選問題。這才是重點。

先做出一個構想的計畫A，而在將其更新至新的版本B、C、D的過程中，預設顧客、問題假說、預設價值提案也會不斷進化。

最初的「課題」與「客群」兩欄，就是用來釐清「要解決誰的、什麼

樣的問題？」這個要素，以成為新創事業的基礎，這個動作應該要在創業初期就進行徹底檢討。這是為了確保新創事業的問題假說與顧客實際的問題一致，也就是為了實現「解決顧客問題」（CPF）的關鍵。

回答不出所有問題的答案也沒關係

填完上面三個項目之後，就要開始建立「可實現這個價值提案的具體計畫」。

❹解決方案

從問題的具體解決方案中選出三個可行性最高的填入。要記得的是，在計畫A的階段還不需要直接與使用者對話，驗證你的問題假說，故沒有必要執著在解決方案的確實性與細節。

❺管道

思考獲取顧客的管道。雖是這麼說，但新創事業可選擇的管道並不多。在這個階段只要試著思考如何增加與自己的目標客群接觸的機會，以及如何與他們直接對話就可以了（像是在社群網站上成立社群、舉辦活動等都可以）。

❻收益流向

試著寫下收益模型。想像當實際的商業模式成形時，會以何種形式獲得收益。此外，試著計算包括產品單價應該是多少、可服務多少顧客、顧客終身價值（從每一位顧客身上所獲得的利益）是多少等問題，寫下預估利益大致是多少。

❼成本結構

包括顧客獲得成本、流通成本、主機成本[70]、人事費等，將產品送進市場前需花費的成本列出一張清單。對於創業初期需花費龐大費用在設備投資上的金融科技與生物科技創業來說，是很重要的要素。

❽主要指標

在新創事業達成「製作出人們想要的東西」（PMF）以前，設定一個定量指標以評估事業進展。在計畫A的截斷時，要找到正確的指標並不是件容易的事。

戴夫・麥克盧爾[71]所提倡的AARRR[72]指標（海盜指標）便是一個值得推薦的泛用型指標。其中，在「製作出人們想要的東西」前的階段需特別注重的指標為開始使用（Activation）與持續使用（Retention）。

❾壓倒性優勢

寫下能讓你在競爭中取得壓倒性優勢的條件。在驗證構想的階段，要填好這欄並不是件容易的事，故即使寫不出來也無須太過在意。可以填入的內容如內部資訊、專家支持、夢幻團隊、網路效果、社群、既有顧客等。

---

[70] 注：主機成本指的是建構網站時，使用伺服器等設備之所需費用

[71] 注：戴夫・麥克盧爾（Dave McClure）是大型VC創投基金，500 Startups的創業者。500 Startups以支援剛創業不久的新創公司成長而著名（目前麥克盧爾以推出該VC創投基金的經營）。

[72] 注：AARRR指標包括Acquisition（獲取顧客）、Activation（開始使用）、Retention（持續使用）、Referral（介紹其他顧客）、Revenue（產生營收、轉化為付費使用者）等五個指標。我們將在第四章中詳細說明。

圖1-4-4

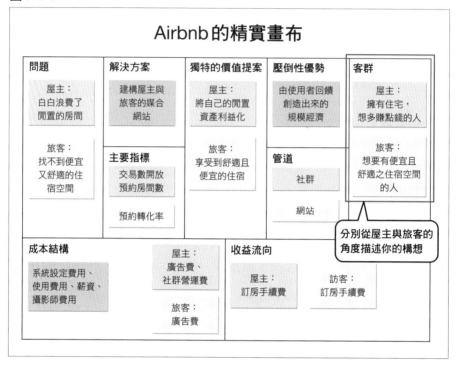

在達成「製作出人們想要的東西」，準備將商業模式規模化時，應先聚焦在其中一個優勢上（也就是說，不應盲目地規模化，應要在確認自己有某方面壓倒性優勢後，再行規模化，這是很重要的一點）。

若一開始提到的三個項目（問題假說、客群、獨特的價值提案）稍微有些變動，後面的六個項目可能會有很大的改變，即使在產品釋出後，也有可能持續變化。

因此，在構想還沒成形前的創業初期階段，若有覺得不夠清楚的部分只要將想像中樣子簡單寫下來即可。畢竟這個階段中最重要的，還是在於釐清「問題」與「客群」是什麼。

將市場上雙方參與者分開討論

需要有販賣商品的人與購買商品的人才能營運的拍賣 app，Mercari、需要有出租房間的屋主和租用房間的旅客才能營運的 Airbnb、需要司機與乘客才能營運的 Uber 等，其商業市場需要同時擁有供給方與需求方才建立得起來，稱作雙邊市場（two-sided market）。

以 Mercari 為代表的 C to C 市集型服務；像是 Airbnb 或 Uber 這樣的共享經濟服務；像是 Youtube 這種用戶生成內容（User Generated Content）服務等，皆屬於雙邊市場。

對於雙邊市場來說，需求與供給兩邊的顧客越多，對這兩方來說，服務的價值也越高（這也稱作網路效果）。以 Uber 為例，當 Uber 的乘客增加後，司機也會增加；而當司機增加使 Uber 變得更方便時，乘客又會再增加，兩者就像雞生蛋蛋生雞一樣。

因此，雙邊市場的商業模式中，需要同時提供雙方夠好的價值提案才行，只專注於其中一方的顧客是一大禁忌。

故在填寫精實畫布時，最好能分別站在雙方的立場上思考他們的想法是什麼。

做為參考，我們試著寫出 Airbnb 的精實畫布如圖 1-4-4。

這麼一來，屋主（服務提供者）與旅客（服務使用者）各自的問題、可提供價值、管道等皆一目瞭然。

在製作精實畫布時，適用於「服務提供者」、「服務使用者」、「兩者皆是」的觀點，可用三種不同顏色的便利貼表示，在整理論點時會比較容易。

而最後，則需要驗證「服務提供者」、「服務使用者」、「平台提供者（創業者本身）」是否都能享受到好處、是否為三贏局面。

再次強調一個重點，在新創事業的種子期時，不需要準備格式嚴謹的事業計畫書。

創業者最好能善加利用像是精實畫布這類能迅速完成、輕鬆分享的工具，以最高效率製作出計畫A。

《精實執行》作者，阿什・毛里亞[73]曾在一場演講中這麼說。

「對於新創事業來說，最寶貴的資源是時間。在資源耗盡以前，能學到最多的創業者就是贏家。」

在製作計畫A時，為了加快學習的速度，創業團隊全體成員應該要一起參與假說的建構。

「Tinder」的精實畫布

只要親自下去參與精實畫布的製作，馬上就能夠掌握到訣竅了。

以下整理實際存在的交友app，Tinder的功能說明。請試著以這些資訊寫出精實畫布。

圖1-4-5列出了我所寫的精實畫布。不過我寫的不代表就一定是正確答案，只是做為書寫精實畫布的參考而已。

Tinder的基本操作

①下載智慧型手機用的app，以Facebook帳號登入。

②設定交友對象的條件。

③在自己當下所在地的周圍會陸續出現可選擇的對象。感興趣的話就往右滑、沒興趣就往左滑。

---

[73] 注：阿什・毛里亞的發言引用自以下網址。
https://www.youtube.com/watch?v=iAuSEThxJ0s

圖1-4-5

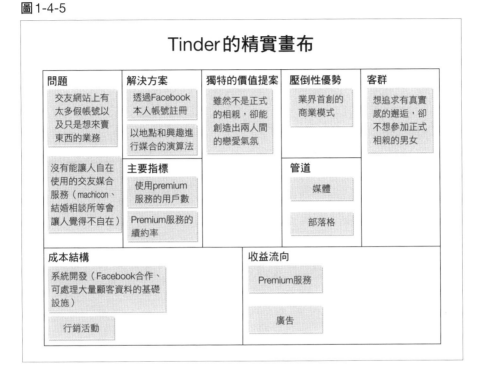

④要是兩個人都對彼此有興趣，配對便會成立。

⑤配對成功的人可以彼此聊天。

⑥實際上是否能約得出來，就憑個人本事了。

Tinder的premium服務（每個月一千兩百日圓）

- 有無限次滑動候選對象的機會。

- 可變更自己的所在地。

- 可停止顯示廣告。

即使這項服務曾引起一陣話題，並在全世界急速成長，也很難一眼看出為什麼會紅成這樣。不過，如果將該服務之構想整理在精實畫布上，好好分析其內容，就能夠看出其商業模式的核心（該商業模式可以用什麼樣的方法，解決誰的、什麼樣的問題）與差異化的重點。

精實畫布的共通語言

前面提到，精實畫布是在塑造計畫A時最好的框架。之所以會這麼推薦這個框架，不只是因為寫起來很簡單，更重要的是它能夠簡潔而全面性地讓創業者掌握整個商業模式。

如同史蒂夫・布蘭克在他的著作《The Startup Owner's Manual》[74]中曾提到的「若問十個人什麼是商業模式，常可得到十種回答」。商業模式的定義會隨著每個人的看法不同而有不同的樣子。

舉例來說，業務出身的人會說「商業模式應以顧客為重」，工程師則可能會說「解決方案才是商業模式的重點」。若創業成員彼此間不夠瞭解，對問題前提的認知也有差異的話，就很難在討論中找到交集，無法讓組織更有效率地運作起來。

在填寫精實畫布時，能夠將討論的重點聚焦在「要解決誰的什麼問題？」上面，故較容易讓原本擁有不同意見、從不同角度看事情的成員們，找到彼此想法的交集。

若將精實畫布做為團隊的共同語言，就能夠更有效地溝通。使團隊成員們建立的假說與未來的方向更加明確。

---

[74] 注：《The Startup Owner's Manual》的日語版譯本為《Startup Manual 從新創事業到大企業的新事業部門》（翔泳社）

持續修正計畫A

即使精實畫布上的計畫A在目前這個時間點看來是最好的設計，未來仍必須持續修正才行（也就是要繼續製作計畫A、B、C）。

這項作業不能只由創業者一人進行，而是要創業團隊全體成員一起來做。

在一般企業中，如果想讓其它員工理解某項資訊，就必須製作一份像事業計畫書一樣複雜的文件，用來說服公司內的成員。不過，事業計畫書較重視表現方法與格式等細節，在論點本質上的討論（這個計畫要解決誰的、什麼樣的問題？又該如何解決？）可能很難充分交換意見。故不適合做為尋求全體成員之理解、認同的方法。

讓創業團隊全員一起腦力激盪，發想構想，互相補充彼此沒注意到的地方，在持續驗證的過程中，於精實畫布上琢磨構想。

精實畫布最重要的效果就是，能夠讓每位成員成為創業的當事人，為構想的琢磨做出貢獻，並認同這個團隊。若成員彼此能互相理解認同，也能減少團隊內的齟齬，提升琢磨構想的效率。

精實創業模型

像這樣將假說與實現過程視覺化，並時常反覆驗證，可以避免新創事業浪費時間，是創業初期的一大重點。

這種想法與埃里克・萊斯（Eric Ries）的著作《精實創業》[75]的脈絡相同。這本書被許多創業相關人士視為聖經。

埃里克・萊斯所提倡的精實創業，是先塑造出新構想或新概念的外型

---

[75] 注：《精實創業》（埃里克・萊斯著，行人出版）。埃里克・萊斯為創業家，現在亦致力於為許多新創事業提供建議。

（製作最小可行產品），並反覆進行建構（Build）、測量（Measure）、學習（Learn）等步驟的循環過程。

　　過去常為人們所使用的瀑布式（waterfall）開發方式中，需製作縝密的規格書，一開始就將產品與服務的要求條件（Requirement）寫清楚，並依照規格書製作出同樣的產品。然而多數情況下，都是將產品投入市場後才知道哪個部分需要改進，這時再來學習卻又太晚了，而且產品還有可能會多餘的功能。

　　在瀑布式開發模式中，剛開始在定義產品的要求條件時，當然也會傾聽使用者的意見，但在這個階段，通常使用者自己也不曉得自己想要什麼、不曉得自己有什麼問題需要被解決。故通常也難以挖掘出使用者的的潛在問題（在表面現象底下的真正原因）。

　　舉例來說，要花了半年所開發出來的產品，並將其交給使用者，卻得到「用了之後才知道，其實我沒有很想要這樣的東西，這沒辦法解決根本上的問題」這樣的意見回饋的話，這半年來的開發過程中所花費的心血全都白費了。

　　另一方面，精實創業的開發模式中，一開始並不會去製作產品的最終型態，而是只做出以驗證為目的的最小可行產品，隨時準備釋出。這樣才能及早獲得來自顧客的回饋，並隨即依照顧客的意見修正軌道，迅速改善產品。

　　換個方式來說，瀑布式[76]開發這種過去的方法會花很多時間在會議桌上，以提升假說的精緻度；而精實創業式的開發則傾向於將假說立刻丟到市場驗證，並以最快的速度持續改善。由於現在產品的壽命越來越短，故

---

[76] 注：瀑布式模型為用來表示系統開發流程的古老模型之一。需依照定義要求條件（決定系統的規格）、開發、品質驗證等順序進行開發。

圖 1-4-6

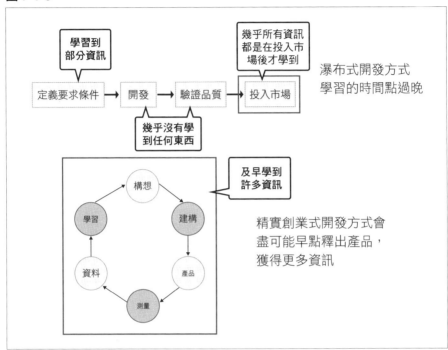

後者的方法也較有效率。

　　而且，剛才提到的精實畫布不只可迅速完成、明白易懂，也相當適合做為精實創業模型在驗證假說時的框架。

在時間用完以前找出商業模式

　　創業者需找出精實畫布中每一個項目的最佳解，而這也是在和時間賽跑。

　　阿什・毛里亞在《精實創業》中，重點式介紹了找出最佳解的步驟。看過這些之後應該就能理解大致上的流程了。

①在精實畫布上製作多個版本的計畫Ａ。

②分析各個計畫中不確定性最高的項目是什麼（問題真的存在嗎？真的有這樣的客群嗎？解決方案適當嗎？）。

③以四個階段驗證計畫。

　a) 釐清問題。

　b) 定義解決方案。

　c) 以定性方式驗證。

　d) 以定量方式驗證。

　　經過這些驗證過程後，就能在最後得到每個項目都能讓人接受的精實畫布，而這也就是你的商業模式原型。

　　而在試著找出商業模式之最佳解時，特別重要的是，定性方式驗證與定量方式驗證要由創業者自己進行。

　　雖然我不怎麼建議這麼做，但對某些新創事業來說，有時需將產品的開發工作委託給外部廠商。即使真的要委外製造產品，像是計畫Ａ的定量驗證與定性驗證這類，能讓創業團隊成員學到東西、並能將成果累積下來的開發過程，絕對要死守在公司內部。

　　由定性、定量的驗證結果，若判斷沿著至今的創業方向（客群與解決方案的內容）前進，最後能達成「製作出人們想要的東西」的機率不高的話，就需要修正軌道。

　　新創事業需在資源（時間、金錢、經營團隊的忍耐力）耗盡、時間用完以前，持續修正軌道，以找出商業模式與產品的勝利之路才行。

圖1-4-7

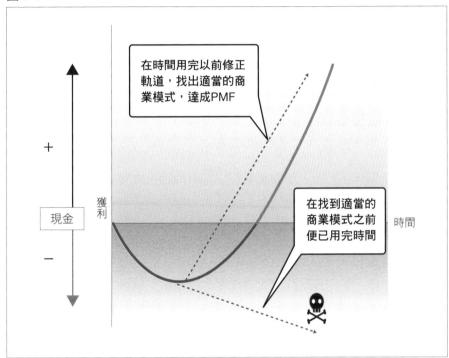

修正軌道的重要性與注意事項

萊斯[77]曾說過「修正軌道指的是，在不改變願景（vision）的情況下改變戰略」。事實上，據毛里亞[78]的說法，約有66%的新創事業大幅變更了當初的計畫。

讓我們再來看一次新創事業的J成長曲線。

---

[77]　注：萊斯的發言引用自以下演講。https://www.youtube.com/watch?v=dC_IG-EZQUY

[78]　注：毛里亞的發言引用自以下演講。http://www.youtube.com/watch?v=Nhl5nzUNQCA

要是在發現最佳商業模式、進入曲線上升階段以前耗盡資金、時間的話，對新創事業來說唯有死路一條。

而如果能在新創事業死亡前，反覆驗證商業模式，視情況修正軌道，達成「製作出人們想要的東西」的話，就能乘著上升氣流昇天。

團隊成員能接受嗎？

雖說如此，修正軌道對於新創事業來說絕對不是件簡單的事。創業者不應過度恐懼修正軌道，但要是看輕這件事的話也會嘗到苦果。

特別是那些沒有認真讀過名著《精實創業》的創業者們，常會在沒有足夠驗證、沒有充分學習的情況下，只是碰上了點障礙就輕易決定要修正軌道。

然而，修正軌道就是在否定團隊至今所累積的成果，自然會有人感到不滿。

我過去也曾有過這種痛苦的經驗。當時我在美國經營一家新創事業，在我們第二次修正軌道時，一位對此感到不滿的工程師就這樣離開了團隊。

當時我還沒聽過精實創業、精實畫布，故不曉得創業者應與團隊成員共享構想，也不知道應該要以最快速度驗證所有事項。

如果那個時候有用到精實畫布之類的工具讓成員們共享構想的話，狀況或許會有些改變吧。若能將商業模式視覺化，設計一套指標（metric）供達成「製作出人們想要的東西」過程中的參考，使修正軌道的理由能更為明確，這麼一來，工程師或許就不會離開團隊了。

初期新創成員通常是由三到十人的小型團隊組成。但不能因為人數不多，就以為溝通上不會出現障礙。

即使團隊很小，每個人的經驗與立場也各有不同，故參與創業的前提

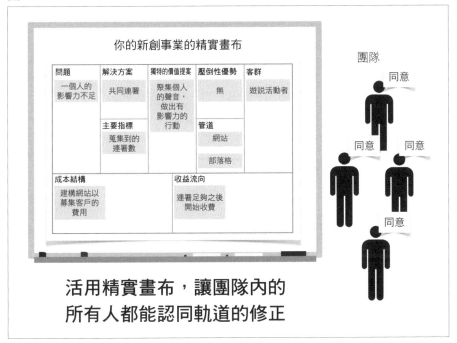

圖 1-4-8

活用精實畫布，讓團隊內的
所有人都能認同軌道的修正

條件與思考方法也會有所差異。

在新創事業的初期階段，特別需要用精實畫布之類的工具，將思考視覺化，經過每天的充分討論「不能這麼做、也不該那麼做」後，獲得一個所有人都能接受的商業模式，是這個階段的重點。

修正軌道等於是要改變新創事業整體的方向，可說是非常具衝擊性的行動。因此，需透過與創業團隊成員的對話，獲得他們的認同才行。

要是在沒獲得團隊成員的認同前就強行修正軌道，可能會成為組織崩潰的契機。

若團隊成員能夠理解修正軌道並不代表要停止開發，僅是要改變開發方向的話，想必新創團隊也能夠更加「自在」地修正軌道。

　　但要注意，修正軌道對於新創事業來說可說是一次瀕死經驗。對沒有時間也沒有金錢的新創事業來說，得將自己至今所累積的成果丟掉，要是走錯一步，就會面臨到與死亡只有一線之隔的處境。

　　因此，一旦決定要修正軌道，就需要創業團隊全體成員的鼎力相助。而為了達成這個目標，需利用精實畫布等工具反覆對話，讓所有人都能認同修正軌道的判斷，並把這件事當作自己的事。

願景是不能修正的

　　然而，可修正的對象僅止於產品與戰略（商業模式）。創業者應該要該意識到，一開始指引新創事業整體方向的願景，創業後就不能輕易改變。

　　舉例來說Cookpad所提出的願景就是「讓人們每天都能享受料理的樂趣」。創業者佐野陽光也提到，團隊不會去做與這個願景衝突的事。在如此簡單易懂的願景下，即使未來組織規模化，員工們也不容易迷失方向。

　　決定新創事業願景的人正是創業團隊。團隊成員能否在很早的階段，就找到足以讓他們為此拼盡全力的願景，將會是新創事業能否成功的重要關鍵。

　　讓成員彼此的想法撞出火花，花些時間好好醞釀出團隊的願景，並將其明文列出。我認為新創團隊應如此描繪自己的願景。

「製作出人們想要的東西」是條困難之路

　　老實說，新創事業要讓產品或服務達成「製作出人們想要的東西」，是一條困難重重的道路。

　　先預設顧客可能擁有那些問題，再直接與顧客對話，學習該問題的相關資訊，並持續釋出產品（最小可行產品），以瞭解顧客真正的想法。

圖 1-4-9

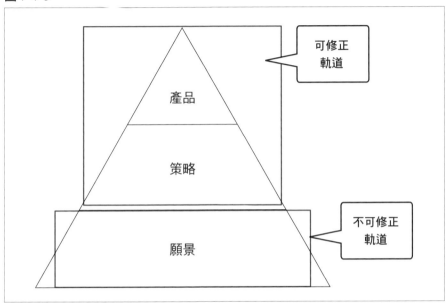

　　新創事業需在手上的資金用盡以前，反覆執行這些行動。而最讓人感到痛苦的，就是把之前花了許多心力想出來的構想，以及花了許多時間做出來的產品捨棄掉的那一瞬間。在決定要不要捨棄掉產品時，就像是在與「又不是100%確定做不出來，為什麼不繼續開發下去呢？」的念頭對抗一樣。

　　我所尊敬的投資家，本‧霍羅維茲就曾在他的著作《什麼才是最難的事？》中提到，創業就是一連串「hard things」，只有願意走上這條「hard way」的人才有機會成功。

　　反過來說，若只執著於做出自己想做的東西，只顧著把自己的猜測正當化的話，就像是走在一條「easy way」上，最後只會做出一點用都沒有的產品，還會使公司步上成為「假新創」公司的命運。

利用副業來琢磨你的構想

第一章中，我們說明了如何驗證新創事業的構想。包括構想的基本形式、精實畫布的書寫方式、如何決定你的目標市場所在等。

希望你能理解，這些是在你實際走出戶外，與顧客直接對話之前的準備階段中，需具備的知識。

和夥伴們一起製作精實畫布，邊聽取顧客的意見邊進行研究，這就像是週末創業一樣，是一個能自由經營的副業（side project）。針對一個構想做過討論後，認為「不要創業」是最佳決定的情形也很常發生。在琢磨構想的階段中，不要成立公司，以經營副業的形式開始會比較好。

Y Combinator的共同創業者，保羅・格雷厄姆[79]曾說過一段有趣的話「要想到創業構想的最佳方式，就是不要一開始就把這個當作創業構想」。

還未被發現，能成為新創事業基礎的構想，通常隱藏在我們的日常生活，或者是平時就在做的業務中。當我們看著許多理所當然的事時，如果心中突然出現「這種做法真的是最好、最正確的嗎？」、「有沒有其他方法呢？」這種尋常的疑問，或許就會是找到構想的契機。如果能夠把握住這些每天的發現或來自內心的感覺（洞見），試著努力追求這些問題的答案的話，或許很快就能夠找到適合用來創業的好構想。

在討論構想時，不應侷限在「能否商業化」的議題上，而是應該要毫無保留地把想法一股腦「發散」出來，再慢慢「收束」回去，並反覆進行這樣的過程。而在這樣的過程中，就有可能會突然發現不曾有人注意到，卻會對生活或既有商業模式帶來很大影響的構想。

---

[79] 注：保羅・格雷厄姆說的話引用自網站http://www.paulgraham.com/startupideas.html

由正業的經驗誕生出的構想

事實上，大多數新創事業的構想都是創業者在正職工作中想到的。

亞馬遜的執行長，傑佛瑞·貝佐斯就是在金融機構工作時發現了電子商務的機會。有許多創業者與貝佐斯一樣，是在有正職的情況下，利用空閒時間思考構想，將其當作副業經營。

而且，即使有正職，也能夠同時進行多個副業。

事實上，我現在就同時進行著數個副業，而真正能事業化的工作卻只有一小部分。而之所以要同時進行複數個計畫，是為了要釐清這些計畫想解決的問題，是否真的適合由我來做（關於這一點，我們將在第二章中詳細說明）。

當然，或許有些人會認為「既然要做的話，就應該自斷後路，逼自己認真做下去才對」。

在準備各種資格考試的時候，這麼做或許無可厚非，但若想要開始一個新創事業的話，這麼做卻會有反效果。

向公司辭職後，雖然能夠全心投入創業，但如果沒辦法馬上做出成果的話，也會變得更加著急。即使創業者全心投入，也不代表一定能得到一個好的構想。要是過於執著，反而會讓人著急起來，只想著要快點得到「結果」。比起好好地驗證問題，反而會把大部分的心力放在看得到的結果，只想著要快點製造出產品。結果反而常製造出沒有人想要的產品，使創業失敗。

副業與正職的差別

在自己的正職上執行的計畫，與在擁有正職的情況下進行的副業計畫有什麼樣的差異呢？我把這些差異整理如下圖。

圖 1-5-1

正職	副業
義務感	好奇心
扮演自己的職位該有的樣子	扮演自己
以急迫性為重	以重要性為重
需考慮限制條件	跳出 "窠臼"
需考慮與一般業務的關係	拿掉一般業務上的限制
現在想做的事	未來想做的事
既有的解決方案	新型解決方案
現行商業習慣	從未來的商業模式回推
擔心失敗而躊躇不前	即使失敗也能馬上嘗試下一個
需花費固定費用	可大幅減少固定費用

　　由下圖所列出的條件可以看出，若把創業當成副業進行，在驗證構想時會有利許多不是嗎？其中特別值得一提的是，副業是可以讓人在思考構想時，跳出由原本的常識和限制條件所構成的「窠臼」，也就是所謂的 out of the box。如果把創業當成正職在做，會想要盡可能早一步讓構想成形，而在不知不覺中忽略了其他可能，思考方式也越來越僵化。當你限制了自己的想法，就與新創事業的特點，天外飛來一筆般的瘋狂想法離得越來越遠。

　　另外，如果只想著要快點做出結果，便容易使創業者在觀察某個顧客所擁有的問題時，對市場上已存在的替代方案給予過低的評價。

事實上，許多市場上已明朗化的問題已有替代方案可以解決，創業者製造出來的產品，對顧客來說常不是必要的東西。

當創業團隊想到了一個可以解決問題的構想時，有沒有餘裕去思考「歸根究柢，這個問題真的存在嗎？目前已存在的解決方案能充分解決嗎？」等問題是很重要的。

「首先該做的，是想辦法精煉你的構想。真正的創業是在那之後才開始」YC的山姆‧奧爾特曼[80]曾這麼說過。

要成為創業者，不代表一定要馬上去登記成立一家公司。若能在正職以外的時間，每天勤於奔走，尋找能成為構想的原石並加以驗證，也能成為一個厲害的創業者。

充分確認團隊成員是否適合一起創業

此外，在驗證構想的階段中還不要成立公司的理由還有一個，那就是這時有可能會發生團隊成員彼此不合的情況。

不管是腦力激盪，還是製作計畫A，實際與團隊一起工作時，常會發生彼此相性不合，想法有差異、成員彼此間對於商業模式的方向不一致的情形。

如果在充分確認團隊成員彼此相性和想法之前就成立公司，大家拿出自己的資金並獲得相應的股份後，就無法輕易要求別人退出了。事實上，我也看過許多新創事業因為初期的資本政策失誤而創業失敗的案例。

在這層意義上，共同創業者就像是結婚的伴侶一樣。男女雙方也需在結婚前，也就是交往期間內充分確認彼此是否合拍。

---

[80] 注：山姆‧奧爾特曼的發言引用自下列網址。
http://www.youtube.com/watch?v=CBYhVcO4WgI

圖 1-5-2

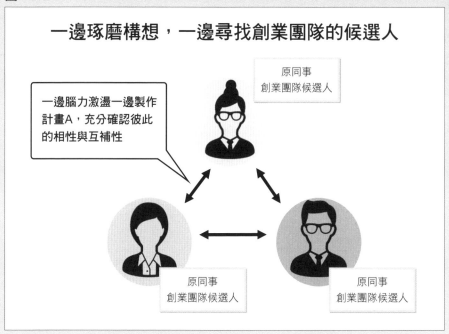

一邊琢磨構想，一邊尋找創業團隊的候選人

原同事
創業團隊候選人

一邊腦力激盪一邊製作
計畫A，充分確認彼此
的相性與互補性

原同事
創業團隊候選人

原同事
創業團隊候選人

　　而在新創事業中，則需要確認彼此的願景是否一致，技能與經驗是否能互補。與結婚相同，創業時若急於行動、急於達成目的的話，通常不會有好結果。

　　新創事業的團隊夥伴常會是原本的同事不是嗎？

　　若成員們已掌握彼此的某些特性，那麼在腦力激盪、或者是計畫開始進行的途中，還能更進一步地瞭解彼此的相性與技能的互補性，逐漸成為一個固定的團隊。這種培養團隊的方式是最好的。

找到方向性之後再成立公司

　　而且，太早成立公司的話也話有其它不方便的地方。

　　開始有一些事務性雜事要做，也開始要負擔一些成本費用。是否能適

當分配出資者的股票也會成為一個風險。

在成立公司以後，所有業務就必須以讓公司存續下去為前提，反而有可能使目標變成公司經營的維持。

在找到創業的方向性以前最好不要成立公司，而是以私下運作的方式展開計畫。

Facebook的創業者，馬克・祖克柏[81]在念哈佛大學時，於網站上閱覽學生年鑑後，想到了一個有趣的想法，於是與朋友們一起建立了Facebook網站。「那時還沒有想到要成立一個公司」祖克柏本人自己也這麼說。

Instacart的創業者，梅塔也是在亞馬遜工作時製作了app的beta版（正式上市的前一版）。他所負責的明明是物流系統的開發工作，他卻開始製作iPhone用的app。

Yahoo!是由史丹佛大學的學生，楊致遠與大衛・費羅（David Filo）以上課時做出來的入口網站為原型製作出來的產品。

Apple公司的第一台電腦「Apple I」開始接受訂購時，共同創業者之一史蒂夫・沃茲尼克還在惠普工作。

還有一個將副業導入企業的例子是絕不能忘的，那就是許多人所熟知的Google「80/20法則」。Google鼓勵員工需利用20％的工作時間做和自己的本業無關的服務開發工作。Google將副業計畫視為創造有潛力之新事業的方法，故將80/20法則應用於此處。Gmail、Google map、Google hangout就是由這20％的副業誕生的。目前佔Google收益最多的廣告服務Google AdSense也是由副業計畫誕生的。

---

[81] 注：馬克・祖克柏的發言參考自以下網站的內容。
http://www.businessinsider.com/mark-zuckerberg-advice-on-starting-a-company-2016-8

創業初期不要建立上下關係

在驗證構想的階段中，需要在持續不斷的腦力激盪下，進一步探究你們的構想，與創業團隊成員們一起討論應該要對哪些概念進行實證。這個階段中，新創事業的團隊間基本上不存在上下關係，以扁平式的組織結構進行討論是最重要的。

若想要找人協助你的副業，或者想協助其他人的副業，可以試著參加創業週末（startup weekend）[82]、黑客松（hackathon）[83]、創意馬拉松（ideathon）等活動。這是利用一個週末的時間，體驗從構想建構到製作出產品的活動，也是個尋找未來能共同創業之候選人的好機會。

---

[82] 注：創業週末是一個於週末時舉辦，讓參加成員們能夠體驗到從構想到產品成形之過程的活動。

http://nposw.org/

[83] 注：黑客松是將工程師與設計者聚集起來，舉辦為期一天至數天的app原型開發活動。而創意馬拉松則是由主辦方訂出主題，讓參加者討論彼此的構想的活動。

第二章

提升問題的品質

CUSTOMER
PROBLEM FIT

本章目的

- 利用各種框架與工具建立問題假說（2-1）

- 為了驗證問題假說是否存在，需與最前衛的顧客實際對話（2-2）

- 透過對話琢磨你的假說，使該聚焦的問題更加明確（2-3）

在第一章中，我們利用精實畫布精煉了我們的問題假說。然而再怎麼說，這也只是由製造者想到的假說而已。

就這個假說所考慮到的問題而言，預設客群究竟會覺得這個問題有多「痛」？多希望能盡快解決這個問題？我們需透過與顧客的實際對話來驗證這些問題，以實現本章的目的「解決顧客問題」（與顧客心中所想的問題一致）。

若創業團隊擁有技術能力越強的工程師，就越傾向於跳過驗證問題假說這個步驟。技術能力越強，通常代表競爭力也越強，故這倒沒什麼關係。但這裡有一個很大的陷阱。當團隊得到一個技術力很高的成員時，常會輕視那些不熟悉技術之一般使用者的第一手意見。

新創事業的產品基本上還是為了解決顧客的問題而存在的解決方案。然而許多新創公司卻會反過來由自己公司所提出的解決方案，捏造出方案可解決的「問題」。

沒有比這種捏造出來的問題更糟的東西了。即使團隊成員也隱約感覺到對問題的琢磨不夠，卻會假裝看不到自己的天真，一味地琢磨解決方案。對新創事業來說，沒有比這更危險的事。

於是，花了時間琢磨過的解決方案卻沒有顧客能夠接受，這時才發現解決方案與顧客碰到的問題有很大的落差。這種白白浪費資源的新創事業撐不了多久就會掛掉。為了避免這種慘痛的失敗，本章將介紹如何琢磨你的問題假說。

「這個問題真的存在嗎？」

「你真的想解決這個問題嗎？」

能夠對預設使用者拋出多少這樣的問題便決定了新創事業的命運。

圖 2-1-1

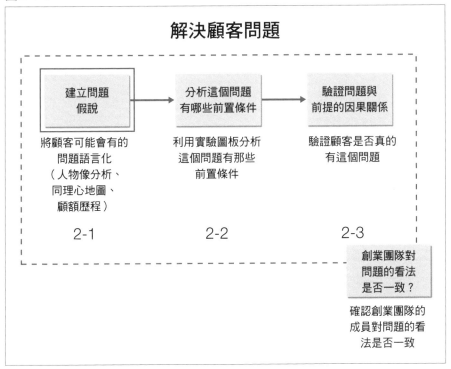

解決顧客問題

建立問題
假說

分析這個問題
有哪些前置條件

驗證問題與
前提的因果關係

將顧客可能會有的
問題語言化
（人物像分析、
同理心地圖、
顧額歷程）

利用實驗圖板分析
這個問題有那些
前置條件

驗證顧客是否真的
有這個問題

2-1

2-2

2-3

創業團隊對
問題的看法
是否一致？

確認創業團隊的
成員對問題的看
法是否一致

2-1　建立問題假說

提高問題的品質

不要疏於對問題的驗證

前一章所提到的，利用精實畫布製作出計畫Ａ終究只是在踏出辦公室與使用者對話以前，在室內自己做的「假說」而已。

　　直接聽取顧客的聲音，驗證他們是否真的有這個問題，以持續琢磨這個構想，提高構想的品質。這是相當重要的過程。

　　尋找顧客真正的痛點所在，並將可解決這個痛點的構想視為創業的課題，就是決定創業能否達成「製作出人們想要的東西」（PMF）的大前提。要是跳過這個驗證步驟，不去細究使用者是否真的想要解決這個問題，對創業來說過於草率。

　　確實，驗證問題相當麻煩，而且需要花上不少時間。但在達成「製作出人們想要的東西」，確定產品的整體面貌以前，把時間花在這上面卻有著很大的意義。

　　美國的Startup Genome對三千兩百家網路類的新創事業公司進行問卷調查[1]，達成「製作出人們想要的東西」的新創事業有八成在「解決顧客問題」（CPF）的階段就專注在「問題的發現與驗證」上。

　　另一方面，失敗的新創事業則有74%在創業初期便把大部分時間花在「產品（解決方案）的驗證」上。

　　換句話說，在問題的驗證還不夠充分的時候，就突然開始進行產品的開發。這又被稱做**倉促擴張**（premature scaling），是許多新創事業在早期階段失敗的最大理由。

　　前一章中，我們提到新創事業需找到「乍看之下很爛，但其實是很棒的構想」。創業者所想到的構想是否真的有像想像中那麼好，就要由接下來要介紹的問題驗證方法來判斷。

　　「乍看之下很爛，但其實是很棒的構想」並沒有那麼容易被發現。事實上，大部分的構想乍看之下很爛，實際上也很爛。問題驗證的究極目標

---

[1]　注：問卷調查結果的數字來自美國Startup Genome的報告「Startup Genome Report Extra on Premature Scaling」。

圖 2-1-2

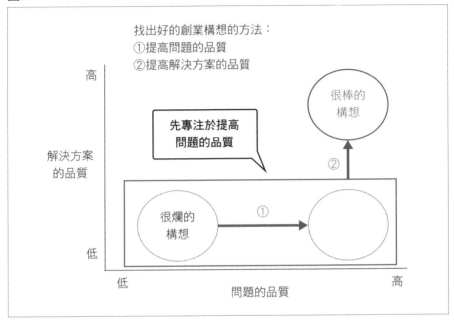

在於找出潛藏在深處、連顧客自己都沒發現的問題,再使之明朗化,最後得到一個很棒的問題。

問題真的存在嗎?

新創事業的初期階段中,最重要的問題就是「預設顧客會碰到的問題真的存在嗎?」。

基本上,考慮解決方案,製作新產品的過程大都是很愉快的(對於工程師或設計師而言更是如此)。此外,當解決方案成形時,就會讓人有種前進了一步的充實感,也能夠去除「該做出些看得到的東西才行」這種焦躁感。

因此,許多新創事業的內部會對「做出產品」無條件地給予獎勵,使

圖2-1-3

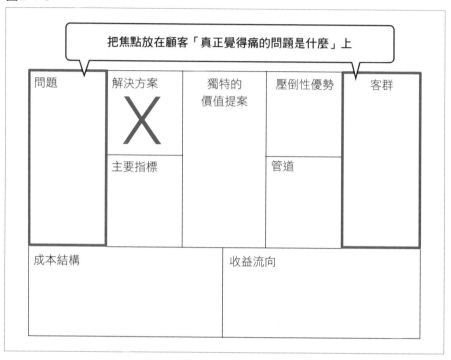

負責實作或設計的工程師及設計者會不顧一切地先把產品的形做出來。

　　做出產品的技能相當寶貴，是很有價值的人才。但正因如此，更不可以無端浪費這樣的資源。而為了不要浪費這樣的資源，就必須讓自己從「因為想製作這樣的東西，就作了這個產品」這樣的束縛中解放出來。陷入這種束縛的新創事業實在多不勝數。

　　雖然在工作上尋求快樂與充實感很重要，但在此之前，應該要先專注於解決社會上實際存在之問題的充實感，以及在這個過程中獲得顧客好評時的滿足感上，這樣才是健全的新創事業該有的姿態。

　　欲解決目前世界上還未解決之問題，新創事業是最有效率的「載具（vehicle）」，其扮演的角色比「個人的興趣」還要重要的多，創業者需隨

時自覺到這一點。

在這裡，請您試著思考一件事。

為什麼許多人會以Google[2]當作搜尋引擎呢？

因為Google使用了人工智慧優化了它們的演算法嗎？因為它們擁有世界級的巨大資料中心嗎？

都不是。Google之所以會成為最受歡迎的搜尋引擎，是因為Google「能夠解決使用者擁有的問題（能夠讓使用者獲得與自己所關心的事項相關性高的資訊）」。

顧客常沒有意識到自己真正的問題，故難以將其語言化，畢竟問題的語言化並不是顧客的工作。

創業者必須徹底接近顧客，確認問題假說是否真的是顧客的痛點。

或者說，創業者必須找出連顧客都難以語言化的潛在問題，將其語言化，並整理問題的結構，再提供最適當的解決方法，這樣的新創事業才會成功。

Google的演算法會基於反向連結（backlink，由某個與相關網站連過去的連結）的數目，測出「網站的重要程度」，並以此作為排序的基礎。在這種網頁排序方式出現以前，對於網路使用者來說，「與自己關心的事項相關性高的資訊」的定義並不明確。

在Google發展出這種網頁排序方式後，讓使用者注意到一個自己過去不曾想過的問題，那就是想要快速找到與自己所關心的事項有關的資訊。Google把這個問題明朗化，使「Google」成為了在網路上搜尋資訊的代名詞。

2　注：Google的搜尋排名決定機制「網頁排序」相當重視反向連結的數目。這是因為如果越多網頁連向某網頁，就表示該網頁上有很重要的資訊。

　　然而就像剛才所提到的Startup Genome的問卷結果一樣，大多數的新創事業都會跳過問題驗證這個步驟。

　　會跳過那麼重要的步驟，一個很重要的原因是思考上的偏誤，也就是創業者的自以為是。

　　借用Y Combinator的共同創業者，保羅・格雷厄姆所說的話，這又被稱作「自我中心與怠惰」。若有了「自己對問題有了一番見解以後，就認為其他人對這個問題也有同樣的見解」這種先入為主的想法，往後很有可能會大意失敗。

人們只會看到自己想看的東西

　　圖2-1-4的繪畫是著名的隱藏畫「我的妻子與我的岳母」。

　　隨著觀看者的不同，會把這張圖看成一個轉向後方的年輕女性，或著是看著旁邊的老婆婆。

　　由於每個人至今經歷過不同的事，每個人的大腦也會產生不同的偏誤，人們只會看到自己想看的現實。

　　這又叫做確認偏誤。人們會在無意識中，只注意到「能夠證明自己的想法是正確的資訊」，這是人腦的自然特性。

　　雖然每個人都有這樣的偏誤，然而許多創業者在這方面的偏誤上又更加嚴重。他們有強烈的自我主張，並曾以此完成過許多實績而將其視為屬於自己的成功模式。這樣的人相當多。

　　《精益客戶開發》[3]的作者辛蒂・阿爾瓦萊斯（Cindy Alvarez）曾說，「要以能夠被反證為前提，去設想創業時的問題假說以及解決方案假說[4]」。

---

[3]　注：《精益客戶開發—讓賣不出去的風險極小化的技術》（辛蒂・阿爾瓦萊斯著，O'Reilly Japan出版）

圖2-1-4

每個人都有自己的偏誤，
會將現實歪曲成自己
想看到的樣子。

「將現實看成自己
希望看到的樣子」

‖

確認偏誤

圖片來源："My Wife and My Mother-in-Law", William Ely Hill, 1915.
　　　　　Prints & Photographs Online Catalog. Library of Congress.

這是很重要的一點。

為了不要落入自以為是的陷阱，讓自己在檢視各個事物與各個問題時能保持客觀，需要能夠將之視覺化、語言化的「後設原則觀點」。而且還需意識到構想隨時有被反證的可能性，故在思考問題時需隨時保持思考的彈性。

將自己的想法視覺化、語言化的工具除了精實畫布之外，還包括了人物像（persona）分析、顧客歷程（customer journey）、同理心地圖（empthy map）、實驗圖板（Javelin board）、KJ法等方式。這些方法都會在後面一一介紹。

4　注：「解決方案假說」指的是針對顧客擁有的問題提出預設解決方案後，為驗證這個解決方案是否有效而建立的假說。

活用這些方法，讓自己的想法與共同進行這項副業計畫的成員們（未來共同創業的候選人）的想法，以及利害關係人的想法一致，防止任何一人被確認偏誤[5]所迷惑。當意見相左時，也能夠明確說明邏輯與前提，以及為什麼會這樣想。

「精實創業」中的問題

本書所介紹的思考方式是以1-4中所介紹的精實創業（lean startup）[6]方法為基礎。

精實創業這個名字是來自豐田汽車的「豐田生產方式」（lean construction）。

察看工作現場，找出疑問點，反覆改善工作方式，這就是豐田生產方式。同樣的，反覆驗證顧客的問題，累積學習到的經驗，製作出能滿足顧客的產品，就是精實創業的目標。

為了達到這個目的，精實創業會盡可能快點進入下一個循環。將構想與概念製作成MVP（最小可行產品），並以此觀察、測量顧客的反應，蒐集相關資料，再由這些資料學習到新的資訊，若有必要的話就得修正構想或概念（軌道修正），然後再次將最小可行產品推向市場。

若將這個循環畫成圖的話，就如同圖2-1-5的六邊形。

精實創業一書中提到，透過這樣的循環驗證「價值假說」，同時累積學習經驗是一大重點。所謂的「價值假說」，是用來判斷顧客在使用產品時，是否真的能獲得價值的假說。

新創事業的初期，累積學習到的經驗固然是件很重要的是。然而，我

---

[5]　注：確認偏誤為心理學用語，是指人們只會蒐集能夠證明自己的想法是正確的資訊，而忽視那些證明自己的想法是錯誤的資訊。

[6]　注：「建構—測量—學習」的循環。參考《精實創業》（埃里克·萊斯著，行人出版）製作而成。

圖 2-1-5

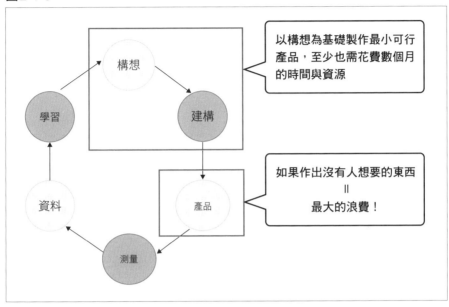

並不建議在充分確認問題存在以前，突然進行價值驗證。

　　因為突然開始進行產品驗證的團隊，常常都是白費工夫。我認為創業團隊在剛開始時應該要專注在琢磨「問題假說」上，持續驗證這個問題是否真的是使用者的痛點，使其達到「解決顧客問題」（CPF）[7]。

　　我至今看過許多新創事業，有確實達到「解決顧客問題」的新創事業，之後發展順利的機率也比較高。

　　若仔細讀過《精實創業》一書，可發現問題假說的驗證，已被包括在價值假說的驗證中。然而，仍有不少讀過《精實創業》這本書的創業者，一開始就直接製作最小可行產品並以其進行「價值驗證」。

---

[7]　注：二〇一一年發行的原著《精實創業》中，對於製作出最小可行產品後，驗證解決方案之「驗證解決方式」以後的階段有較為詳細的描述。而自二〇一二、一三年以後，目前在東京大學產學協創推進本部工作的馬田隆明則開始提倡「解決顧客問題」的重要性。

圖2-1-6

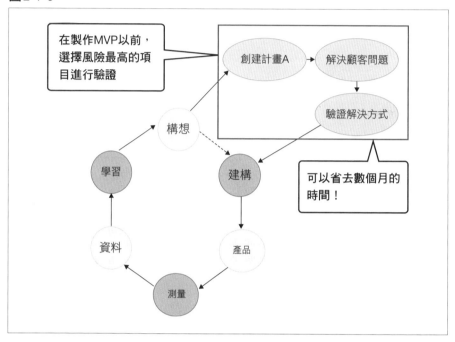

當然，我們在第一章中也曾提過，精實創業是一種創業的有效手法。但馬上就開始製作最小可行產品並不是一件值得鼓勵的事。

製作最小可行產品少說也得花上數個月的時間。對於新創事業來說，這數個月的時間相當寶貴。如前一章所提到的「為什麼不是在兩年前、也不是在兩年後創業，而非要在現在這個時間點創業不可呢？」，時機對於新創事業來說是非常重要的要素。如果在沒有驗證問題的狀況下就將最小可行產品投入市場，卻發現仍需修正而重新設計產品，等於是白白浪費了數個月。這對新創事業來說是很重的一擊。

因此本書認為，在開始製作最小可行產品之前，要先經過以下階段才行。包括琢磨構想並整理思路的「製作計畫A（第一章）」、本章的「解決顧客問題」、以及「驗證解決方式」（「驗證解決方式」、第三章）等。

乍看之下增加了許多步驟，感覺很麻煩。但就是在經過這些步驟後，才能夠避免作出「沒有人想要的最小可行產品」，白白浪費數個月的時間。

設想顧客的人物像

描繪具體的人物像

那麼，接著讓我們來談談具體而言，該如何驗證我們的問題假說是否符合「解決顧客問題」、對顧客而言是否真的那麼重要。

驗證問題假說的第一步，需運用行銷工作中常用到的「人物像建構」。

所謂的人物像，是將對預設客群的印象具體描述出來，如「二十五歲、女性、外國旅客」之類的。設定出一個具體的人物像後，再詳細列出這個人物有可能會有什麼樣的問題。

在前一章中所製作的精實畫布中，描述了哪些客群可能會有我們預設的問題。而為了要進一步探究這些問題，需寫出客群的人物像，以抓住客群的心情與行動焦點。

設想人物像時，描繪出一個真實存在的人物是很重要的。若要凸顯出問題的本質，就必須持續拋出「「誰」想要「如何」（用什麼解決方案）解決「什麼」（解決什麼問題）」之類的疑問。

多數情況下，若突然問「誰」有這樣的問題，一時間會讓人摸不著頭緒，但如果不具體描述出這個「誰」的使用者人物像，就沒辦法提出更具體的問題假說。若沒辦法準確掌握客群所在，就沒辦法詳細描寫出使用者的行動特徵、期待什麼樣的事物、對什麼事感到不滿、不便等。

具體來說，人物像中需包含以下要素。

- 年齡、職業、性別、興趣、生活型態、居住地、出身地等。
- 平時用什麼方式獲得資訊、最近關心什麼議題？
- 平時給人什麼印象、性格如何？
- 行為有哪些特徵？在智慧型手機或其它IT產品上的資訊素養如何？
- （若考慮進行B to B的商業模式）顧客的主要業務或主要工作為何？

依照這些設定，接著思考兩個重點。第一，**擁有這個人物像的客群，**對於我們在第一章的「製作計畫A」之精實畫布中所設定的問題會有什麼樣的感覺；第二，**解決這個問題之後能夠實現什麼目標。**

- 有哪些覺得困擾的問題（不滿、不便、不安）？
- 想達成什麼目標？
- 顧客洞見（顧客真正的心聲為何？舉例來說，像是內心深處的情節，想被他人認同的欲望等）

　　人物像並非一次就能完成。就像是精實畫布的循環一樣，當創業者獲得實際的顧客回饋時，亦需持續修正人物像，使其越來越具體。

　　為了讓本書內容看起來更為具體，故我們設定了一個參考的人物像（圖2-1-7）[8]。

---

[8]　注：圖2-1-7所介紹的人物檔案是本書為了說明而虛構出來的檔案，與照片中的人物沒有任何關係。其他附圖也是同樣的情形。

圖2-1-7 想像的顧客人物像

姓名	Catherine Hamlet
年齡	二十五歲
出身	澳大利亞 雪梨
興趣	背包客旅行、攝影、電影
職業	在雪梨當地擔任護理師。大學畢業後在同一間醫院工作三年。
生活	到世界各地旅行是生活的動力。每年會當兩次背包客，每次為期兩週。十分享受旅行帶來的樂趣。
旅行習慣	旅行時會在當地蒐集旅遊資訊。會想要盡可能地利用在旅遊當地獲得的資訊，體驗只有在當地才能獲得的經驗。
IT、智慧型手機的資訊素養	偶爾會在Facebook上寫下旅遊記事。會利用WhatsApp傳訊息。興趣是攝影，也會將作品上傳至Instagram。會將自己拍的照片於網路上開放瀏覽，有五千人追蹤這點讓她有些自豪。

這個人物像是由志在提供免費Wi-Fi服務給旅行者的Anywhere Online，想像一位來日本旅遊的外國旅客的樣子。使用者可藉由觀看廣告的方式，補充更多的Wi-Fi使用量。

這裡提到的Anywhere Online的商業模式會在本書中反覆出現，不過這只是我虛構的公司，並沒有實際驗證過其內容，這點請特別留意。

使用人物像的三個目的

設想一個人物像的目的有三個。

第一，產品的設計過程需以使用者為中心、以問題為中心（而非以解決方案為中心、以產品為中心）。

或許有些人比較不擅長定性分析，但若只靠數值化或定量化的分析，很可能會不小心忽略掉本質上的要素。

圖2-1-8　Super Cub發售時的廣告

照片　本田

人類會基於經濟的合理性行動，然而有的時候卻會出現違反經濟理論，基於感情的行動。若能將這種無法以單一理論描述的矛盾行動與不合理之處視覺化，可以讓故事更具體、更有真實感，有助於創業團隊進一步探究這個問題。

能否明確地描繪出「圍繞著問題的故事」，會大大地影響到假說的精密程度。如果本人或身邊的人是問題的當事者，想必能描寫出更為具體、更為深刻的心理狀態。

第二個目的，則是為了要確保自己的產品是針對特定族情提供的服務，剔除「讓所有人都喜歡上這個產品」這種沒什麼幫助，卻深植於許多新創事業內的想法。如同我們在第一章中所說的，新創事業若能於初期階段獨佔特定的市場，將會是決定勝負的關鍵。

　　與其想著如何製作出讓所有人都能接受的產品，不如先以某些特定族群為對象，想辦法獲得他們壓倒性的支持。而人物像則能夠幫助我們塑造出這些顧客的樣子。

　　而最重要的是第三個目的，則是讓團隊內的成員共享同樣的想法。

　　即使創業團隊只有三個人，也會因為彼此經驗與知識的差異，使每個人心中對顧客的人物像也不盡相同，而有著各自的確認偏誤。這種狀態下，即使在怎麼討論，到了製作產品的階段時，也會因為成員們對使用者的印象與預設條件不同，使溝通產生困難，最後則會把時間浪費在一直重新製作產品上。

　　人物像的建構可具體化、視覺化使用者的樣子，減少團隊內的溝通成本。

　　在人物像的建構上，本田的機車「Super Cub」系列即為一個很好的例子。這款機車的第一代於一九五八年登場，至二〇一七年年中時，在全世界的累計銷售量已達到了一億台。而這款機車的顧客人物像則是蕎麥麵店的外送員。

　　變速的操作簡單，能輕易跨過椅墊的設計等，相當適合蕎麥麵的外送員在工作時使用。這款機車的實用性也迅速在其他業界的外送員間傳開。席捲了包括派送報紙在內的各種業務，造成爆發性的成長。

　　像這樣設定顧客的人物像，有助於提升對於問題假說的驗證速度。若沒有設定顧客的人物像，會使得目標客群過於廣大，找不到適用於該項產品的顧客，難以進行驗證。

　　雖然一開始常會設定過多條件而讓人覺得難以處理，但先設想「顧客最有可能的人物像」是相當重要的事。

篩選條件的訣竅

雖說如此，光由想像建構出虛構的人物像，仍有著相當多的變數。

要整理這些條件，我認為最有效的方式是依照「場所」、「時間」、「事件」的脈絡慢慢縮小範圍。在這樣的篩選下，可以使顧客的不便感、不滿感更加明確，使人物像更為具體。

舉例來說，在提供預約住宿服務的Airbnb一開始釋出時，並不是突然在各大都市大規模展開，而是把目標放在特定的活動上。如同我們在第一章中曾提過的，他們瞄準的是於美國科羅拉多州舉辦的總統選舉提名演說之相關活動的商機。

他們已經知道會有許多旅客來參加活動，而旅館房間數明顯不夠。於是Airbnb的創業者們便在一般的旅客人物像上，加上「為了參加總統選舉活動而來到此處旅遊，卻因找不到住宿而感到困擾」的條件，開始進行推銷活動。

當顧客的人物像越來越明確時，便可發現旅館的供給量遠遠比不過需求量，這是一大重點。在這種情況下，顧客除了選擇既有的旅館以外，還會積極尋找其他的替代方案，使新創事業得到一個驗證問題假說的機會。

不要以為顧客想的和你一樣！

如果要從現在開始創業的話，許多人會試著開發能在智慧型手機上運行的服務。假設你想做一個給待在照護機構的人使用的產品，那麼設想的顧客人物像就會是七十歲以上的老人。

然而比起智慧型手機，你所預設的顧客應該比較習慣使用功能型手機，或者直接透過照護設施的工作人員口頭溝通。當人物像改變時，與顧客之間的交集也會跟著改變。

　　CookPad的創業者佐野陽光在《受六百萬女性支持的「Cookpad」》[9]一書中這麼說。

　　「提供服務的一方常會在不知不覺中以為顧客和自己想的一樣，先入為主地以為顧客一定會照著自己想的樣子去作。」

　　如果製作產品或服務的人是男性，而目標客群是家庭主婦的話，這些男性常會自以為是的認為「嗯，家庭主婦的時間應該很多吧」。

　　但事實上，家庭主婦在傍晚時除了要準備晚餐以外，還有接送小孩、買日用品、處理髒衣服等家務要做。如果在這忙碌的過程中，想要查一下食譜看晚餐可以煮什麼而打開網站，卻又因為讀取太慢而一直不出來的話，就會馬上跑去看其他網站。

　　理解到這樣的脈絡，使Cookpad專注在提升顯示速度上。只要工程師能夠讓自家網站的顯示速度快一秒鐘，作為使用者的家庭主婦臉上就能夠多一分笑容。

　　Cookpad在二〇一七年六月時能夠擁有五千八百六十萬人之多的使用者，其秘訣就在於他們能夠站在顧客的視角，徹底改進自己的產品。

利用同理心地圖進一步探究人物像

　　我們會使用同理心[10]地圖（empathy map）來進一步探究顧客的人物像（圖2-1-9）。該圖為Anywhere Online設想的人物像，Catherine的同理心地圖。這是一個進一步探究顧客心理狀態時會用到的框架。

　　同理心地圖不像人物像那樣單純列出覺得舒適或覺得不舒服的項目就好，而是要詳細寫出顧客內心的想法。與人物像相比，同理心地圖能夠讓創業團隊更能體會到顧客的感受。

---

[9]　注：《受六百萬女性支持的「Cookpad」》（上阪徹著，角川SS Communications出版）

[10]　注：同理心（empathy）指的是與顧客的共鳴或能夠感同身受之處。

圖2-1-9　設想中的顧客同理心地圖

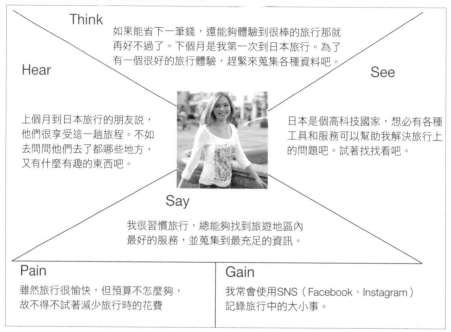

同理心地圖包含以下六個項目。

- 在想什麼，感覺到什麼？（Think）會擔心什麼？想得到什麼？
- 聽到了什麼資訊？（Hear）周圍的朋友、上司、名人都在談什麼呢？
- 看到了什麼？（See）生活環境與交友關係如何？如何看待市場？
- 說了什麼？做了什麼行動？（Say）在這樣的環境下以什麼樣的行動回應？
- 感覺到什麼樣的痛點？（Pain）有什麼煩惱、障礙、挫折？
- 想得到什麼？（Gain）想要的東西（wants）、必要的東西（needs）、成功指標分別是什麼？

將這些項目設想周全，就能夠讓人物所處的狀況顯得更為具體。

傾聽顧客體驗

製作顧客歷程

人物像與同理心地圖能夠在某種程度上，將顧客所處的狀況或心理狀態語言化。然而若只靠人物像的分析，可操作空間仍太大。

創業者在設想顧客人物像時，往往會在不自覺中讓虛構的人物像「扮演」擁有自己所預設之問題的角色。換句話說，創業者會優先將人物像塑造成自己想要的樣子。

為了避免這一點，使顧客更加真實的樣子浮現出來，除了人物像與同理心地圖之外，我們還需要製作顧客歷程。

所謂的顧客歷程，是將顧客是在什麼樣的心理狀態下、走過哪些歷程、完成了甚麼樣的行為等顧客行動過程明確寫出來的記錄。

將設想中的顧客行動具體化，並將這個歷程（故事）分成一個個步驟，可以使預設的客群變得更為立體。

說故事可說是創業者最重要的資質。創業者需設法從顧客的角度將故事娓娓道來。

在說故事的時候，不能只是單單將顧客的行動說出來，而是要聚焦於顧客行動底下所蘊藏的感情波動。

顧客在哪個點上會覺得很不舒服（不方便、不滿、不愉快、不完全），使心情低沉下來。若能夠將這種不舒服的狀況描寫得很有臨場感，就能使問題假說琢磨得更好。

製作顧客歷程的主要優點如下。

圖2-1-10　設想顧客歷程

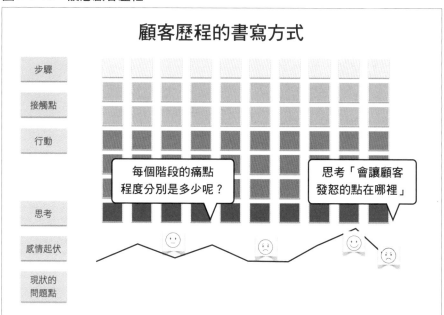

- 將顧客的行動一一描繪出來，能夠讓團隊察覺原本沒發現的事實，還可能突然想到原本不曾想過的構想。
- 可以加深團隊成員對彼此的理解。製作產品時，可藉由使用者體驗[11]／使用者介面的改進過程，釐清使用者的心理與行動，而這也能成為與設計師與工程師對話時的共通語言。
- 在某些狀況中，若要談論某個特定的行動，可以使論點更加具體。
- 讓各個團隊成員自己試著寫出想像中的顧客歷程，可以互相指出彼此沒有注意到的觀點。

---

[11] 注：使用者體驗（User Experience, UX），指的是從開始使用產品到使用結束時，使用者所體驗到的所有事物。

製作顧客歷程的步驟

我們可藉由以下八個步驟製作出顧客歷程。

步驟0確認人物像

重新確認一遍至今所寫下的精實畫布、人物像、同理心地圖，確保顧客的形象設定沒有問題。

步驟1思考這個人物的目標

顧客想達成什麼目標？明確指出其理由。

步驟2寫出步驟

在進行某個特定行動時，顧客會做哪些事？粗略分成幾個步驟寫下。

步驟3寫出詳細行動

將粗略的步驟分解成較為詳細的行動。

步驟4寫出行動背後的內心想法

所有的行動都有理由。為什麼顧客會進行這樣的行動呢？試著站在顧客的角度上思考。

步驟5寫出顧客的接觸點

包括人、店、網站、app、業務系統等，將每一個步驟中顧客會接觸到要素條列出來。

要特別留意的是，智慧型手機、社群網站等接觸點會是主要的討論項目。請以智慧型手機的使用為主軸，依序寫出顧客歷程。

圖2-1-11　由顧客歷程提煉出問題

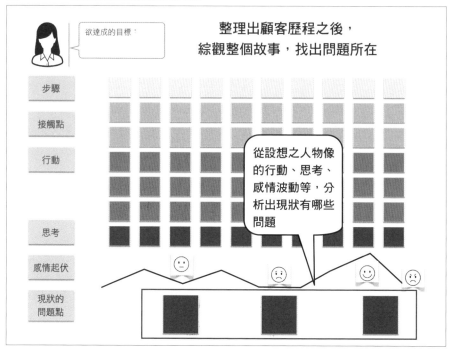

使用者介面（User Interface, UI），指的是產品或app的操作方式。

步驟6寫出感情

　　場景轉換時，人的感情也會隨之起伏，試著將這樣的感情變化加以視覺化。

　　最好能試著討論「在不同場景下，顧客分別會覺得有多痛？」，以及「顧客的不滿會使他們的情緒惡化到什麼樣麼程度？」這類問題。

　　顧客的不滿是由什麼造成的？盡可能分析其原因是這個步驟的重點。

圖2-1-12　Anywhere Online所想像的顧客歷程

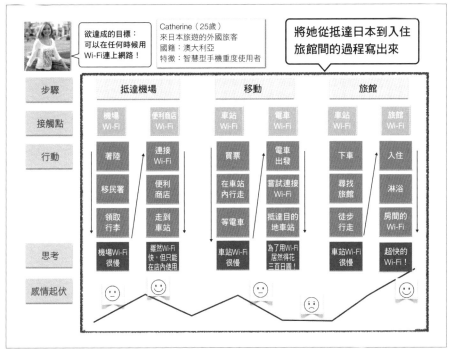

步驟7寫出現狀的問題所在

　　其它項目完成後，綜觀整個顧客歷程，試著分析出顧客面對的是什麼樣的問題。

顧客歷程的範例

　　做為參考，這裡讓我們試著整理Anywhere Online的使用者人物像，以及我們設想的使用者，Catherine有什麼樣的顧客歷程。

　　第一次來到日本、喜歡使用Instagram的背包客Catherine，從抵達成田機場一直到入住旅館前的過程中，會一直嘗試使用路上的Wi-Fi。而她

的顧客歷程就建立於這樣的脈絡上。

在這個例子中，她想達成的目標想必會是「可以在任何時候用Wi-Fi連上網路」吧。

首先將她的行動大致分為「抵達機場」、「移動」、「旅館」等三個階段。

當我們開始試著寫出Catherine的顧客歷程時，就會發現在她抵達旅館以前，沒辦法享用到讓她滿足的Wi-Fi環境，對她而言應該是一個非常大的「痛點」。

因此，我們可以預設Catherine會有這樣的問題「在機場、便利商店、電車、車站等地方使用Wi-Fi很不方便，造成很大的挫折感」（圖2-1-13最下方的「現狀的問題點」）。

製作顧客歷程時，創業團隊全員要把自己當作Catherine，從她的角度去想像她的故事。「便利商店的Wi-Fi熱點連接頁面是日語，根本看不懂」、「機場的網路速度有夠慢」、「電車內的Wi-Fi需要事先註冊才能使用」，「我只是想把旅遊時拍的照片即時上傳到Instagram上，卻完全無法上傳我拍的照片」等，試著想像她的不滿，製作出她的顧客歷程。

於顧客歷程上填入內容時的重點

最後，讓我們把創業團隊在製作顧客歷程時需注意的重點整理如下。

- 使用便利貼或卡片等道具，所有人都可以看到填寫的要素、指出位置、追加內容、移動要素位置等。
- 將與顧客人物像的行動或思考有關的構想以單字的形式寫在便利貼上（構想發散）。

圖2-1-13 找出 Anywhere Online 應解決的問題

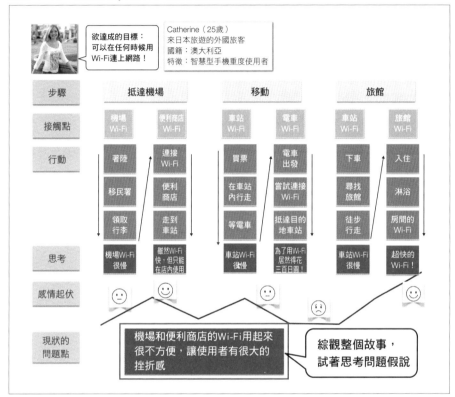

- 將便利貼貼在白板或牆壁上，對其他創業團隊成員說明，獲得其他成員的回饋。

- 一開始先不要填入完整的內容，而是定期慢慢更新（與人物像相同，顧客歷程也需要一定時間慢慢琢磨）。

- 需認知到這是為了找出顧客痛點的工具，並不是萬能的。

- 在理解到顧客的想法時，也需試著「感受」顧客的意識。將顧客的意識、感情明確整理出來後，同時更新同理心地圖。

　　若能製作出良好的顧客歷程，就能夠從多方角度觀察顧客的行動、思考、感情。

　　雖然聽起來有點麻煩，不過當顧客是由許多種不同的利害關係人組成的話，就需要考慮到各種利害關係人的顧客歷程。

　　舉例來說，Airbnb的顧客就分為服務提供者（屋主）和使用者（旅客），是一種雙邊市場。既然如此，就必須設想兩者（屋主與旅客）的故事並將之寫出來。這是因為，如果只有其中一邊（使用者）的顧客歷程的話，故事沒辦法成立。

圖2-2-1

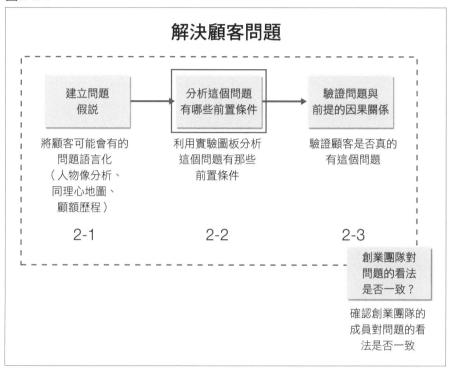

2-2 | 分析這個問題有哪些前置條件

如何撰寫實驗圖板

實驗圖板是什麼？

　　經過從人物像開始，一直到顧客歷程的一連串作業後，應可讓創業團隊對於問題假說更有臨場感。若還想要繼續進一步瞭解自己所建立的問題

假說，我推薦使用「實驗圖板（Jovelin Board）」[12]這個工具。

實驗圖板包括了「顧客」、「問題」、「解決方案」、「（問題的）前提條件」等一整套的假說框架，讓使用者可以在實際訪談顧客時，驗證問題假說與解決方案假說是否恰當，是一種很方便的視覺化工具。

寫出顧客歷程時，也會同時出現多個問題假說。利用實驗圖板便可有條理地分析現實中哪個問題的痛感比較強、替代方案實用度如何、前提條件是否恰當等要素。

這一節中我們將討論實驗圖板的前半部分，也就是與顧客實際對話的流程應該要怎麼安排。

以四個要素為中心進行腦力激盪

實驗圖板的應用，以創業團隊的腦力激盪作為開始。

腦力激盪的內容包括「顧客」、「問題」、「解決方案」、「（問題的）前提條件」等四個。

步驟① 顧客是誰？

首先是預設的顧客在哪裡？

先前已先製作出了人物像，故可以此為基礎，思考預設的顧客應包含那些要素，並將這些要素貼在實驗圖板上。

Anywhere Online所設定的顧客人物像，可以是想使用免費Wi-Fi、從國外來日本旅行的Catherine；也可以是商業旅行者；或者是短期居留者等各種角色。創業團隊可在便利貼上寫出這些角色，再由這些候選者中選

---

[12] 注：實驗圖板是由美國的捷福林公司（Javelin）所發表，可以用來進一步瞭解問題假說、解決方案假說的框架。目前該公司網站亦提供訪客登入其網站版實驗圖板（beta版）。

出「最有可能成為顧客的角色」，將代表這個角色的便利貼貼到圖板右側「實驗1」（圖2-2-2中的「1」）的「顧客」這一欄內（2-3中將會訪談各個候選顧客，在篩選要訪談的顧客時，可以使用這裡列出來的條件）。

步驟②　問題是什麼？

思考步驟1中所預設的顧客，他們會碰到什麼樣的問題。若已經製作出了顧客歷程，便可由這個歷程推導出他們會碰上的問題。將這些問題填入右側「實驗1」這一行內的「問題」欄內。

圖2-2-2

實驗圖板

從這裡開始腦力激盪	實驗	1	2	3	4
顧客是誰？	顧客				
	問題				
問題是什麼？	解決方案				
	最難以確定的前提條件				
解決方案是什麼？	驗證方法驗證基準				
	結果				
該驗證的前提有哪些？	學習到的資訊				

步驟③ 解決方案是什麼？

篩選出顧客的問題以後，思考能夠解決這些問題的「最有效之解決方案」，將之填入圖板右側。

在這個階段，解決方案是否適當並不重要。解決方案的內容可以等到第三章再行琢磨。

以 Anywhere Online 為例，針對他們的問題假說，可以想到「讓顧客以觀看廣告為代價，使用免費的 Wi-Fi」這樣的商業模式（解決方案）。

步驟④ 前提條件有哪些？

顧客、問題、解決方案，即使建立好這三個假說，也不代表可以馬上進行驗證工作。實驗圖板就是方便創業團隊討論，在哪些前提條件下，顧客會符合我們的問題假說的工具。

舉例來說，如果預設顧客會碰到的問題是「外國旅客沒辦法使用公家機關的 Wi-Fi」的話，就必須去調查機場、電車內的公用 Wi-Fi 實際上有哪些人可以使用。

試著調查每個機場的 Wi-Fi 的網路速度如何、是否每條電車路線都有 Wi-Fi 可以用、便利商店的 Wi-Fi 是否有多國語言可以選擇（特別是英語）等資訊。

如果設想中的旅客大都帶著攜帶型 Wi-Fi 路由器，或者會事先購買、註冊智慧型手機用的 SIM 卡的話，那麼「顧客覺得這會是個問題」這個前提就會崩潰（也就是說，顧客已有有效的替代方案）。

因此，「旅行者不會帶著攜帶型 Wi-Fi 路由器」就成了一個必須要驗證的前提條件。

問題假說要成立，需要不少前提條件才行。以下讓我們試著列舉出這些條件。

圖2-2-3

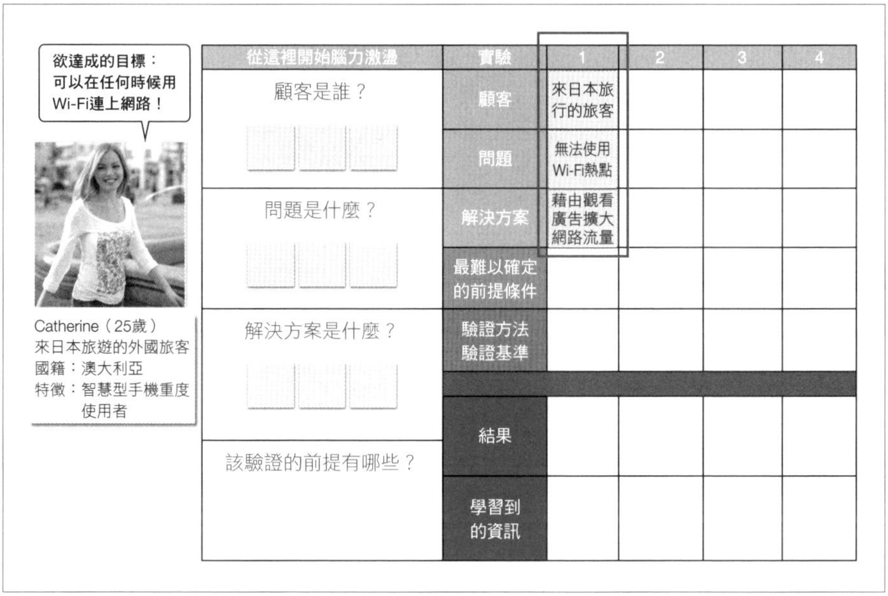

欲達成的目標：可以在任何時候用Wi-Fi連上網路！ Catherine（25歲）來日本旅遊的外國旅客 國籍：澳大利亞 特徵：智慧型手機重度使用者	從這裡開始腦力激盪	實驗	1	2	3	4
	顧客是誰？	顧客	來日本旅行的旅客			
		問題	無法使用Wi-Fi熱點			
	問題是什麼？	解決方案	藉由觀看廣告擴大網路流量			
		最難以確定的前提條件				
	解決方案是什麼？	驗證方法驗證基準				
	該驗證的前提有哪些？	結果				
		學習到的資訊				

- 帶著智慧型手機旅行（有辦法使用Anywhere Online的app）。
- 不曉得日本哪裡有免費的高速Wi-Fi熱點。
- 會使用流量需求大的服務，如觀看影片。
- 來到日本前不會購買SIM卡。
- 不會把可在日本使用的攜帶型Wi-Fi路由器從原本的國家帶到日本。
- 機場的Wi-Fi很慢。
- 車站的Wi-Fi很慢。
- 電車內的Wi-Fi使用費很高。
- 移動時也需常常使用網路。

　　將這些前提條件寫在便利貼上，依照前提崩潰時造成的衝擊大小，以及驗證的必要程度（也就是能否明顯看出前提條件成立），將便利貼貼在

圖 2-2-4

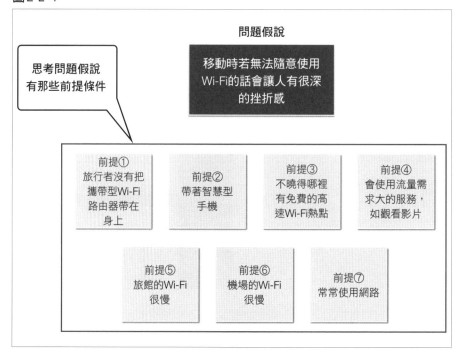

雙軸座標上。

　　這麼一來，就能夠選出「衝擊很大，且驗證必要性高」的前提條件，再將其貼在實驗圖板右側的「實驗1」這行的第四列「最難以確定的前提條件」欄內。

　　像這樣將便利貼一一貼上，便能讓創業團隊全員看到驗證的進度。

步驟⑤　決定驗證方法、驗證基準

　　最後，則是要決定如何驗證步驟4中所列出的「前提條件」，以及驗證的基準。

圖 2-2-5

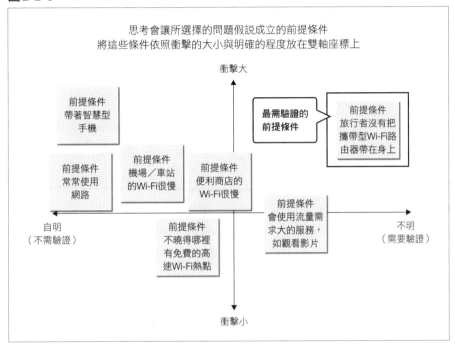

舉例來說，如果要調查設想中的顧客「有沒有把攜帶型 Wi-Fi 路由器帶在身上」的話，只要到機場尋找年輕女性的背包客，直接問她們這個問題就好。

這時，需自行決定判斷前提條件是否成立的基準，像是「若回答沒有把路由器帶在身上的旅客佔了六成以上，前提條件便成立」之類的。而若要做出適當的判斷，至少需訪談五名以上的顧客才行。為了釐清前提條件，需要反覆進行這樣的實驗，以提升驗證的精確度。

圖2-3-1

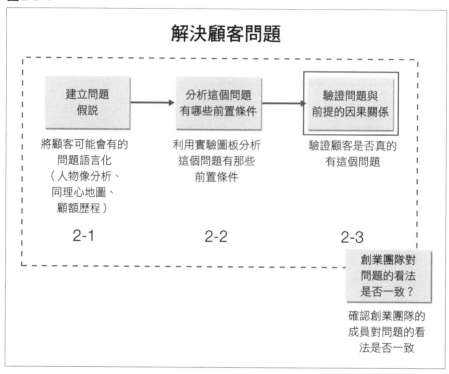

2-3　驗證問題與前提的因果關係

走出戶外！

尋找傳教者

在篩選出應驗證的前提條件，並將之語言化之後，接著就要直接與顧客對話了。也就是要直接與我們預設的顧客對話，確認我們從實驗圖板的

「實驗」篩選出來的假說是否正確。

　　要注意的是，在沒有琢磨過問題假說前就直接與預設的顧客對話，通常是沒有用的。在沒有一個好的問題假說的狀態下，沒辦法向顧客提出好的問題。Get out the building！——「走出戶外」是在琢磨過問題之後才要做的事。

　　該如何選擇顧客訪談的對象呢？這也有一定的訣竅。如果只是從路上隨便抓一個人來訪談，或者是在社群網站上隨機挑人來訪談的話，是得不到什麼洞見的。

　　若要詢問顧客的意見，最好去訪談那些對新創公司的新產品或新服務有興趣，未來很有可能會成為產品初期使用者的「傳教者（evangelist）」[13]或「早期採用者」。

　　他們對流行很敏感，會自己去蒐集、判斷資訊。而且他們對其他消費者的影響力很大，也常被稱做意見領袖。

　　致力於創業教育的史蒂夫・布蘭克認為，會成為傳道士的顧客有以下五個特徵。

- 有使用這種解決方案的預算
- 已使用過各種產品，對於該問題有一定的解決方式
- 積極尋找各種解決方案
- 有認知到這個問題
- 正在釐清這個問題

---

[13]　注：「傳教者」指的是將最先進的技術或產品推廣至周圍群眾的人。原本指的是基督教的佈道者。

圖2-3-2　客群會影響到其它項目

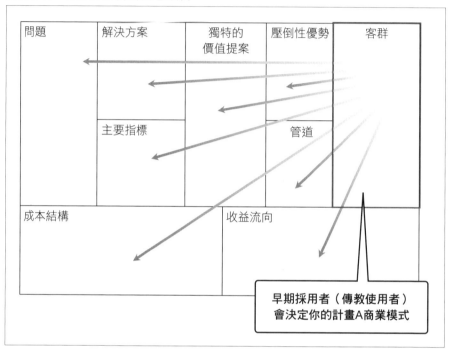

他們對於各種讓不方便的狀況相當敏感，且會積極尋求解決方案。與一般人相比，這些人能夠將讓他們覺得不方便的狀態語言化，且對於目前能解決這種不方便狀態的替代方案，也會有一些批判性意見，非常具有參考價值。

並非一定要技術專家才會是傳教者，每個人都有可能是某個特定領域的傳教者。

假設你想做一個登山的社群軟體，那麼有四十年登山經歷的六十五歲登山愛好者的意見就會是很好的參考（也就是說，連智慧型手機都沒有的人，都有可能會成為新產品的傳教者）。

「傳教者」顧客的尋找方式

能夠成為傳教者或早期採用者的顧客並沒有那麼容易找到。

當然，也可以採訪一般使用者蒐集資訊，然而通常許多人已滿足該問題目前的解決方案，或者其它替代方案，很少人能提供有用的洞見。

有幾種方法可以幫助我們尋找傳教者顧客。

- 由認識的人介紹
- 以推特的「進階搜尋」功能搜尋相關的單字
- 利用Facebook社團等論壇尋找
- 利用熱點諮詢（spot consulting）尋找
- 參加相關的研討或展示會（如果社群內有專家參與的話會有很好的效果）
- 直接拜訪現場（如果你想做登山社群軟體的話，就直接到有許多使用者的山上）。
- （若還沒辭職的話）在公司內尋找（因為公司內的資訊敏感度較高，應有許多人為了將問題明朗化而持續尋找新的解決方案）
- 如果認識相關的業界人脈，請他吃個午餐進行訪談

其中我特別推薦的是「熱點諮詢」。在日本有一個名為visasQ的機構，讓創業者可以諮詢到各領域的專家。這可以幫助新創事業進一步提升問題品質。

舉例來說，如果想要討論一個面向幼兒園的產品之可行性，創業者卻沒有在幼兒園現場待過的經驗。若是如此，創業者就不曉得照顧幼兒的現場會碰到甚麼樣的狀況或問題，也不曉得目前的替代解決方案是什麼，自

然也沒辦法發現會造成痛點的潛在問題。

　　不過，若藉由 visasQ [14] 的引薦，與十位待在幼兒園業界的人碰面，與每個人分別進行一小時的對談的話，便能瞭解利害關係人的人物像（幼兒、家人、保母），描繪出他們的顧客歷程，並能看到只有現場人員才看得到的問題。

訪談顧客以梳理問題

訪談時的五個重點

　　與傳教者顧客接觸後，便可開始實際的訪談了。

　　雖然某些情況下會使用焦點團體（focus group）這種一次與多數人對話的方法進行訪談，但如果想挖掘出客戶真正的心聲，最好能夠進行一對一訪談，讓對象不用顧慮到周圍的反應。

　　以下我試著整理了訪談顧客的方法。

　　重點有五個。

　　①仔細瞭解訪談對象

　　②把自己當成訪談對象的徒弟

　　③注意訪談對象的非語言訊息

　　④親自進行訪談

　　⑤分析訪談對象說的話

---

[14] 注：visasQ是一個讓客戶能夠找到詳知某方面資訊之專家的媒合服務（日文）。
http://service.visasq.com/

重點① 仔細瞭解訪談對象

仔細詢問瞭解訪談對象，確認訪談對象滿足 2-3〈尋找傳教者〉中列出的五個傳教者條件。

順帶一提，如果能夠具體回答出以下問題的話，是傳道者顧客的可能性便相當高。

- 「為解決目前的問題，會使用哪些替代方案呢？」（How）
- 「對於這個替代方案有什麼不滿意的地方嗎？」（What）
- 「願意花多少預算在解決這個問題上呢？」（How much）

如果訪談對象是一位曾經深刻思考過該問題的人，也就是我們所謂的傳教者顧客的話，可以試著拜託對方多給一些訪談的機會，可以針對問題再深入訪談，或著在解決方案假說出爐時邀請對方參與訪談，詢問對方是否願意試用最小可行產品。也可視情況給予報酬，以獲得相應的諮詢。

藉由與傳教者顧客的對話，我們可以將問題假說琢磨得更好。

重點② 把自己當成訪談對象的徒弟

如果覺得訪談對象可以讓你獲得更多有益洞見的話，可以試著把自己當成對方的徒弟進行訪談。

先將自己既有的成見放在一邊，試著提出一些樸素的疑問或「根本上」的問題（根本上來說，為什麼這樣的業務是必要的呢？根本上來說，為什麼業務的效率一直那麼低卻沒有人管呢？之類）。

問出這樣的問題後，可能會得到像是「沒甚麼特別的理由，只是業界習慣是這樣，那也沒辦法」，或「業界存在著執牛耳的供應商，故難以改

變現狀」這類描述業界特有狀況或特有問題的答案（如果不是在業界待了好幾年的話，通常不會知道這類資訊）。

具體來說，若能在「請求教導」→「追根究柢地詢問」→「確認」→「從談話中找到新的問題」這樣的脈絡下進行訪談，便容易獲得這些資訊。

★脈絡式詢問流程A〔請求教導〕

以向師父求教般的態度（包括語言以外的態度）詢問對方問題，是很重要的原則。

該注意的是，對顧客（訪談對象）來說，你想問的事可能是他們的「日常活動」、「工作」、「習以為常的作業」。他們或許是這方面的專家，卻不一定習慣將其語言化（使問題明朗化）。需隨時提醒自己，把問題明朗化是訪談的重要目的。

★脈絡式詢問流程B〔追根究柢地詢問〕

若想獲得更多資訊，基本態度應該是「Focus on listening – not pitching[15]（專心聆聽，不要一直講自己的事）」，以及「Shut-up and listen to customer（閉上嘴巴專心聽顧客的意見）」。

採訪者可試著盡量拋出無法以Yes或No回答的「開放式問題」[16]，使採訪者可暫時不用說話，較容易挖掘出對方的洞見。

若想要再引出更多內容，可以這樣回答「原來如此，這還真的非常耐人尋味。能不能請您再說詳細一點呢？」讓對方想多聊一些，通常會有很好的效果。

---

[15]　注：Pitch指的是新創事業在預設客群或創投公司面前，為自己的構想有多優秀進行簡報。
[16]　注：與開放式問題相對，只能以Yes或No回答的問題，叫做封閉式問題。

　　訪談對象通常不會想要深入瞭解自己平常的行動與工作，故在訪談中也可能會發現過去不曾注意到的事。能夠引導訪談對象說出多少像是「現在講起來我才發現，其實──」之類的話，也是一大重點。

★脈絡式詢問流程C〔確認〕

　　在訪談對象說的內容中，常會用自己的方式解釋狀況，卻與實際情形有落差。為了防止這一點，採訪者在傾聽對方說話時，需確認每一個部分的內容是否正確。

　　而確認的方法包括「複述」，將對方講過的話原原本本重述一次；「概括」，整理內容重點再次確認；「另一種說法」，將對方說過的話用自己的話再說一遍以確認內容無誤。

　　透過確認過程，可以讓顧客仔細聽過自己講的內容，並對此重新認知，使訪談能延伸至更深入的內容。

★脈絡式詢問流程D〔從談話中找到新的問題〕

　　與其一直向顧客拋出事前準備的問題，不如在仔細聽過顧客說的話後，找出新的問題，這才是訪談最大的效果。若能仔細傾聽顧客說的內容，一定會產生新的疑問。由這些內容提出新的問題，再仔細聆聽回答。重複這樣的過程，較容易獲得更多成果。

　　有技巧地提問，以提升蒐集顧客洞見的效率，讓創業者能夠將有限時間做最大利用。

　　依照脈絡提問，引導顧客說出對他們來說最重要的問題。在這個過程中，最重要的是「流程B」的「追根究柢地詢問」。

　　接著讓我們詳細說明「流程B」階段中，該如何拋出好問題給訪談對象，並將具體的問題清單整理出來。

【流程B中提問的重點】

● 專注在「現在」，而不是「未來」

　　現在的行動，才是設想明日行動時的最佳提示。與其詢問「今後預定要怎麼做呢？」、「之後想怎麼做呢？」，不如問「現在是怎麼做的呢？」還比較好。與其問「如果這個產品做出來的話，願意花多少錢來購買呢？」，不如問「若能夠解決現在的問題，願意出多少錢購買這個產品呢？」比較好。因為人們對未來的判斷與想像通常會出錯。

● 提出「具體」問題，而非「抽象」問題

　　用具體的方式提出疑問較有臨場感，才能引導出洞見。舉例來說，與其問「這種事的頻率大約如何呢？」，不如用「過去一個月內實際上發生過幾次呢？」這樣的方式詢問會比較具體。

● 詢問「過程」，而非「結果」

　　訪談的目的並不是要知道結果，而是要試著讓訪談對象說出過程中的每個階段，形成一個完整的故事，以抓住問題的背景與脈絡。比起語言上的說明，若能請訪談對象將造成某個結果的過程以示意圖表示，會更容易瞭解。

● 詢問碰到的「問題」，而非「解決方案」

　　避免談到自己製作的產品有哪些功能之類的話題，而是聚焦於顧客碰到了甚麼樣的問題。可以試著詢問「若將『痛點』的程度分成十個等級，您認為這個問題會讓你有多『痛』？」這樣的問題，對問題的嚴重程度作出大致的評價。

【流程 B 中具體的提問清單】

- 目前是如何進行〈工作或作業〉的呢？在什麼時候、有什麼目的、在什麼地方、和誰一起進行呢？

- 可以告訴我們您進行這項〈工作或作業〉的流程嗎？可以的話，能夠請您重現整個過程嗎？或者可以請您將過程寫在白板上嗎？

- 這個〈工作或作業〉會持續多久呢？真要說起來，您又是以什麼為契機開始從事這個工作的呢？

- 在進行這個〈工作或作業〉時，有沒有碰上什麼問題，或覺得什麼事很麻煩、沒有效率、不滿意、讓您感到痛苦的呢？為什麼您會有這樣的感覺呢？

- 〈對方的名字〉先生／小姐在進行〈工作或作業〉時，有沒有自己的一套方法呢？您在哪些部分會特別下工夫呢？如果您有用到一些特殊技巧、工具、app，或者使用任何產品做為替代方案的話，可以告訴我們嗎？

- 可以請您具體說明這種替代方案在使用上的操作步驟嗎？

- 您覺得這種替代方案有哪些地方不周全呢？會花掉多少時間或成本呢？哪個部分讓您覺得最不方便，最麻煩呢？

　　新創事業進行訪談時最常見的錯誤，就是會用誘導性提問的方式，讓被採訪者回答創業者想得到的答案（創業團隊想製作的解決方案）。但這麼一來，便無法引導出顧客的洞見，亦不會是一個有效率的採訪。

　　舉例來說，即使問對方「會不會覺得應該要用○○來解決××這個問題呢？」，並得到「說的也是，我也覺得應該要用○○來解決這個問題」這樣的答案，也不會得到任何洞見。

重點③　注意訪談對象的非語言訊息

有時候可以從受訪者的回答中看出，受訪者並非傳教者（或者非早期採用者）類型的顧客。這類受訪對象沒有充分認知到這個問題，也不會去思考替代方案。要從這種人身上獲取各種洞見並不是件容易的事。

我們可以從以下幾個點看出受訪對象是否真的對我們欲解決的問題有興趣、是否會成為傳教者。

- 表情（表情是否認真，說明痛點時的表情是否真切）
- 動作（是否集中精神在訪談上，是否做出像在否定的肢體語言）
- 態度（有沒有表現出積極的態度）
- 發言（「聽你這麼一講，我才發現一件事」由這樣的發言可以看出對方平常是否有意識到這個問題）

重點④　親自進行訪談

這是訪談時最重要的一點。那就是創業者必須親自進行訪談。

能夠站在顧客的立場，深刻理解到顧客的痛點與需求，並從顧客的角度講出一套故事，是製造出人們喜愛的產品的前提條件。

Airbnb的共同創業者，布萊恩・切斯基在服務上線以後，曾一一訪問位於紐約的屋主。

他由這些訪談中注意到了兩點。第一，許多屋主不曉得住宿費應該要收多少才合理。另一個則是屋主大都不太會拍照，故在二〇〇九年時，很多人還不曉得怎麼把照片上傳至網路上。

也因此，許多實際上很棒的房間，照片看起來卻很灰暗、房間看起來很髒。由於切斯基沒有錢雇用攝影師，故向就讀藝術大學的朋友借來照相

機，自己拍攝房間的照片。結果確實讓房間的預約頻率大幅上升。這就是只有親自到當地（紐約）、看到實際產品（屋主的家）後才會發現的洞見。

重點⑤　分析訪談對象說的話

如果只是將蒐集到的顧客回饋照單全收的話，是學不到太多東西的。即使是早期採用者，顧客也大都只會描述表面上的現象，訪談者往往一句接著一句，源源不絕地說出想法，資訊量過多，且過於片段。若只是單純進行訪談，或大略看過訪談內容，並不容易發現客戶真正想要什麼。

讓我們在這裡引用Apple的創業者，史蒂夫・賈伯斯[17]說過的話。

「你不能只是詢問顧客需要什麼，並提供他們要求的產品。若你這麼做，那麼在產品完成時，他們又會需要更新潮的玩意。」

知道自己真正想要什麼，並不是顧客的工作。找出顧客真正想要的東西，是新創事業該做的工作。

要找出顧客「想要」，且尚未被其他人語言化的東西，並不是件容易的事。創業者需分析使用者語言化的表現，解讀出隱藏在其中，仍處於不完全狀態的心聲，相當麻煩也很花時間。

不過，主導產品整體設計的創業者們正好有這個心力深入了解顧客真正想要什麼，這正是新創事業能夠贏過大企業的最大競爭優勢。

---

[17]　注：史蒂夫・賈伯斯的發言引用自以下網頁。
　　　https://www.inc.com/magazine/19890401/5602.html

使用KJ法[18]進行系統化的分析

KJ法是一種讓創業者能夠以訪談結果為基礎，有效地將問題真正的原因語言化（議題化）的方法。雖然這是一九六七年時發展出來的古典方法，但到了現在仍是十分實用的工具。

KJ法可分為以下六個步驟。

①蒐集訪談資料
②將資料分成許多較細小的單位，騰寫在卡片上
③將許多卡片攤在一個平面上，再將其群組化
④為每個群組設定適當的標籤
⑤寫出個群組之間的關聯性
⑥將問題真正的原因語言化

為說明KJ法的具體操作方式，我們準備了一套訪談樣本以及以KJ法整理後的結果，請用作參考。

顧客訪談之例

以下以一個線上學習服務的新創事業為例。

Q 有在用哪些線上學習服務呢？
A 這個嘛，因為我聽得懂英文，所以會透過Udemy、Coursera、Schoo、dotinstall等網站來學習。

---

18 注：若想進一步瞭解KJ法，可以參考創立這種方法的川喜田二郎的著作《發想法 改版》（台灣未出版，日文版由中央公論新社出版）

圖2-3-3

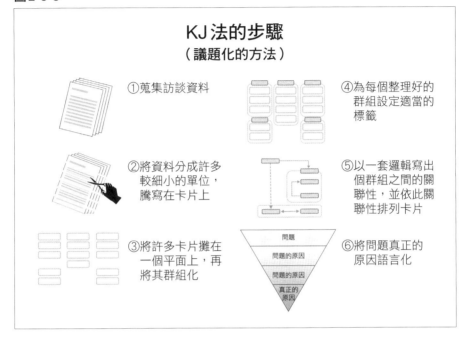

Q 會利用這些服務學些什麼呢？

A 我不是工程師，不過為了擁有一些工程師的技能，我開始學一些程式語言。還有就是設計軟體，像是Illustrator的使用方式之類的。

Q 你在一個月之內會花多少時間上課呢？

A 每週兩三次吧。每次三十分鐘左右。

Q 原來如此。能不能請您再詳細說明一下您是在什麼樣的情境下學習的呢？

A 目前我常在Udemy上課，由於課程影片放在網路上，所以我會在週末時到咖啡廳之類的地方看這些影片。

Q 能告訴我們您是如何利用這個網站學習的嗎？是怎麼開始的、又是怎麼樣吸收知識的，可以的話能請您演練一遍給我們看嗎？

A（拿上課影片給採訪者看）若要在Udemy網站上課，一開始需購買課程，一個課程平均約有五十個影片，每個影片為五到十分鐘。買下課程後照著順序把影片看完就好了。要是有不懂的部分，可以看討論版上有沒有解答。不過因為上面有很多別人提出的問題並不是我想問的，所以我也不會很常去看。

Q 請問您如何確認自己有學到這些知識呢？

A 說真的，我也沒辦法確定自己有沒有學到這些知識。我只能把觀看影片的進度當作自己的學習進度。

Q 您有試著搭配其他方法來學習嗎？

A 我有很多本程式設計的書，也想搭配這些書學習，但我不會邊看著書邊進行線上學習。因為線上課程的內容與書中內容沒有連動，要一個一個找出對應的地方也很麻煩。

Q 原來如此，真是耐人尋味。為什麼您會覺得這麼做很麻煩呢？

A 因為拿書出來對照的話，常會發現書和影片的教學內容有著些微的差異，卻又不曉得哪個比較好而陷入混亂。這麼一來，我也會開始懷疑起影片內容，而失去學習的動力。

Q 我想再請教一下關於Udemy線上課程的事。在這些課程的最後，會做出某個成品嗎？

A 我們基本上是按照被安排好的進度一一完成課題，感覺就像是在畫著色圖一樣。

Q 原來如此。能不能請您再詳細說明為什麼您覺得上這些課程就像是在畫著色圖呢？

A 雖然明白各個工具的使用方式，卻不曉得該怎麼應用。就算再怎麼會畫著色圖，也沒辦法在一張白紙上從零畫出一整張圖不是嗎？我認為線上課程的問題就在這個地方。

圖 2-3-4

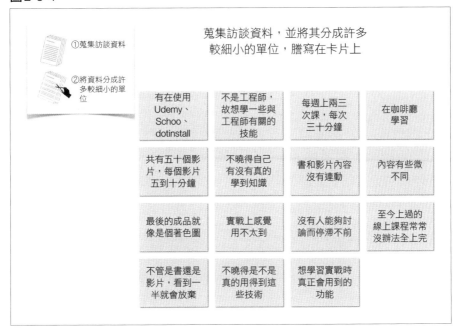

Q 除此之外，有沒有注意到其它問題呢？

A 剛才也有提到，如果同時使用線上課程的教材和自己買的書的話，常會碰到內容有衝突的地方，讓人感到混亂而停滯不前，而且還沒有人可以討論，讓我有很大的挫折感。

Q 至今上過的線上學習課程中，有上完的課程佔了多少比例呢？

A 大概很低吧。雖然我買了近二十本和程式設計有關的書，卻幾乎沒有把書中習題好好做一遍。

Q 為什麼不想去做那些習題呢？

A 和線上課程一樣，書中的習題也和著色圖很像，做到一半就會覺得讓人很厭煩。就算完成了這種像著色圖一樣的東西，真的就能學到什麼實用的東西嗎？我實在很懷疑這件事，所以常常做到一半就不做了。

圖 2-3-5

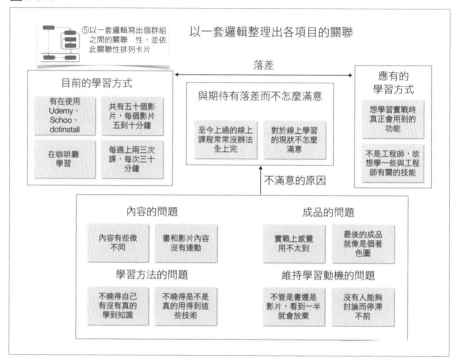

⑤以一套邏輯寫出個群組之間的關聯性，並依此關聯性排列卡片

以一套邏輯整理出各項目的關聯

落差

目前的學習方式

有在使用 Udemy、Schoo、dotinstall

共有五十個影片，每個影片五到十分鐘

在咖啡廳學習

每週上兩三次課，每次三十分鐘

與期待有落差而不怎麼滿意

至今上過的線上課程常常沒辦法全上完

對於線上學習的現狀不怎麼滿意

應有的學習方式

想學習實戰時真正會用到的功能

不是工程師，故想學一些與工程師有關的技能

不滿意的原因

內容的問題

內容有些微不同

書和影片內容沒有連動

成品的問題

實戰上感覺用不太到

最後的成品就像是個著色圖

學習方法的問題

不曉得自己有沒有真的學到知識

不曉得是不是真的用得到這些技術

維持學習動機的問題

不管是書還是影片，看到一半就會放棄

沒有人能夠討論而停滯不前

KJ法的重點

在樣本的例子中，我們可由KJ法的分析結果，推導出「目前的學習方法」有哪些問題。而造成這些問題的真正原因（讓顧客不滿的真正理由），則可分為「內容的問題」、「成品的問題」、「學習方法的問題」、「維持學習動機的問題」等四種。

如果在訪談後，只是單純將文字記錄下來的話，是沒辦法將資訊整理清楚的（我們需讓隱藏在整個過程底下的因果關係明朗化）。

分析訪談內容，從「場面話」、「空話」，或者是「流於表面的外行人分析」等雜訊中，挖掘出顧客真正的心聲、潛在課題，從表象的內側導

引出真正的原因，就是本章想要強調的重點，「解決顧客問題」（CPF）。

換言之，待解決的問題來自於「現狀與理想間的落差」。想辦法問出「受訪對象對於現狀瞭解多少」，以及「理想中的樣子是什麼」，使現實與理想之間的落差明朗化，就是這個步驟的重點。有的時候連受訪對象（有這個問題的當事者）都不曉得是什麼原因造成了這個落差，又該如何排除這些原因。而採訪者得藉由提問找出這些重點。

若受訪者說出「經你這樣一問才發現這回事」之類的話，這很有可能就是關鍵的洞見。

要使用KJ法需注意以下三點。

重點① 由下而上分析

不要一開始就設想好要分成哪些群組。應該要由最原始的聲音（細節、具體事實）開始，慢慢堆疊出事情的全貌，以由下而上（bottom-up）的方法分析。

重點② 不要被文字迷惑

舉例來說，即使有兩個以上的卡片中出現了「未就讀幼兒園」的文字，也不能只憑這點就把這些卡片放在同一個群組內。應該要在看到卡片時，跳脫表面的文字，思考「這又代表什麼意思呢？」，將卡片描述的概念抽象化後再分類至相應的群組。

重點③ 需將所有卡片分類

有時會做一個「其它」的標籤，將不管被分到哪個群組都很奇怪的卡片分在同一個群組。但請盡量避免這種情形發生，盡可能地將所有卡片都分到某個群組內。

圖2-3-6

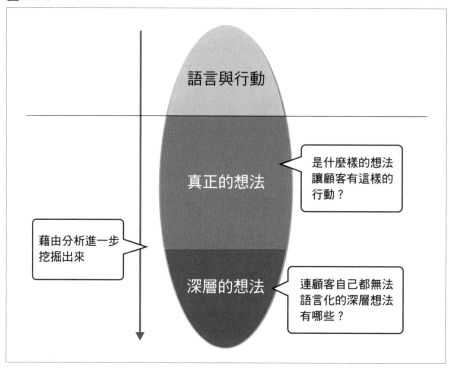

順帶一提，剛才我們試著用KJ法來分析訪談樣本，然而這只是我們虛構的樣本，所以分群組時能夠分得很乾淨。實際的訪談中會有許多雜音，而且最少也要訪談五個人才有辦法讓整個故事的邏輯便得比較完整。我自己在這個階段時至少會訪談二十個人，這是為了要避免自己為了自圓其說而「捏造出虛構的問題」。

訪談的確認清單

以下將訪談顧客時需確認的事向整理成清單。訪談時不妨看一下著這個清單，確認自己有沒有忘了問的事情吧！

Qualification Question（確認訪談對象是否符合自己的預設客群）

✓ 訪談對象是否滿足傳教者的條件？（有認知到這個問題，並會積極尋求解決方案。而且，現在也會利用某些替代方案來解決這個問題）

✓ 是否只是在講空話？（明明不覺得這個問題很「痛」，卻因為接受了採訪，而裝出一副覺得這個問題很重要的樣子。要特別注意這種人）

✓ 是否有詢問足夠的人數？（最少也要問到五個人）

Existential Question（確認問題是否存在）

✓ 向顧客確認創業者想解決的問題或痛點是否真的存在

✓ 覺得這個問題、這個痛點有多嚴重？是很常出現的問題嗎？

✓ 對於這個問題，顧客有表現出很強烈的感情嗎？

✓ 這個問題是有辦法解決的嗎？

✓ 顧客自己也認為這個問題應該要被解決嗎？

✓ 在顧客所處的環境中，是否有某些條件限制，使這個問題無法被解決呢？

✓ 有沒有辦法引導顧客說出連他自己都不曾注意過的潛在性問題呢？（能否得到「聽你這樣說我才發現，其實XXX是個很大的問題呢。沒想到之前我都沒注意到這點」這樣的回應）

Alternative Question（確認目前是否存在替代方案）

✓ 目前顧客投資了多少成本在解決這個問題上？有沒有使用其它替代方案？

✓ 替代方案哪裡不好（要花多少勞力、成本、資源？會覺得不方便或不滿意嗎？）

影子實習

除了訪談以外，還有一種可以瞭解使用者際狀況的有效方式，那就是影子實習。讓調查者跟在對象周圍，觀察對象的特定活動，記錄對象的行動與經驗之方法，在產品開發的現場中經常使用。

尤其是日本人，由於他們並不習慣把自己的行動與問題語言化，故即使進行訪談，也常常得不到想要的洞見。而在歐美，人們則已習慣於語言上的訓練，像是要上台向同班同學發表自己的喜好等。

在影子實習的過程中，調查者可以藉由觀察使用者的特定活動，瞭解使用者會面對甚麼樣的問題。顧客在使用服務或產品時會碰到的某些問題，如果不是直接在現場觀察的話，可能不容易發現。

在進行影子實習時，需特別關注以下幾點，或者也可以直接詢問使用者。

- 有沒有哪項作業是特別花時間的？
- 有沒有哪項作業需要反覆進行同樣的事？
- 有沒有哪項作業方式是為了避免問題或麻煩而不得不採取的措施？
- 有沒有哪項作業會累積挫折感？
- 有沒有哪個操作步驟很難記得起來？或者覺得哪個技能很沒必要？（像是可以用電腦代替之類的）
- 有沒有哪項作業需要同時用到實體紙張清單、Excel、紙筆記錄等各式各樣道具？

藉由以上的訪談或觀察，就能夠找出還沒有任何人發現（沒有解決方案），事實上卻是很值得探討的問題。

由創業者親自找出這些未解決、且存在顧客強烈痛點的潛在問題，是這個階段最重要、最需投入的重點。

逐漸修正問題假說

實驗圖板的結果與學到的資訊

讓我們再回頭看看實驗圖板的製作。前面提到的顧客訪談，是為了驗證自己所的問題假說與解決方案假說，並找出潛在問題，以及替代方案的不完美之處。

訪談十個人之後，需以KJ法綜合分析這些結果，並將這些結果寫在實驗圖板上。

另外，由於一開始應該會有許多不確定的前提條件，如果沒辦法在一次實驗循環內驗證完畢的話，試著在剩下的幾次循環中驗證完畢就好。

像這樣反覆進行五六次的假說建立（腦力激盪）與實證（訪談與影子時間）之循環後，就能漸漸找出應該要關注的問題。

即使後來發現已存在有效的替代方案，或者問題本身並沒有造成很大的痛點，不得不否定自己的假說，仍會是很重要的學習。

許多新創事業為了盡快做出自己的產品，會急於將自己的問題假說在沒有任何根據之下昇華成「捏造出來的問題」。若問題假說已被反證，把時間繼續花在上面也只是浪費而已，必須盡快將其捨棄。

試著訪談二十個人以上吧

就一個問題假說而言，最少該訪談多少人才行呢？我認為二十人是一個參考標準。

圖 2-3-7

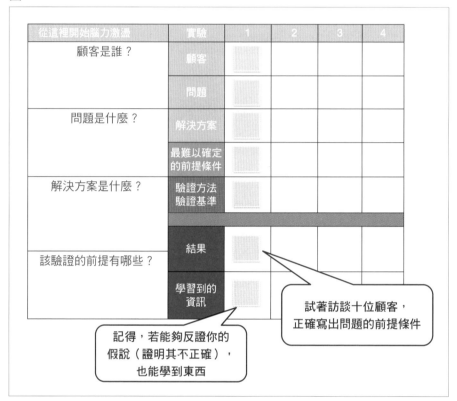

積及・尼路臣（Jakob Nielsen）曾提出「magic number 5」的概念。在為了找出產品使用性（user ability）問題而進行測試時，magic number 5可表示接受測試的使用者人數與問題發現機率的關係。

這裡提到的五個人指的是同一個類型的使用者。據積及・尼路臣的說法，只要與五個同類型使用者談過話，就能夠發現80%以上的問題。

不過，在一開始針對問題進行訪談時，往往無法如調查者的期望般，訪談到同一類型的對象。故需在訪談了許多人以後，逐漸將顧客分成數個類型，並畫成分布圖。假設畫出來的圖可分為四個象限，就表示需要訪談

二十個人才能達到magic number 5的目標。

另外，如果發現訪談對象真的是能成為傳教者的顧客、可以提供許多寶貴意見的人的話，可以試著以適當報酬邀請對方擔任顧問提供意見，協助產品開發，並約定產品做出來後馬上請他試用。新創事業最需要的，就是能夠以使用者的角度毫無保留提供意見的人。

因為過程很麻煩，才會產生差異

聽完問題假說的驗證過程（「解決顧客問題」）後，會不會讓您覺得這些步驟很麻煩呢？想必一般人一定會因為想快點看到最後的解決方案長什麼樣子而坐立不安吧。要請您注意的是，欲完成以上所介紹的流程，需要兩到三週的時間，並需準備給訪談對象的謝禮。

想想看，若沒有驗證問題假說，而是直接花三個月和一百萬日圓想做出最小可行產品，最後得到了一個完全沒辦法解決問題的解決方案的話，事情會變得如何呢？因為做出了一個像是產品的東西，所以有種達成某項成就的快感，但事實上什麼也沒學到（沒從顧客身上獲得洞見）。事實上，這樣的新創事業還不少。

如果有人認為只要用最新科技、做出最有設計感的產品，利用社群軟體一口氣打入市場，就能獲得大量使用者的話，請盡快把這樣的人踢出團隊。

新創事業的初創時期是最土氣的階段。與其花費心力在程式設計能力、設計能力、資料分析能力等製作產品時的所需技能上，不如多重視建立假說的能力、傾聽能力、溝通能力等與人交流時的所需技能。

而最重要的是，創業者自己應該要親自到現場觀察，與當事人（客戶）對話，徹底實現三現主義（現地、現場、現物）才行。

在埃里克・萊斯的《精實創業》中也提到「對顧客的理解越深，就能提供品質越高的產品」。

「解決顧客問題」的完成條件

最後，讓我們確認一下，需要達成完成什麼條件，才算是結束了這個反覆琢磨問題的階段，達成「解決顧客問題」，可以進入下一個階段。

✔ 是否已確實驗證了問題存在的前提條件，確認問題真的存在？
（這個問題是否真的會讓顧客覺得「痛」？是否有找到連顧客自己都沒辦法語言化的潛在問題？）

✔ 對於有這個問題之顧客的想像（人物像、顧客歷程）是否明確？
（若是以 B to C 市場為目標的新創事業，是否能明確描述擁有此問題之顧客的心理狀態？若是以 B to B 市場為目標，是否能明確描述擁有此問題之使用者，覺得業務流程中的哪個部分讓他覺得「痛」？）

COLUMN

創業團隊的成員對問題的看法一致嗎？
「Founder Problem Fit」

「創業團隊」對「問題」看法是否一致

　　創業可說是人生的一場賭局。團隊成員需要有將一生最精華的十年、二十年賭在創業上的覺悟。

　　從問題假說的驗證階段開始，除了向顧客提問以外，創業團隊成員還需持續質問自己「應該要賭上人生來解決這個問題嗎？」。

　　在討論構想的時期，即使團隊有人員流動也沒關係。因為這還只是週末創業（副業計畫）的階段，沒有必要法人化，通常也不會有明確的代表人。

　　從第二章所提到的內容，也就是開始驗證問題假說的時候，團隊成員就必須逐漸把解決這個問題當一回事。「要不要把自己的人生賭在解決這個問題上呢？」每個團隊成員需開始質問自己這個問題。若每個成員都能理解到自己是這個團隊的一份子的話，成員彼此間的連結也會更加堅固。

若「只想著要賺錢」，則難以持續

　　想靠著這個生意賺錢、想試試自己的技術、因為創業很流行所以也想試試看。若僅是因為這些一時性的動機而投入創業的話，未來要認真實現「製作出人們想要的東西」（PMF）時會很難走得下去。我並不是要否定創業的樂趣，或者是否定對金錢的欲望，但這不應該是創業的第一要務。

　　如果在這個階段，就讓對於解決問題沒有熱情的人加入創業團隊，那麼在之後更重要的召集夥伴與募集資金等階段，便會成為團隊的障礙。

圖2-4-1　達成PMF以前，各階段該做的事

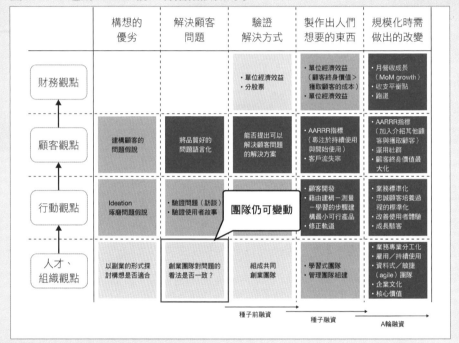

對於這個問題是否有熱情

創業團隊成員都認為應該要解決這個問題，對此有「非常強烈的共鳴」是成功的必要條件。

因此，在驗證問題假說的階段中，將對這個問題有強烈熱情的人篩選出來，改變團隊的組成是很自然的事。

這麼做有時還可能會影響到創業者的人際關係。然而新創事業並不是朋友們的聚會，而是在汪洋中一同乘風破浪前進的夥伴，這點請不要並忘了。

讓我再回頭看一遍我們於第一章中曾提過的新創事業成功原因，最重要的是時機。接下來，幾乎同樣重要的就是團隊。

Why you？

Why your team？

「為什麼不是由其他人來做，而是由你（或你的團隊）來做這件事？」
如果團隊中有些成員沒辦法回答出這個答案，或者對於欲解決的問題沒有
親身體驗，那麼在這時將他踢出創業團隊會是比較好的選擇。

> 「你至今所經歷過的故事，將會是你開創事業的戰略」
>
> 本・霍羅維茲[19]　安德森・霍羅維茲共同創業者

優秀創業者的條件

新創事業的創業者（或創業團隊）最重要的條件如下。

- 想解決的問題也是「自己的問題」（對問題有強烈共鳴）
- 擁有一定的偏執（paranoia）。
- 對於新產品有一套理想、明確的使用者體驗。
- 與預設客群有強烈連結（特別是B to B時）。
- 有產品管理的經驗。
- 想法有一定彈性。

其中特別重要的是第一項與第二項。如果創業者自己沒辦法體會
到顧客的痛點，就不可能提供很好的服務；而且這樣的服務不能只是

---

[19]　注：本・霍羅維茲的發言引用自以下網址。

　　https://www.forbes.com/sites/carminegallo/2014/04/29/your-story-is-your-strategy-says-vc-who-backed-facebook-and-twitter/#1a564b471dd8

「Good」，而是要「Best」，沒有這種偏執個性的創業者也不可能獨佔整個市場。

Cookpad[20]的創業者，佐野陽光先生就是個典型的偏執狂。他曾說過「有一千名顧客，就會有一千種行動模式。要滿足這一千人並不是件簡單的事，但我想挑戰看看」。

就是因為他如此徹底地想要滿足顧客，使Cookpad的每月使用人數成長至六千萬人，成為一個巨大的生活服務提供者。

---

[20]　注：佐野先生的發言引用自《受六百萬女性支持的「Cookpad」》（上阪徹著，角川SS Communications出版）。

驗證你的解決方式

PROBLEM
SOLUTION FIT

本章目的

- 製作能夠解決問題的解決方案假說（產品原型）（3-1）
- 透過與顧客的對話與產品原型，驗證問題能否被解決（3-2）
- 以顧客回饋為基礎琢磨產品原型（3-3）

透過我們在第二章中的驗證過程，我們確定了我們預設的客群為何，並找出了這些客群實際上「真正感覺到痛的問題」。

在第三章中，我們將討論新創事業該準備什麼樣的解決方案作為價值提案，以解決這些問題。「問題」與「解決方案」的切合，實現「驗證解決方式」就是本章的目標。

埃里克·萊斯的著作《精實創業》被認為是新創事業的聖經。書中提到，創業團隊應製作用來測試產品的「最小可行產品」，一邊確認顧客的反應，一邊做出接近人們需求的產品。

然而，對於人力與資金皆相當有限的新創事業來說，光是製作最小可行產品就會是很大的負擔。因此，我建議在將最小可行產品推向市場前，先製作產品原型。徹底驗證自己想到的解決方案是否真的能夠解決原本設想的問題；以及對於顧客而言，這是否是一個好的價值提案。

本章所提到的產品原型，是可以只用便利貼或其他模擬用工具製作出來的簡單產品。若能讓顧客看到這樣的產品原型，可以讓他們提出更為具體的回應。而且和最小可行產品的製作費用相比，只要花費數分之一的時間與心力就能做出產品原型。這麼一來就有辦法製作許多個產品原型，持續驗證解決方案是否適當。

比起將最小可行產品投入市場再改進，若能藉由產品原型確認顧客的反應，就算失敗了也能以好幾倍的速度更新。

那麼，就讓我們馬上來說明如何製作產品原型，以及如何從訪談中獲得顧客真正的心聲吧！

圖 3-1-1

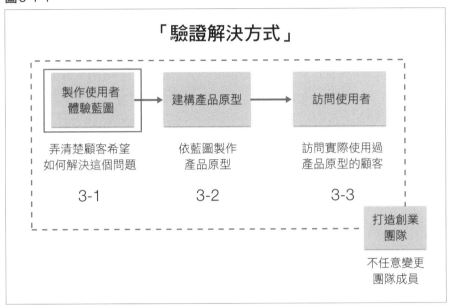

3-1 　製作使用者體驗藍圖

在著手最適化產品前仔細檢查

必須能夠透過智慧型手機或網站使用

　　本章要介紹的是如何製作產品或服務的原型，並藉由訪談，驗證這樣的產品原型是否能夠解決會顧客覺得「痛」的問題，也就是「驗證解決方式」這個步驟。

　　或許有些讀者會覺得「我們的創業與IT無關，故不需要製作產品原型」。然而，現在不管是哪個產業，透過智慧型手機與使用者接觸已是不可或缺的要素。

　　就算是幼兒照顧的效率化、補習班的新服務等，也會用到智慧型手機或網站介面。因此不管是哪個產業，最好都能將產品原型的製作視為創業重要的一環。

驗證前的最適化通常是無效的

　　以支援新創事業著名的美國Startup Genome[1]公司的報告「Startup Genome Report」的問卷調查顯示，成功的新創事業大都會花許多心力在「產品的驗證」上，於「驗證解決方式」階段致力於整合問題與解決方案（圖3-1-2）。

　　另一方面，失敗的新創事業會花費與「產品的驗證」相同的心力在「產品的最適化」上。

　　這裡說的「最適化」指的是壓低產品製造成本或服務成本、增加許多「可有可無」的功能，以及提升產品精密度等。

　　我並不是說在這個階段進行產品最適化沒有意義，然而在這個階段應專注於驗證問題的解決方案，這時進行產品的最適化實在為時過早。

　　我們可以用一個比較容易了解的例子來說明。這就像是拉麵店老闆在能煮出一碗好吃的拉麵以前，就積極與上游廠商交涉食材來源與價格優惠，或將店內廁所改裝得很漂亮等「最適化」工作。若要讓一個拉麵店的人潮絡繹不絕，漂亮的廁所固然是個「可有可無」的條件，但並不是「必

[1]　注：此圖為作者引用美國Startup Genome的報告「Startup Genome Report Extra on Premature Scaling」（二〇一二年三月）的第四十一頁「Self assessed priority in validation stage」製成。

圖 3-1-2

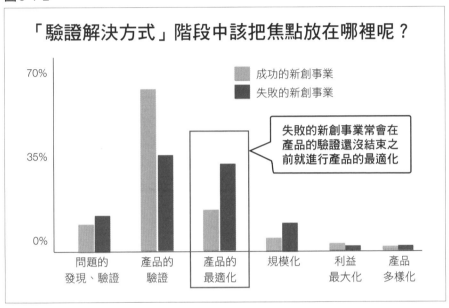

「驗證解決方式」階段中該把焦點放在哪裡呢？

成功的新創事業
失敗的新創事業

失敗的新創事業常會在產品的驗證還沒結束之前就進行產品的最適化

- 問題的發現、驗證
- 產品的驗證
- 產品的最適化
- 規模化
- 利益最大化
- 產品多樣化

要」「必要」的條件。若要讓拉麵店成功發展，一開始應該把焦點在如何煮出一碗讓客人滿意的拉麵上才對。

本章中將介紹如何製作紙上原型（在紙上完成的產品原型），用以驗證問題的解決方案是否適當。並以此為基礎，一邊與顧客反覆對話，一邊琢磨解決方案假說。若創業者能將顧客意見分析得越詳細，製造出顧客不需要之產品的風險就能降得越低。

Content is king. UX is queen.

建立解決方案假說時，常有新創事業誤將解決方案本身視為討論重點。但若只討論決方案本身，常難以製作出顧客能夠接受的產品。

創業者需思考顧客使用產品時的適當流程，以及顧客期待的是什麼樣的使用者體驗（UX）。

圖 3-1-3

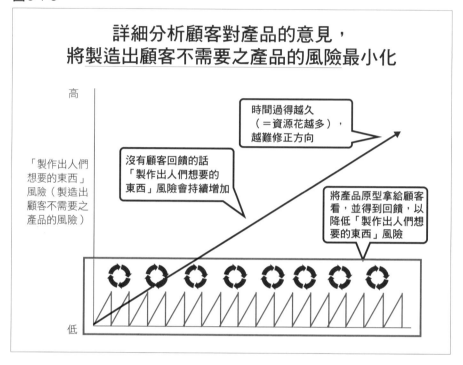

最近常可聽到「Content is king. UX is queen」這句話。產品內容（contents）固然是判斷解決方案好壞時的重要要素（king），不過提供使用者適當的使用者體驗（UX）也同樣重要（queen）。若沒有同時具備這兩個條件，就不會有人想去用這個產品。

順帶一提，每個人對使用者體驗的定義可能會有些差異，本書中所講的使用者體驗是指使用者在面對、使用產品時可感覺到的所有體驗。使用者體驗的概念常會與使用者介面（UI）混淆，使用者介面僅包括操作、使用產品的介面，故可說使用者介面為使用者體驗的一部分。

我們於第二章製作顧客歷程時，設想了特定客群在特定條件下的行動。在這一連串行動中，若有某種解決方案的使用者體驗能夠讓使用者自

然而然地覺得「想用用看」，就是一個好的解決方案。

　　舉例來說，在第二章的例子中，我們所假想的顧客Catherine是一個喜歡使用Instagram的旅客，然而即使提供她免費Wi-Fi服務，這項服務卻只能藉著筆記型電腦從網頁app登入的話，大概不會有多少人想用。因此，必須做出能在智慧型手機上使用的app，讓使用者可不受阻礙地達成目的的使用者體驗才行。製作者需透過預設客群的人物像，以及顧客歷程的框架，思考使用者期待什麼樣的解決方案，建立解決方案假說才行。

利用產品原型看板將解決方案視覺化

　　接下來要介紹的是開發軟體時常使用的「產品原型看板」方法。這是以先前人物像與顧客歷程的驗證結果為基礎，琢磨解決方案假說時所使用的方法。

　　如名所示，這是由豐田生產方式中所使用的生產指示卡「看板」所衍生出來的方法。將便利貼貼在看板上，確認自己現在討論的是哪個問題、應把討論焦點放在哪個功能上、追蹤產品原型的討論進度等，這些資訊都可一目瞭然。

①將過程視覺化，使學習與驗證過程更為明確，促進團隊成員的交流

　　軟體的開發與硬體不同，難以讓其他人看到開發過程與結果。要是沒有想辦法將原本看不到的東西視覺化的話便很難管理，也無法學到新的資訊或進行驗證。

　　要是有像是看板一樣的共用工具，便能夠共享驗證的結果。

　　而且，由於新創事業團隊成員的經驗與技能皆有所不同，工作的進行方式與前提條件也會不一樣。

　　若工程師、設計師、業務對於「品質」、「交貨日」、「顧客所期待的心理狀態」等重要要素的定義各有差異的話，團隊成員間就容易出現溝通上的誤會。我在第二章中也曾反覆強調過這點。

　　使用看板工具，每天確認團隊整體的進度與目前解決中的問題，可以減少團隊成員間意志的不一致，以整個組織為主體行動。

②確保自己能夠在適當的時機獲得來自顧客的回饋

　　依照產品原型看板列出的流程，創業團隊有兩次與顧客對話的機會。一次是在開始製作產品原型前，為確認解決方案適不適當而「就解決方案對顧客進行訪談」；另一次則是在產品原型完成後，「就產品原型對顧客進行訪談」以詢問顧客對使用者體驗的意見。若能照著看板的流程進行開發，自然能夠降低「製造出顧客不需要之產品的風險」。

　　對新創事業而言，要製作出人們想要的產品，最好的方式就是直接把產品拿到別人面前，詢問對方想不想要這個產品。我們將在第四章提到最小可行產品的製作與提案，就是在做這件事。

　　不過，就算沒有實際做出產品，也可以透過「就解決方案對顧客進行的訪談」以及「就產品原型對顧客進行的訪談」，在創業早期獲得許多顧客回饋。這樣的做法可以大幅節省貴重的資源。[2]

③確認瓶頸之所在，適當分配資源

　　隨著作業的進行，有時候會發現某項特定的作業難以順利完成，也就是所謂的瓶頸。如同伊利雅胡‧高德拉特（Eliyahu Goldratt）所提倡的

---

[2]　注：限制理論是一個管理學上的想法。其指出，不論是多麼複雜的系統，皆會被極少數構成這個系統的要素限制其發展。伊利雅胡‧高德拉特以限制理論為基礎，寫了包括《目標》（齊若蘭譯，天下文化出版）在內的數本商業小說。

「限制理論」般，計畫整體的進展速度會被這個瓶頸拖累。若能藉由產品原型看板使整個作業視覺化，那麼在碰到瓶頸時，便可將資源投注於此，盡快消除這個瓶頸。

　　當然，創業團隊也需要一套及早發現瓶頸的機制。

　　舉例來說，讓全體團隊成員參加每天早上十五分鐘的站立會議，圍繞在產品原型看板的周圍，依序報告目前正在進行哪些工作，碰到了什麼樣的問題，便能共享目前所擁有的資訊。

　　在真正開始進行產品開發以前，像這樣的資訊共享模式，有助於提升團隊全員的計畫實行技能。

　　目前有某些雲端工具可以協助製作產品原型看板，不過在在習慣這種方式以前，最好能在公司內顯眼處擺一張白板，聚集所有團隊成員，用便利貼等物理上的方式管理進度。[3]

利用看板進行篩選

　　接著讓我們簡單說明看板的使用方式吧。

①設定問題

　　一開始製作看板時，需選擇對應的問題。

　　在前一章中我們已使用了顧客歷程、實驗圖板、顧客訪談等工具，充分驗證了我們的問題（顧客歷程左下方的「問題」）。將其貼在位於產品原型看板左端的項目中（圖3-1-4），這就是產品原型看板的起點。

---

[3]　注：「Jooto」即為一種能讓創業團隊在雲端上製作產品原型看板的工具。

圖3-1-4

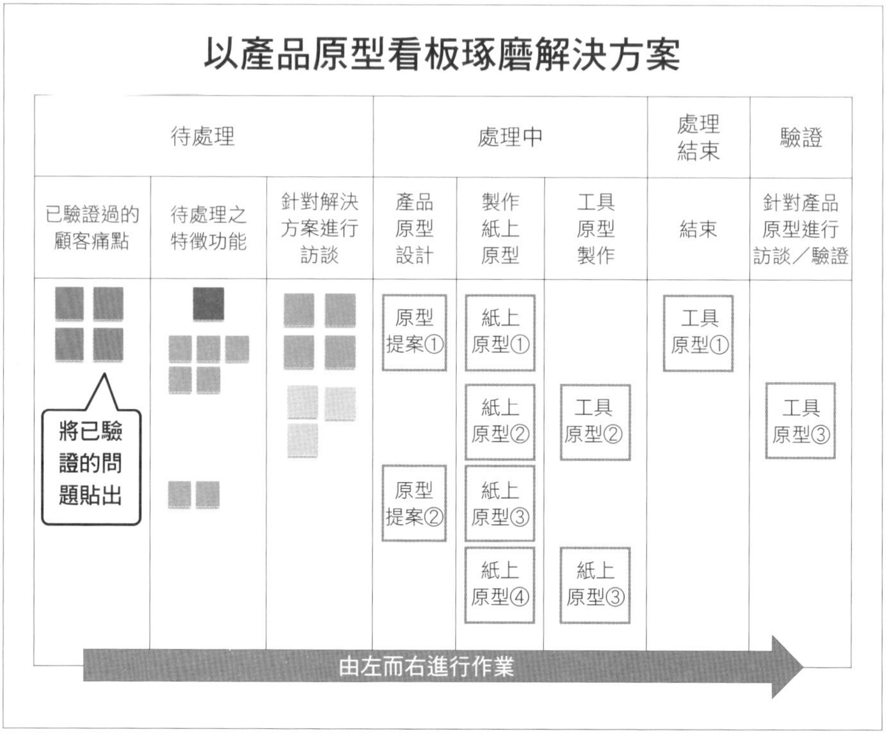
以產品原型看板琢磨解決方案
待處理
處理中
處理結束
驗證
已驗證過的顧客痛點
待處理之特徵功能
針對解決方案進行訪談
產品原型設計
製作紙上原型
工具原型製作
結束
針對產品原型進行訪談／驗證
將已驗證的問題貼出
原型提案①
原型提案②
紙上原型①
紙上原型②
紙上原型③
紙上原型④
工具原型②
紙上原型③
工具原型①
工具原型③
由左而右進行作業

②思考價值提案、解決方案

思考該提出什麼樣的價值提案來解決這個已經驗證完畢的問題；以及需以什麼樣的解決方案來實現這個價值提案。

這裡讓我們為「價值提案」與「解決方案」分別下一個定義。價值提案可以讓顧客在使用產品時獲得效用，故其內容聚焦於「顧客價值」的提升，而非產品有什麼功能。至於產品功能，則是產品製作方需考慮的事。而顧客價值則如字面所示，指的是顧客認為有價值的東西。

在思考解決方案時，重要的是顧客認為產品有多少價值，而非產品製作方認為產品有多少價值。

圖3-1-5　針對人物像所面對的問題提出解決方案與價值提案

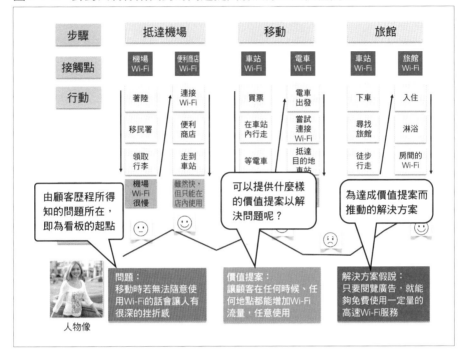

人物像

另一方面，「解決方案」指的則是讓顧客能夠獲得這種價值提案的產品，或者是「實現方法」。價值提案是指要解決「什麼」，而解決方案則是要「如何」解決。

以Anywhere Online為例，價值提案就是「讓顧客在任何時候、任何地點都能增加Wi-Fi流量，任意使用」，而解決方案則是「只要閱覽廣告，就能夠免費使用一定量的高速Wi-Fi服務」這種具體的做法。

解決方案可以再分成多個「特徵功能」（feature）。

以Anywhere為例，「只要閱覽廣告就能增加流量」、「只要回答問題就能增加流量」、「可以使用信用卡購買流量」等皆屬於解決方案的特徵功能。

　　首先，為實現解決方案，團隊成員們需一起腦力激盪，決定要將哪些特徵功能列出來，寫成候選清單。由於這還只是提出構想，故可以將任何想到的項目一一寫成便利貼貼出來。

　　在思考解決方案有哪些特徵功能時，需隨時考慮到「這種特徵功能對顧客來說有沒有價值？」。「要是實現這種特徵功能的話，顧客會開心嗎？」、「這種特徵功能真的好嗎？」像這樣持續質疑特徵功能的本質，便能夠篩選出重要的特徵功能。

　　經過團隊成員討論，決定用什麼樣的解決方案、什麼樣的特徵功能來解決問題之後，便可將團隊認為應著手實現的解決方案貼在產品原型看板的「待處理之特徵功能」一欄內。

針對解決方案進行訪談

　　列出候選的特徵功能之後，可以試著再一次與顧客進行對話。確認自己想到的解決方案（特徵功能）是否真的能為顧客帶來價值。

　　汽車大王亨利・福特（Henry Ford）曾留下這句話「當我問顧客想要什麼的時候，他們一定會回答想要跑更快的馬」。

　　這句話的意思是，思考如何由解決方案實現顧客價值，並不是顧客的工作。讓只有騎過馬的顧客想像汽車這種像「神燈」般的東西，對他們來說太過困難。

　　但也只有顧客有資格回答這樣的問題。故只要詢問顧客，對於新創事業團隊自己討論出來的解決方案假說有什麼想法就可以了。

　　「假設你有能實現一切願望的神燈，那麼為了解決〈顧客欲解決的問題〉這個問題，你會許什麼樣的願望、或者想要什麼樣的東西呢？」用這樣的方式詢問的話，應能獲得有助於修正假說的回饋才對。

　　下面我們試著整理出針對解決方案的訪談之問題清單，以及能夠以自

圖3-1-6　開始使用產品原型看板

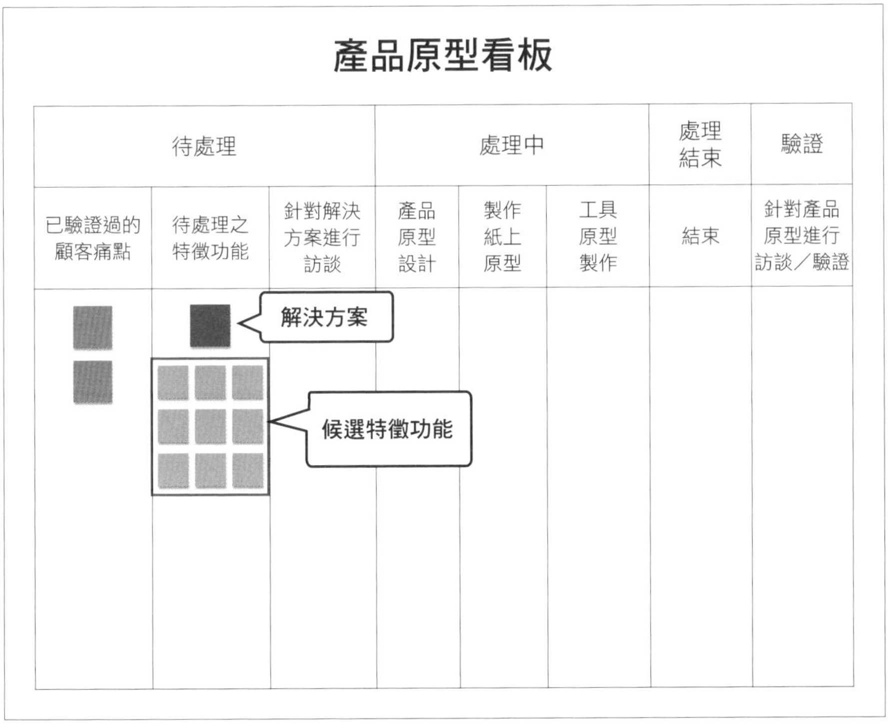

己的方式概括訪談過程的確認清單，供作參考。

　　另外，訪談對象最好是於產品誕生時就在使用的早期採用者。若在第二章的訪談中已與某些受訪者建立起關係，可以再試著拜託他們讓你們採訪。

　　這種顧客即使沒有適當的解決方案，也會絞盡腦汁想出一套自己的替代方案，試著解決這個問題。當你創業團隊提出「神燈」問題的時候，他們一定能提供各種參考答案。

　　另外，這種身為早期採用者的顧客在開始使用產品後，很有可能會成為幫忙推廣產品的傳教者，故請您持續與他們保持聯絡。

■解決方案訪談的問題清單

1. 如果你有一個能夠實現任何願望的神燈，你會想許什麼願望、獲得什麼東西，以完成你【（做為目標）的工作或行動】呢？

2. 你認為這個神燈（解決方案）必須要有哪些特徵功能，才能解決你的問題呢？

3. 有沒有哪個替代方案與這個神燈很相似呢？

4. 這個替代方案的優點與缺點分別是什麼呢？

5. 你認為在你使用這個神燈後，能夠省下多少時間和勞力等資源呢？

6. 你願意花多少預算在這個神燈上呢？

7. 你覺得什麼樣的產品能夠感動到你呢？

8. 〈訪談結束後〉那麼，當產品原型完成以後，能不能再和你碰個面，詢問你在各方面的意見呢？

■解決方案訪談的確認清單

✓ 顧客（訪談對象）如何形容神燈？（再描述他的神燈時，身體有沒有前傾呢？）

✓ 顧客如何形容神燈的特徵功能呢？

✓ 這種神燈在技術上是可以實現的嗎？

✓ 就這個神燈而言，現實中是否已存在更為妥當的替代方案呢？（會不會只是顧客自己忽略了呢？）

✓ 如果這個神燈做得出來，那麼顧客在購買、使用這項產品上會不會有任何阻礙呢？（若考慮成本、維護、學習曲線等因素，對顧客來說，需付出的總成本有可能會增加嗎？）

✓ 神燈在使用上能夠切合日常生活（業務）嗎？

✓ 顧客可能會因為什麼樣的理由而不購買神燈呢？

特徵功能的優先順序

這裡說的解決方案訪談，也是盡可能訪問越多人越好。

在一連串的訪問結束後，可以依照得到的答案排出特徵功能的優先順序。排列優先順序的依據為「顧客覺得各種特徵功能分別能為他們帶來多少價值」。而為特徵功能作評價時，具體來說，可以分成「必要」、「可有可無」、「不需要」三個等級。

特別是「必要」和「可有可無」之間的界線特別重要。

初期新創事業的顧客，最在意的應該是產品有沒有實裝「必要」的特徵功能。

圖3-1-7　選出產品原型應有的特徵功能

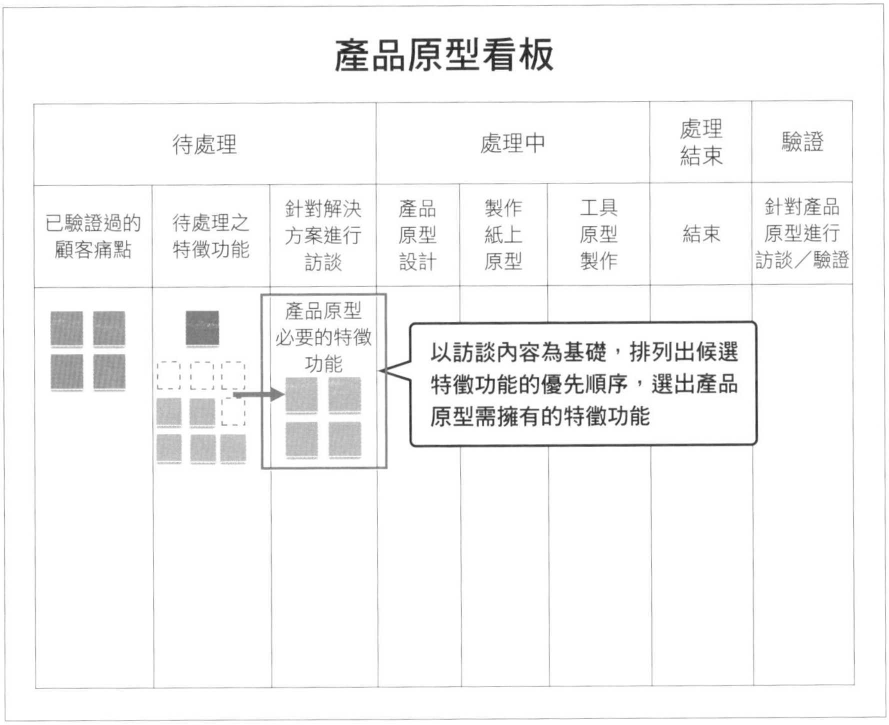

　　然而許多新創事業會在產品的初期階段，就實裝了許多他們認為顧客想要、卻並非必要的功能，然而這卻會成為典型的失敗例子。

　　這是因為，若產品實裝了過多「可有可無」等級的特徵功能，在訪談顧客時，便難以判斷最應該驗證的「必要」功能是否有滿足顧客的需求。

　　Startup Genome Report [4] 曾調查過成功新創事業與失敗新創事業所寫的程式碼量，發現失敗者所寫的程式碼量明顯多於成功者。在這個相當於「驗證解決方式」之階段，或稱「產品驗證階段」中，兩者居然有3.4倍之差。

　　這說明了，失敗的創業團隊經常在驗證階段的時候，就浪費了大量時間與金錢。

　　如各位所知，Facebook於二〇〇四年登場時，僅提供八種功能，如圖3-1-8所示。至於傳訊功能、貼文功能、通知功能、個人資料更新功能等，則是之後才添加的特徵功能。

　　在智慧型手機已相當普遍的現在，傳訊功能已是Facebook的核心功能之一。不過在以E-mail與文字訊息聯絡為主的二〇〇四年時，傳訊功能只是「可有可無」的功能之一（由於馬克・祖克柏是一位優秀的工程師，應能自行添加這樣的功能）。

　　到了公司規模化的階段，若想獲得早期採用者以外的使用者，增加「可有可無」功能就變得相當重要。不過對於Facebook而言，在剛開始營運時，確認原本「必要」的八個功能（讓朋友們彼此聯絡上的功能）是否真正獲得了顧客青睞才是他們的第一要務。

　　若以第二章中所提到的拉麵店來類比，Facebook的八個「必要」特徵功能就像是拉麵店的湯頭、麵、配料等，主要決定產品價值的東西。而

---

[4]　注：引用自美國Startup Genome的報告《Startup Genome Report Extra on Premature Scaling》

圖 3-1-8

Facebook 初期版本（二〇〇四年）的功能一覽

1）使用者帳號：（需以實名註冊）僅可用 harvard.edu 網域的電子郵件信箱註冊。
2）加別人成為朋友。
3）邀請功能（但沒辦法從通訊錄中直接匯入郵件信箱，需一個個手動輸入）。
4）個人照片：一個人只能放一張照片。
5）顯示個人資訊：性別、生日、宿舍名稱、電話號碼、喜歡的音樂、喜歡的書、自我介紹、在大學內上過的課。
6）搜尋：名稱、學年、課程等個人資訊。
7）限制自己的資訊只顯示給朋友或同學年的人看等隱私功能。
8）朋友分布圖視覺化的功能（之後廢除）。

這時還沒有傳訊、貼文、通知、動態時報、狀態更新等功能。

拉麵店有沒有漂亮的廁所、有沒有在深夜營業，則是「可有可無」的特徵功能，並不是主要決定產品價值的東西。

　　然而，優秀的工程師，特別是活躍於大企業的工程師，幾乎都會將「針對既有顧客、針對已明朗化的問題，提供最適當的解決方案」視為主要工作。

　　換句話說，這些工程會認為自己是在一張滿分為一百分的考卷上作答。為了盡可能獲得高分，會一一回答那些一分、兩分的問題，也就是傾向於增加許多「可有可無」的功能。這對新創事業來說是很危險的事。

　　在顧客瘋狂愛上產品之前就任意增加各種功能，就等於是在還沒篩選出哪些特徵功能為產品必須時，便想要倉促擴張公司規模一樣。在確認到市場可接受預設之「必要」的特徵功能（達成「製作出人們想要的東西」）時，再來增加「可有可無」的特徵功能也還不遲。

　　至於某項功能是「必要」還是「可有可無」，只能記錄訪談使用者時的對話，以及觀察使用者實際使用產品時的行動，再進行定量分析才能知道結果。

　　「驗證解決方式」階段是第三章的主題，在這個階段中我們還不會以定量分析的方式分析產品。而是要先透過解決方案訪談，決定各個特徵功能實裝的優先順序。

　　解決方案訪談的好處在於，只要花費少許時間，以及給訪談對象的酬勞便能完成，且不會有降低產品評價或公司評價的風險，是容易掌握的方法。只要有一個星期左右的時間，就能獲得足夠的回饋。

　　因此，對新創公司而言，訪談越多越好。花在這上面的成本，可以確實提升解決方案假說的品質，之後想要實現「製作出人們想要的東西」時也會比較容易。

製作電梯簡報

　　明白到應該要實裝哪些特徵功能時，終於可以進入製作使用者體驗藍圖的階段了。

　　所謂的藍圖，相當於產品原型的「設計圖」。可以把它想像成一張示意圖，用來表示至今所想到的特徵功能，會以何種方式建立起關係，以實現解決方案。

　　在製作出藍圖以前，應該要再度確認特徵功能的核心是什麼，故可試著將產品原型的重點整理成可以用三十秒說明完畢的簡報。

　　創業團隊須能夠在三十秒內說明自己能夠以什麼樣的方式，解決什麼樣的顧客的問題，這個問題是什麼，而解決方式又與其他公司的服務有哪些決定性的差異。這種想辦法在三十秒內說服顧客的報告，又稱作「電梯簡報」。

電梯簡報的基本格式如下所示。創業團隊成員需經過充分討論，決定括弧內要填入哪些詞。

我們想要〈滿足／解決〉〈對象客戶〉的〈期望／問題〉。我們的產品是〈產品名稱〉，可提供顧客〈重要的優點、讓顧客願意掏錢出來的理由〉。與〈最有競爭力的替代方案〉不同，這個產品有〈差異化的決定性特徵〉。
類比例子：〈我們是XX業界的XX〉。

若以剛才介紹的免費Wi-Fi連接服務，Anywhere Online這個虛構的新創事業為例，可以製作出以下的電梯簡報。

我們想要〈滿足〉〈來日本旅遊的旅行者〉的〈期望〉〈讓他們在任何時候、任何地點都可以用智慧型手機連上網路〉。
〈Anywhere Online〉這個產品，可讓顧客〈在閱覽廣告或回答行銷問卷調查後，免費獲得一定使用量（流量）的高速Wi-Fi〉。
與〈便利商店的Wi-Fi、車站Wi-Fi、飯店Wi-Fi〉不同，這個產品〈讓顧客能夠在任何時候、任何地點使用Wi-Fi〉。
類比例子：〈我們是手機業界的電視廣告〉。

之所以會說是「手機業界的電視廣告」，是因為民營電視台是在廣告收入的支持下，才能夠免費提供影像播放服務。雖然類比例子的部分並非必要，但這句話能夠將三十秒的簡報濃縮成「五秒簡報」，故可說是非常重要的口號。不僅方便創業者在郵件或短訊中介紹自己的事業，也能夠引起媒體的關注。

圖3-1-9　增加訪談時發現的問題，製作產品原型提案

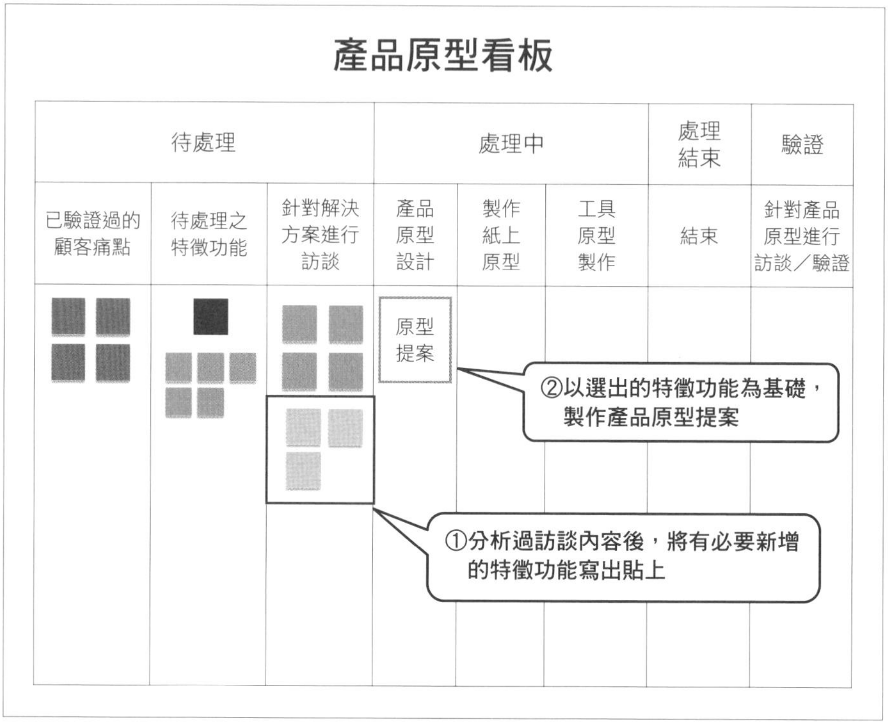

產品原型看板

待處理			處理中			處理結束	驗證
已驗證過的顧客痛點	待處理之特徵功能	針對解決方案進行訪談	產品原型設計	製作紙上原型	工具原型製作	結束	針對產品原型進行訪談／驗證

②以選出的特徵功能為基礎，製作產品原型提案

①分析過訪談內容後，將有必要新增的特徵功能寫出貼上

　　順帶一提，自家公司產品的〈差異化的決定性特徵〉通常是從解決方案的訪談過程中，由使用者的提示所衍生出來的。使用者大多會使用既有的替代方案，但也對其使用上的不便有一定的不滿。只要將使用者對替代方案所產生的不滿當作提示，寫出能夠差異化的決定性特徵就行了。

由電梯簡報直指核心

　　製作電梯簡報的理由有三個，讓我們好好來確認一下吧！

　　第一，明確寫出自己想要做什麼。

　　新創事業的目的是，在一個原本沒有任何市場的領域，由零生出一，故一開始的發展方向會相當分歧。初期的新創事業在陸續提出各種構想時，常會不曉得應該要把努力投注在哪些重點上。

　　這時就可以利用電梯簡報來篩選出該聚焦的重點，再次確認新創事業是為了誰、要做什麼、又為何而做，統一全體團隊成員的意見。

　　特別是「為了誰？」這個問題常在不知不覺中被忽略。在進入實際使用者體驗藍圖的製作之前，確認這些基本的問題是相當重要的事。

　　第二個理由，則是讓團隊站在顧客的立場思考。

　　要提供什麼樣的產品呢？為什麼要提供這樣的產品呢？顧客會願意為此掏錢的理由在哪裡？持續對自己提出這些與產品本質有關的疑問，從「為了誰？」的角度進一步了解這個產品的需求，從顧客的眼光認真思考這項產品的本質。

　　第三，則是為了要掌握核心。電梯簡報就像雷射光一樣，能夠串聯起各個原本彼此無關的要素，直接指出問題的核心。

　　令人訝異的是，當我們詢問「你們這個新創事業是在做什麼的呢？」時，卻常聽到同一個新創事業的各個成員回答出不同的答案。新創團隊最好能用電梯簡報整理出你們想做的事業的核心是什麼，並將其滲透到每一位成員的想法中。

　　順帶一提，亞馬遜在開始建立新產品的企劃時，會先設想該產品完成的樣子，並在一開始就要求企劃負責人製作產品的新聞稿。

　　新聞稿中必須以具說服力的文字說明新產品能夠解決特定顧客的什麼問題，解決的效率又有多高（為了誰用什麼方式解決什麼問題）。

　　藉由製作新聞稿的過程，可讓負責人整理自己的思緒，與電梯簡報有相同的效果。

圖3-1-10

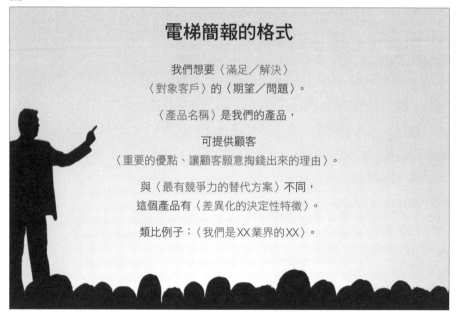

使用者體驗藍圖的製作方式

藉由解決方案訪談與電梯簡報，在頭腦中整理相關內容，從許多特徵功能中選出「必要」的特徵功能，並以此為基礎開始製作產品原型的藍圖。

以下讓我們以Anywhere Online為例，說明使用者體驗藍圖的製作方式。雖然會提到部分技術上的東西，但還請耐心看完這段。

這裡以Anywhere Online的智慧型手機app為例，說明如何製作藍圖。然而當最後的產品是硬體或VR內容時，藍圖的製作方式也會有所差異。本書會重點式的說明製作藍圖時的基本流程。

「我們一定會問創業者做出了什麼，又為什麼要做這個。被問到這些問題時，回答的越簡潔，評價就越高。相反的，若遲遲回答不出答案的話，創業後很有可能會出現問題」

山姆·奧爾特曼[5]，Y Combinator總裁

製作藍圖的流程大致如下。以解決方案訪談等結果為基礎，驗證問題與解決方案，篩選出具體的特徵功能。並思考該怎麼提供產品，使顧客能夠自然而然的接受新產品。

讓我們進一步說明篩選出特徵功能之過程的細節吧！

步驟1　將清單中的特徵功能群組化

將腦力激盪、解決方案訪談後所得到的特徵功能列成一張清單。由於各個特徵功能都有各自的目的，故可藉由這些目的之間的關聯，將各個特徵功能群組化。我們可以用「排列卡片」的方式為特徵功能分類。先將清單上的特徵功能寫在卡片上，藉由改變卡片的排列方式，討論該如何向顧客提出解決方案，並建立起各個特徵功能間的關聯。當想要製作的產品有複雜的結構時，也會包含許多特徵功能，故用這種方式整理會方便許多。

雖然我們不會在這裡詳細說明實際做法，不過製作智慧型手機app的藍圖，群組化特徵功能時，最好不要侷限在卡片字面上的意思，而是要去思考「若能在同一個畫面表示這些功能的話，使用者會有什麼想法？」。

---

[5]　注：山姆·奧爾特曼的發言引用自以下網址。https://www.youtube.com/watch?v=CxKXJWf-WMg

步驟2　從顧客的視角將特徵功能結構化

接下來讓我們站在顧客的視角，試著思考顧客在使用產品的過程中，各群組中的功能應該要怎麼安排，才能讓顧客很快上手。如果是app，則需考慮使用時的畫面改變方式。

以Anywhere Online而言，從登入開始，接著會看到像是儀表板般，能夠確認流量的畫面，可以在這裡設計讓顧客選擇購買流量，或者是免費加值流量的功能。

這個步驟中最重要的是，要以使用者人物像與顧客歷程為基礎，想像自己是產品的預設客群，思考自己會碰上什麼樣的狀況，內心會有甚麼想法。使用者體驗的好壞，決定了使用者能否在沒有壓力的狀況下達成他們的目的。

步驟3　明確顯示每個畫面的實裝功能與內容

以特徵功能的群組化結果為基礎，讓各群組（各畫面）實裝的功能或顯示的內容更為明確具體。

步驟4　將特徵功能填入使用畫面轉變流程圖

依據步驟2與步驟3的內容，將已群組化之特徵功能填入使用畫面轉變流程圖（screen transition diagram）內。

步驟5　確認有哪些核心部分需要重點測試

在思考畫面該如何改變時，創業團隊應可逐漸釐清產品的使用流程。其中，創業團隊最需關注的是，該如何琢磨從首頁到解決問題這一連串過程的核心價值。

圖 3-1-11

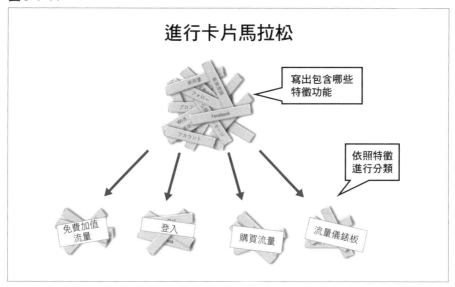

　　舉例來說，若有使用者想要藉由付費來增加流量，就必須設計出更為簡潔的步驟，讓使用者在操作時不會搞混。設計時需隨時提醒自己。

　　以 Anywhere Online 為例，能夠讓使用者以很低的價格使用 Wi-Fi 是其核心特徵。而使用者在使用產品時所感體驗到的使用者體驗，亦與這個特徵同樣重要。只有在內容（解決方案）與使用者體驗都能滿足使用者時，使用者才會產生出「還想再使用」、「想分享給別人」、「想推薦這個產品」的感情。優秀的使用者體驗可以喚起使用者對這種產品的喜愛。使用者體驗可說是提升「製作出人們想要的東西」指標中「使用者黏著率」的重要要素（我們將在下一章中詳細說明該如何製作出好的使用者體驗以提升黏著率）。

圖3-1-12

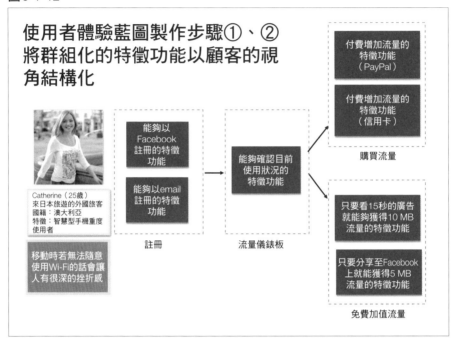

步驟6　確認展開主選單時的使用者體驗

實裝越多功能，會讓使用者的使用流程越複雜，故需注意在展開app主選單時，使用者體驗絕對不能讓使用者感到混亂。之前也有提到，一開始應該要專注於「必要」功能的開發。

步驟7　設想產品使用前以及使用後的整體使用者體驗

從步驟1到步驟6，說明的是使用者從看到首頁一直到轉化成顧客（conversion，註冊為顧客）為止所接觸到的使用者體驗。對於使用者來說，這還只是使用者體驗的一部分而已，此外還有使用前與使用後的階段。

圖 3-1-13

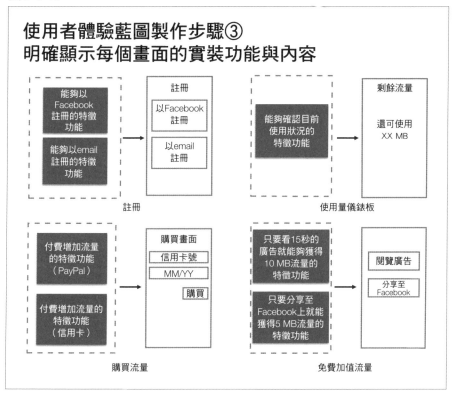

在看到首頁，開始使用該服務之前，使用者心中一定抱著某些期待，而在使用完該服務後，一定也會想要追蹤該服務有哪些後續動作。因此一個優秀的產品，必須要考慮使用前後的使用者體驗。

使用前的使用者體驗像是「朋友在 Facebook 上極力推薦 Anywhere Online，想必這是個很棒的服務吧。讓我也想要試試看」這種讓使用者產生期待的事。由於這會讓顧客想像到良好的體驗，故也稱做預期性使用者體驗。

圖3-1-14

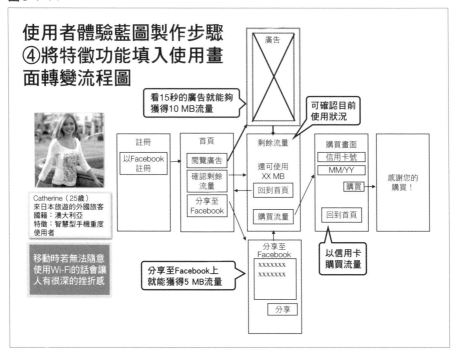

另一方面，使用後的使用者體驗則像是「既然實際體驗到這種很方便的Wi-Fi，要不要試著在Facebook上分享這個體驗呢（而且這樣還可拿到5 MB的流量）」這類想法。這又叫做故事性的使用者體驗。

此外，有些使用者體驗是貫串了使用前到使用後，逐漸累積起來的經驗。顧客會透過過去使用這個產品所累積的經驗，思考該如何評價整個解決方案。舉例來說，像是「雖然用了許多次這個服務，但還是覺得每次都要看廣告是很麻煩的事。下次應該會考慮花十美元購買1 GB的流量」這種想法，就是由累積下來的使用者體驗決定了對服務整體的印象。若能掌握這種顧客真實而生動的心理狀態，便能夠製作出能掌握使用者心理的產品（我們將在第四章中說明掌握使用者心理的重點）。

圖3-1-15

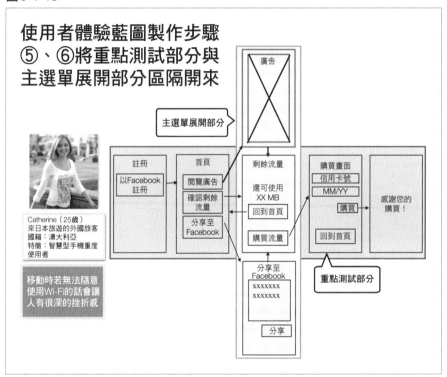

步驟8　持續修正產品原型直到讓使用者滿意為止

　　至此我們所說明的是紙上原型，也就是產品原型的紙上設計圖。

　　試著提出產品原型提案，要是覺得沒辦法充分掌握到使用者的心情與期待的話，便需再度進行解決方案的訪談，或者觀察目前有哪些使用者會以其它替代方案解決問題。我認為像這樣以顧客的聲音為基礎，持續琢磨產品原型，是最好的方式。

圖 3-1-16

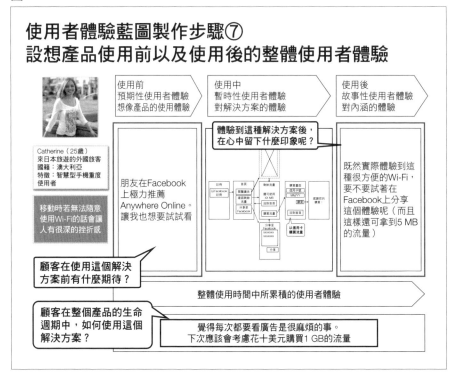

為什麼要設想整體使用者體驗的樣子呢？

為什麼在設計使用者體驗的時候，要考慮顧客產品使用前後，以及整個產品生命週期中所累積的經驗才行呢？

讓我們再確認一次重點吧！

在現在這個時代，「提供產品」並不是只有提供顧客產品本身而已。廠商需在充分了解顧客所處狀況下，提供各種事物（包含使用產品的所有體驗）才行。

　　舉例來說，請你想像一個自己每天都會使用的服務。並思考自己在使用前的期待感、使用後的滿足感，以及每天持續使用這項服務後，在使用方式上會有什麼變化。

　　雖然這比較難用文字說明，但事實上，使用產品後的滿足感，是從使用前到使用後，每一個使用者與產品的接觸點所構成的。

　　舉例來說，Youtube並非只是單純的影片搜尋服務。它會分析你至今觀看影片的傾向，並推薦你可能會想看的影片。或許你沒有意識到，但事實上，你之所以會在不知不覺中打開Youtube，是因為與你的興趣相關程度高的影片，會一直出現在Youtube的首頁。

　　希望您能理解到，如果沒有像這樣，把從使用前到使用後的顧客體驗都包括在內，思考如何加強使用者體驗的話，即使這是一個很好的商業模式，也沒辦法讓顧客固定下來。

　　不曉得您知不知道，在Facebook[6]非常早期的階段中，就已經可以讓使用者自行設定應該要把資訊公開到什麼樣的程度，在隱私權的管理上做得非常完美。

　　當時是二〇〇四年，那時流行的是My Space或Friendster等匿名使用的社群網站。而Facebook則是打著實名制加入戰場。當然，也有不少使用者中排斥這種實名制的服務。自己所寫出來的私密資訊，經過他人加油添醋，可能會演變成可怕的謠言，損害自己的評價。

　　針對這一點，Facebook實裝了可以將自己的貼文加上隱私權設定的功能，這讓一開始對於實名制社群網站的貼文、資訊分享感到懷疑的使用者安心下來，成為了固定的使用者。

---

[6]　注：Facebook的隱私權設定可以決定有哪些人可以看到自己寫的文字，像是朋友、朋友的朋友、所有人等。

圖 3-1-17

使用前 預期性使用者體驗 想像產品的使用體驗	使用中 暫時性使用者體驗 對解決方案的體驗	使用後 故事性使用者體驗 對內涵的體驗
街上有許多人在使用共乘服務，據說非常舒適，也非常方便	・操作很簡單（只要在觸控螢幕上點選出發地與目的地，再選擇共乘種類，就能使用這項服務） ・友善的駕駛 ・漂亮的車、乾淨的車內環境、舒適的行車 ・可以用事先註冊的信用卡結帳 **Uber 的例子**	為駕駛評分（滿分五分，通常都會打五分）

整體使用時間 累積性使用者體驗

流暢而無障礙的體驗；與友善的Uber駕駛間的談話就像是給自己的獎勵

　　這種嚴密的隱私權設定可以讓使用者對於整體產品有一定信賴，由此累積下來的使用者體驗正是Facebook的賣點。毫無疑問的，在這樣的機制下，才讓黏著度高的使用者迅速增加。

　　能與朋友互相交流的確是很棒的體驗。然而如果在潛意識中覺得「這會不會影響到我的隱私呢？」的話，很難成為黏著度高的使用者。

　　做為參考，以下以我個人的體驗為基礎，整理了我對於智慧型手機的叫車服務Uber的使用者體驗。

使用 Uber 的使用者體驗

- 使用前的使用者體驗＝美國很多人都在用這個共乘服務，據說非常舒適，也非常方便。

- 使用中的使用者體驗＝只要在觸控螢幕上點選兩次就能用 Uber 叫到車，直觀的操作、友善的司機、漂亮的車，是一趟舒適的乘車體驗。而且可以用事先登記的信用卡自動結帳，相當方便。

- 使用後的使用者體驗＝因為覺得很滿足，故在為駕駛評分時打了滿分五分。之後還想再使用這個服務。

- 累積的使用者體驗＝流暢而無障礙的體驗、與友善的 Uber 駕駛間的談話給了我很大的滿足感。Uber 的使用已成為了我生活的一部分，甚至就像是給自己的獎勵一樣。

　　曾在美國做過計程車的人應該知道，近年來有許多計程車駕駛是外國移民，英文講得不好，對地理環境也不熟悉，搭他們的車時常會覺得有種壓力。

　　而且，一般計程車能提供的價值只有將乘客安全送到目的地而已，不過 Uber 卻讓乘客在移動時，以及下車後都能感到滿足。現在 Uber 已是我到美國出差時不可或缺的服務了。

　　新創事業在製作產品的時候最好能像這樣，好好琢磨整體產品的使用體驗。光靠著高科技或先進的技術規格就能夠獲得顧客青睞的時代已經結束了。

圖 3-2-1

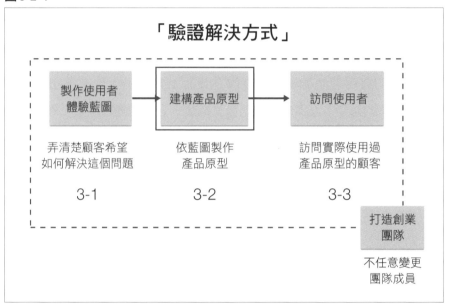

3-2　建構產品原型

3-2 | 建構產品原型

以使用者體驗設計為基礎製作出產品原型

為什麼要製作產品原型呢？

　　接著我們將以剛才的使用者體驗藍圖為基礎，製作出產品或服務的原型。製作產品原型的優點有以下幾個。

理由1 讓團隊成員對於產品的想法高度同步

新創事業是由許多不同背景的人組成，包括設計師、工程師、業務員等。製作出產品原型後，可以讓團隊成員有一個具體的依據，討論彼此的想法，能夠大幅提升作業效率（可以的話，最好也可以在這個階段讓預設的顧客加入討論）。

特別是設計師與工程師等製作方，常與招攬客戶的負責人（或者是顧客）對於最後完成的產品想法不同。若有產品原型的話，便能夠以眼前所看到的具體事物為基礎進行討論。

若只是要統一團隊的想法，沒有必要製作出高完成度的產品。以製作智慧型手機的app為例，可以用寫有內容的便利貼來表示畫面的轉換，也就是「紙上產品原型」，產品的外型也可用3D繪圖軟體製作出簡單的樣子。只要有一個這樣的東西，就能讓團隊成員確認彼此設定的前提條件是否有差異，更有效率地推動創業進度。

理由2 抓住顧客的潛在需求

思考如何解決自己的問題並不是顧客的工作。他們並不擅長將自己的潛在問題化為具體的語言，也沒有足夠的想像力想像產品應有的樣子。但如果將產品擺到顧客的面前，有時也能夠擴大他們的想像。

如果能讓預設顧客參與製作產品原型的過程，或許能夠推導出之前在沒有產品原型的狀態下進行訪談時沒能發現的潛在需求。顧客可能會提出像是「在我實際用了這個產品之後才想到，要是有XXXX的功能的話，應該會更好用才對」這樣的洞見。

理由3 驗證多種模式

　　將產品拿給使用者看，當場得到回饋，可以馬上修正軌道，以很快的速度完成調查，故可在短期內驗證許多種模式。製作產品原型時，不應花太多時間在細節處理上，為了能迅速且有彈性地修正產品，只要讓產品擁有最低限度的功能就可以了。

理由4 提升團隊成員的動力

　　若團隊成員都能動起手來，彼此交換意見，開始製作產品原型的話，會發生什麼事呢？那就是每位成員會開始把這個產品原型當成「自己的事」看待。

　　這個優點非常重要。

　　企劃管理人常認為現場的事「交給現場人員決定就好」，設計師或工程師則會認為「照著規格書做就好」。至於顧客方，則會認為只要產品能能夠解決自己的問題就好，設計方面的事「交給廠商去做就好」。

　　在共同製作產品原型的過程中，可以將這種「交給其他人」的想法捨去。透過製作產品原型，能提升團隊的主體性。

製作最初的紙上原型

　　接著讓我們實際開始製作產品原型吧。

　　雖然都叫做產品原型，但隨著製作工具以及實際可用性上的不同，可分為「互動模型（interactive mockup）」、以專用軟體將各必要部分排版整理後輸出的「線框稿（wireframe）」、僅使用紙張手寫製作的「紙上原型」等不同階段。上述三種中，越先提到的產品原型在細節上的正確性越高，但製作所需的時間也越長。

　　新創事業在初創立時，製作紙上原型便已足夠。雖然產品功能的重現性低，但可以用非常快的速度製作完成。以下是製作紙上原型的重點。

■製作許多個產品原型

　　製作速度很快，代表可以製作許多版本的產品原型。在原型的階段，沒有必要限縮構想的適用範圍。要是覺得目前的產品原型不夠好，就持續努力做出自己能夠認同的產品吧。

■保持速度感與擬真度的平衡

　　即使團隊能夠迅速做出一個紙上原型，但如果這個原型沒辦法讓顧客感受到自己在使用一個產品，便不會對這個產品有印象，團隊在訪談顧客時亦無法獲得充分的訪談內容。故製作產品原型時，也需考慮到產品原型的擬真度。

■全體團隊成員一起製作

　　這是非常重要的一點。

　　確實有些軟體讓人可以在電腦簡單地製作出產品原型。然而若是在電腦上製作產品原型，便很難在製作時讓多數人參與，一邊提供意見一邊進行調整。

　　因此，初次或第二次製作產品原型時，最好讓所有團隊成員一起在白板上貼便利貼，大家一起腦力激盪。

　　來自各種不同背景的團隊成員，在吵吵鬧鬧的討論中，爭論彼此對於產品的想法誰是誰非。這正是創業的醍醐味，也是新創事業的活力所在。

　　要是一直找不到共識，也無須勉強做出單一結論。可以將不同的意見以「第二個」紙上原型的形式留下來，再試著找出對應這種產品的使用者

圖3-2-2

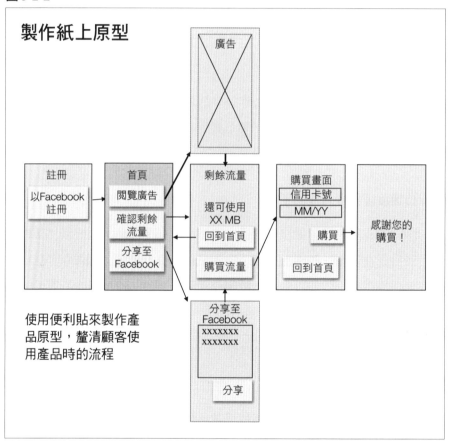

即可。另外，也可以讓不同的成員試著做自己的紙上原型，然後放在一起討論優缺點，也是一種很有效率的方法。

製作產品原型時須留意的重點

不管是產品原型提案、還是製作各種產品原型，都有幾個需注意的重點，我將這些重點簡單整理如下。

■以設計最低限度的使用者介面／使用者體驗為原則

完全沒有必要花費大量時間，專注在精緻的設計上。不過當然，若要讓app的畫面看起來更人性化，需要遵照一定程度的設計原則，只要照著這樣的原則做就可以了。與其執著於細部設計，不如推出更多版本會有更好的效果。

■設想顧客的心理模式，想像他們對於產品可能會有何種期待

不管是什麼樣的顧客，在實際接觸到產品以前，都會抱著某種「期待」。新創事業團隊需設想之顧客人物像的同理心地圖或顧客歷程，確認顧客的感情起伏，想像他們對於產品有什麼樣的期待，並以此製作產品原型。

■不要強制顧客學習產品的使用方式

「試了好幾次，終於習慣操作方式了。」

「要是不看說明的話，就不曉得下一步要怎麼做。」

如果只從製作者的觀點進行產品製作，便容易發生這樣的事。不管是製作app還是製作小工具，都必須以讓顧客不用看說明就知道如何使用為目標。

■調查市場上已被人們接受之產品的使用者體驗

徹底分析已被人們接受之產品的使用者體驗，瞭解為什麼這樣的產品可以吸引顧客，以學習到關於使用者體驗的新觀點。

以二○○七年風潮一時的手機遊戲「怪盜Royale」為例，被認為是該遊戲之父的大塚剛司先生那時在DeNA工作，在被拔擢為遊戲負責人之前，他幾乎完全沒有開發遊戲的經驗。

圖 3-2-3

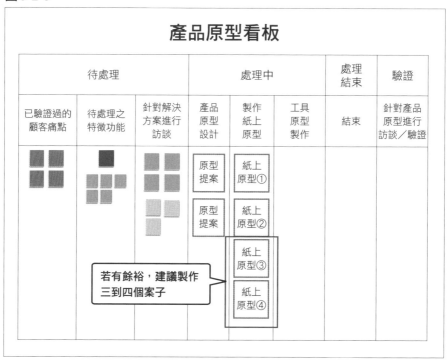

在 DeNA 的創業者南場智子小姐的著作《不帥氣的經營》[7]中提到，大塚先生從被任命為負責人的那一天開始，每天埋首於遊玩各種手機遊戲。除了很受歡迎的遊戲以外，沒什麼人氣的遊戲也不放過，進而提取出成功遊戲的本質。

當然，能夠提取出成功遊戲本質的大塚先生確實擁有天才般的眼光，但他在開發產品前的調查中所投入的努力也相當驚人。創業者需像大塚先生這樣，平時就要有分析為什麼人們會對某些產品給予很高評價的習慣。

---

[7]　注：《不帥氣的經營》（南場智子著，日本經濟新聞出版社出版）

製作工具原型[8]

製作紙上原型的好處在於，可以讓所有團隊成員一面提出意見，一面完成產品。然而，紙上原型卻無法正確重現實際產品的運作。

利用紙上原型將產品可能的運作方式固定下來之後，為了在某種程度上重現產品的功能，需製作能夠讓顧客使用各種工具的產品原型（工具原型），模擬實際情況以進行驗證，以從顧客身上獲得更為詳細的回饋。

在工具原型中，會將產品運作流程與畫面改變過程做出來，依序列出各個畫面，並指定可以點選的範圍，讓使用者能進行簡單的互動。

若要開發智慧型手機的app，可以使用Balsamiq[9]網站，讓你能在網路上輕鬆製作出app的線框稿，是一項很方便的服務。這裡以貫串本書的案例，也就是免費連接Wi-Fi的服務，Anywhere Online做為製作工具原型的範例供讀者參考（圖3-2-4）。若已完成紙上原型的話，那麼工具原型的製作不用三十分鐘便可完成。製作工具原型時的重點如下所示。

■使用上是否直觀、人性化？

在下載結束後，顧客是否馬上就知道該如何使用這個產品。要是產品的操作方式不直觀、難以理解的話，便會讓使用者留下不好的印象，而不會再用第二次。特別是app類的產品，基本上不會有說明書這種東西，故下載之後，顧客能否馬上理解其操作方式、之後是否也能流暢地使用會是一大重點。

---

[8]　注：工具原型包括「線框稿（wireframe）」、「互動模型（interactive mockup）」等。前者僅排列出app內各畫面的元素，後者則又加入部分設計元素，使顧客較能想像實際操作時的情況。

[9]　注：關於Balsamiq可參考以下網站。https://balsamiq.com

圖3-2-4

■功能的優先順序是否正確？

　　產品設計上，使否能讓顧客曉得主要功能在哪裡；常使用的功能是否被放在容易找到的地方。使用上的便利性與易讀性是使用者體驗設計的基本。要實現這些性質，就必須設計出依照功能的優先順序給予不同醒目程度的使用者體驗。要是常用的功能被放在不容易點擊之處，或者需要滑動畫面才看得到必要資訊的話，這種app是紅不起來的。

■設計是否有一貫性？

　　考慮到易用性，「產品內所使用的互動方式（操作按鈕等）是否遵循一定規則設計」便是一個很大的重點。要是在切換app的畫面時，按鈕設計風格也跟著改變的話，使用者會感到混亂，不久後便會停止使用這個app。

圖3-2-5 一目瞭然的app畫面是設計的基本原則

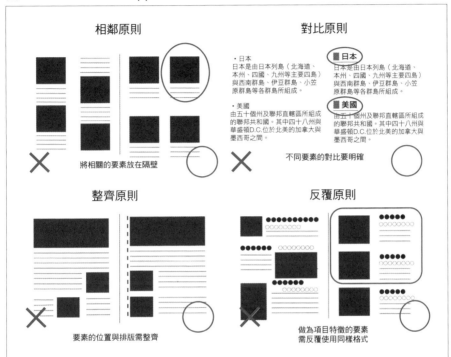

■是否有確保操作的可逆性？

市面上的越來越多app在顧客操作時只能往一個方向前進，沒辦法返回上一個步驟，然而這並不會提供友善的使用者體驗。能夠一鍵返回主選單或上一頁，或者取消上一步操作是一般app的基本設計之一。這種安心感也是實現優秀使用者體驗的重要要素之一。

像這樣製作出工具原型以後，便可將產品原型看板上的便利貼從「處理中」移動到「處理結束」。

由紙上原型琢磨出進一步的產品原型之過程中，最好讓所有團隊成員一起參與。製作產品原型的目的之一，就是透過這個過程，建立團隊的整體性，讓各成員認為創業是「自己的事」。

創業初期在工作分配上不要自畫界線

將產品的製作當作「自己的事」，是新創事業中不可或缺的要素。以下我想再補充幾點。

一般企業中的產品開發皆為所謂的瀑布式開發過程，從提出願景、策畫戰略、使用者體驗設計、功能實裝、測試與驗證等，都有專責人士負責。

然而，創業初期的新創事業在分工時絕不可設置如此嚴密的界線。如果製作產品的人和與顧客對話的人是同一人的話，可以減少製作出不符合使用者需求之產品的可能性。就結果而言，這能夠充分發揮新創事業最大的優勢，也就是速度，製作出顧客想要的產品。

基本上，重視縱深的職務分工方式僅適用於複雜行動的進行。在新創事業的組織內，分工還沒確定下來，也還沒出現人事考核制度之前，執著於職務分工的行為一點意義都沒有。

當然，新創事業要成功，確實需要各工作負責人的配合（參考本章最後的專欄《打造創業團隊》）。然而，新創事業初期的主要工作就是尋找顧客的需求，並將其具體呈現出來。因此不管成員是工程師（Hacker）還是設計師（Hipster），所有人都應該要盡可能與顧客接觸。

反過來說，就算大企業想要讓全體成員都把焦點擺在顧客，實際上也很難做到。不為不同職務畫出界線，正是新創事業唯一的優勢。

圖3-3-1

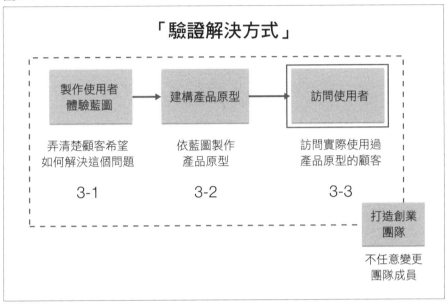

3-3 ｜ 訪問使用者

顧客的意見可減少創業的風險

　　接著要進行的是產品訪談。讓第一次看到這個產品原型的使用者試用，詢問使用者對於畫面改變的流程、操作步驟有沒有問題、內容的易讀性如何、達成目的之前的操作是否順暢等。

　　其中特別重要的驗證項目，則是使用這個解決方案解決問題的一連串流程。從啟用（開始使用）到轉化（conversion，改用付費版本等，使團

隊獲得最後成果的步驟）的流程是否流暢，須由創業者直接觀察使用者才能確認。

在讓多數測試者覺得滿意之後，就可算是達成了「驗證解決方式」（PSF）。

為了不要做出沒有人想要的產品，或說降低發生這種事的風險，與顧客的對話是不可或缺的。許多新創事業僅專注於解決方案的琢磨，卻錯過了獲得顧客回饋的時機。

相較於實際製作出產品（最小可行產品）後發現不對勁再修正軌道，若能在「驗證解決方式」階段中便積極聽取顧客的意見並以此更新、改變解決方案假說的話，花費的時間和人力資源會少非常多。換句話說，若能在這個階段中仔細傾聽顧客的意見，新創事業的存活率也能大幅提升。

乍看之下，創業就像是在賭博一樣。但若有按照本書所介紹的「解決顧客問題」（第二章）、「驗證解決方式」（本章）、「製作出人們想要的東西」（第四章）過程進行開發，便可排除系統性風險。亞馬遜執行長，同時也是創業者的傑佛瑞·貝佐斯就曾說過下方這句話。

> 「一般人可能有些誤會，其實優秀的創業者並不喜歡風險，反而會致力於降低風險。創業本身便是一種風險。因此在草創期就必須持續排除系統性風險」
>
> 傑佛瑞·貝佐斯[10] Amazon.com 執行長

---

[10]　注：傑佛瑞·貝佐斯的評論引用自以下演講。
https://www.youtube.com/watch?v= O4MtQGRlluA

圖 3-3-2

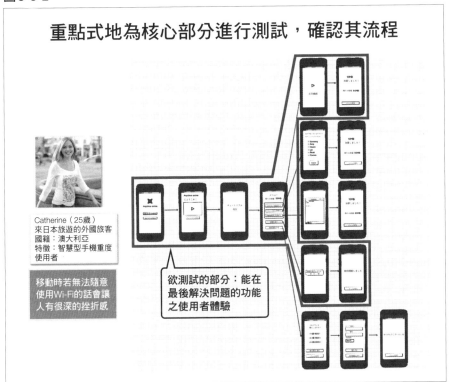

產品訪談方式

　　那麼，接著就來介紹以產品原型進行訪談的方法吧。這時可以再次拜託那些於「解決顧客問題」階段中回答需求所在的早期採用者顧客接受採訪。而且準備的產品原型應不只一個，為了比較不同產品的評價，應在訪談時至少準備兩個產品原型。

　　以下準備了在產品訪談時能拋出來的問題、訪談樣本，以及訪談結束後的確認清單供作參考。與第二章提到的訪談相同，不要只顧著自己講話，而是要盡可能讓受訪者講話。

產品訪談時的問題清單

- 請問您認為這是做什麼用的呢？
- 請問您現在打算怎麼操作呢？
- 請問您認為XXX這段文字是什麼意思呢？
- 請問您認為XXX這個按鈕是做什麼用的呢？
- 接下來打算做什麼呢？
- 按下XXX按鈕後，有如您所期望地運作嗎？
- 如果實際的運作不符合您的期望，那麼您原本預期會有什麼樣的運作方式呢？
- 您認為在開始使用這個解決方案（產品）時，會不會有其他必須的花費隨之而來呢？（像是新的備用品、訓練等）

產品訪問時的確認清單

✓ 使用者有沒有像是「我現在就想要這個東西」的反應呢？

✓ 使用者在使用這個產品時有沒有碰上什麼障礙呢？

✓ 使用者有沒有看出能解決問題的最小可能性產品（最小可行產品）該長什麼樣子呢？

✓ 使用者有沒有辦法清楚說出在使用者體驗上應該要改進那些部分，或是想要什麼樣的產品體驗呢？

從訪談結果中學習

　　若想提升從訪談中學到東西的效率，可以在使用者同意的情況下，將使用者操作產品原型的狀況錄影下來。然後全體成員一起看錄影，並思考產品原型還有著什麼樣的問題。

　　觀看錄影時，可以從使用者的身體動作，獲得難以用言語傳達的資訊。像是嘴巴上說「這個很好上手」，卻時而停止手上的動作；或者是說著「好像有點複雜」，卻能迅速操作每一個功能等，都是很重要的資訊。

　　重看一遍錄影時，可將發現到的事記錄下來，然後以這些記錄為基礎，篩選出產品原型「優秀的部分」和「糟糕的部分」。

　　回顧並整理訪談結果，並將其反映在前方所介紹的產品原型看板（圖3-1-6）上。若使用者說「要是沒有這項功能的話使用上會很不方便」，就在產品原型看板的「待處理[11]之特徵功能」區域追加便利貼標示，將其列為需再檢討的功能。而使用者評價低的特徵功能，則從「待處理之特徵功能」區域中將對應的便利貼拿掉，結束與其相關的討論。

　　失敗的新創事業常有著增加過多「可有可無」之特徵功能的傾向。創業團隊需以顧客的意見為基礎，挪出時間來篩選掉多餘的特徵功能，製作出以核心功能為主的產品原型。要在有限的時間內拿出成果，就不要去開發多餘功能而降低效率。

　　另外，在進行產品訪談時，與先前的訪談一樣需以謙虛、學習的態度聽取使用者的聲音。有些受訪者會說出「這種產品誰會想用啊」之類，極度不滿意的評價。

　　開發團隊不應忽略這樣的意見，而是應該要仔細瞭解使用者之所以認為這項功能沒有必要存在的理由。因為和一路發展順利而成功的案例比起來，發展得不順利而失敗的案例反而能學到比較多東西。特別是「顛覆一開始的假設」或「有戳到痛處」的批評又更為重要。

　　我們在第一章中也有提到，創業團隊親自與顧客對話是新創事業不可

---

[11] 註：待處理（backlog）指的是累積下來、未完成的工作。這裡指的是雖然開發過程正在進行中，卻還沒著手處理的部分。

圖3-3-3　將透過訪談過程所發現的問題追加至待處理特徵功能區域

產品原型看板

待處理			處理中			處理結束	驗證
已驗證過的顧客痛點	待處理之特徵功能	針對解決方案進行訪談	產品原型設計	製作紙上原型	工具原型製作	結束	針對產品原型進行訪談／驗證

原型提案

工具原型①

工具原型②

工具原型③

紙上原型④

將透過訪談過程所發現、具必要性的新功能追加至待處理特徵功能區域

最少要針對兩種產品原型進行訪談

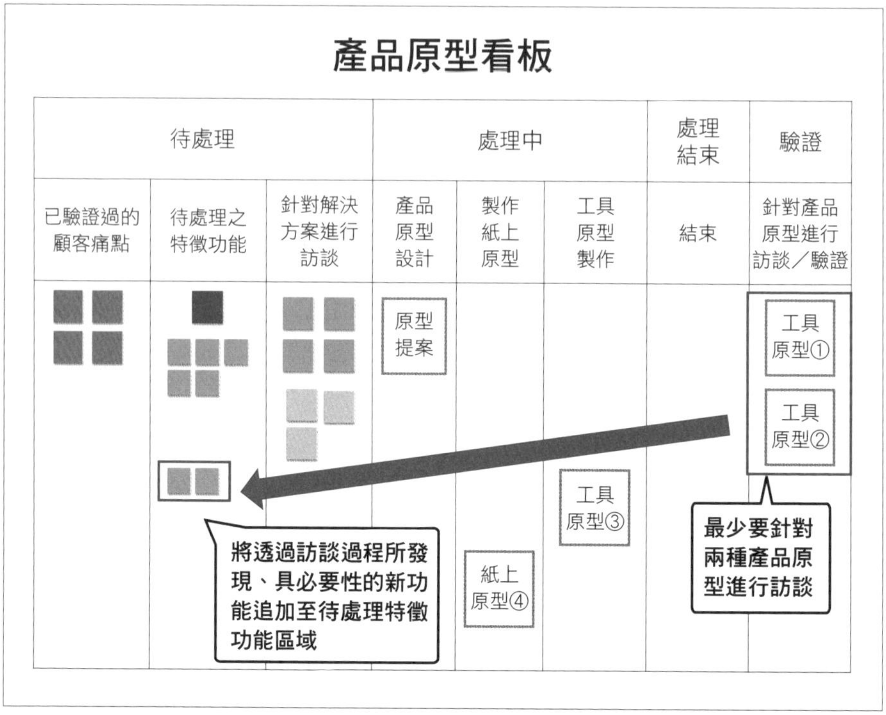

或缺的一環。理想狀況下，創業團隊需進入顧客的社群內，聽取顧客的聲音與回饋，並快速、反覆進行修正、驗證等步驟的循環，在短時間內學習到有用的資訊。

「驗證解決方式」的達成條件

回過頭來再看一遍第三章的目的，為解決問題，我們應該要提升解決方案假設的品質。也就是我們在第一章解說精實畫布時，所提到的「解決方案」與「獨創的價值提案」之驗證。證實我們的「解決方案」能夠提供「獨創的價值提案」，以解決顧客問題，就是這個階段的目的。

在反覆進行產品原型的製作以及訪談後，為判斷是否有達成「驗證解決方式」（解決方案適用於欲解決的問題），需針對目前的解決方案向自己提問，若滿足這些提問中的條件，才能進入下一個階段。

用以判斷是否達成「驗證解決方式」的提問

- 顧客能夠清楚說出為什麼要用這種解決方案嗎？（能夠清楚說明這個解決方案所提供的價值嗎？）
- 在琢磨解決方案假說的過程中，對於顧客待解決的問題有更深的了解嗎？
- 有辦法篩選出擁有最底限的功能，且能夠解決這個問題的解決方案嗎？（有辦法篩選掉「可有可無」功能，只留下「必要」功能嗎？）
- 顧客有辦法將對於暫時性使用者體驗、預期性使用者體驗、故事性使用者體驗、累積性使用者體驗等的期待語言化嗎？（若不再使用這項產品，使用者有辦法說出理由嗎？）

要是驗證之後，明白到基於自己所建立的解決方案假說所製作出來的產品原型，並沒有辦法解決顧客的問題的話，就必須再一次回到第三章的開頭，製作使用者體驗藍圖的步驟。這時必須盡可能減少一次更動的範圍，反覆進行修正（sprint）[12]，直到琢磨出夠好的價值提案。

在快速改善的過程中，會在短時間內反覆進行「篩選出「必要」的特徵功能→製作使用者體驗藍圖→製作產品原型→產品原型訪談」之過程，將每一次循環中所學到的東西反映在產品原型上，再進入下一次循環。

---

[12] 注：sprint是利用系統性開發手法「敏捷開發（agile development）」，將開發過程切割成許多較短期間的方法。在其他學派中也稱作「迭代式開發（iteration development）」。

圖3-3-4

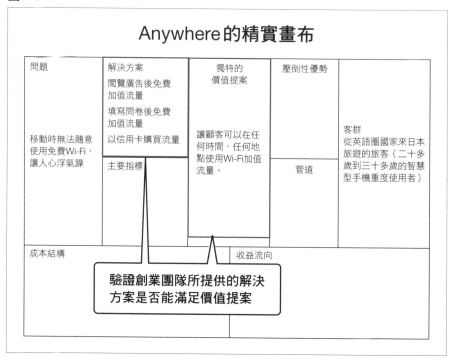

習慣這個過程之後，一個月之內大概可以進行好幾次快速改善的循環。而成本也只有給受訪者的謝禮與製作產品原型用之工具的費用而已，只要數萬日圓便可打發。

敏捷開發會將欲開發產品分成許多較小的單位，反覆進行優化，使風險降至最低，是一種系統性開發方式。

精實創業是以豐田生產方式與敏捷開發為基礎，將新創事業的風險最小化後的做法。

要特別留意的一點是，在「驗證解決方式」（「驗證解決方式」）的階段中，產品原型能被驗證的內容是相當有限的。由於這時還不是最小可行產品這種實際可使用的產品原型，故只能藉由訪談進行定性驗證。而且，

在還不曉得收益性的情況下，也沒辦法驗證商業模式的成功率。

在「驗證解決方式」達到一定完成度之後，就可以進入下一個階段，也就是實際做出產品（最小可行產品），以觀察使用者的反應了。

敏捷設計方法

接下來要介紹的是，能以更快的速度建立解決方案假說，並進行驗證的開發方法。

Google 的創投部門，Google Ventures 在支援新創事業時會使用名為「敏捷設計（Design Sprint）」的計畫。

這個計畫從星期一開始到星期五結束共花費五天，是短期集中型的計畫。在這段時間內需將新的構想製作成具體的產品原型，並邀請接近實際顧客的受試者進行訪談，驗證構想是否適當、效果如何，並以很快的速度反覆進行這個過程。

這種方法並不會要求實際做出產品丟到市場檢驗，而是專注在「想出構想」與「從顧客身上學到東西」上，以反覆快速的作業為其特色。

順帶一提，在日本也開設了分店的連鎖咖啡廳----藍瓶咖啡（Blue Bottle Coffee）也是在這樣的模式下誕生的（Google Ventures 為藍瓶咖啡創業初期的出資者之一）。

敏捷設計計畫的過程中需投入的行動大多可做為新創事業的參考，我將這些行動整理如下。

■敏捷設計的概要

星期一（Day 1）：明確寫出現狀有那些問題，試著使問題明朗化，並向專家詢問這些問題的癥結。

圖3-3-5　以最快的速度反覆進行思考構想與從顧客身上學習的步驟

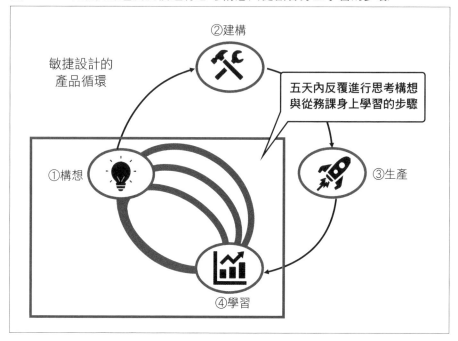

星期二（Day 2）：思考解決方案，將解決方案切割成許多較小的片段，向其他團隊成員實際演示（demo）。

星期三（Day 3）：彼此分享每個人想到的解決方案，抽取出其中較為優秀的部分。將這些較優秀的部分連結成一個故事（產品使用過程）。

星期四（Day 4）：指派工作給每位成員（研究人員、使用者介面設計師、各組件的製作者），製作產品原型，進行測試。

星期五（Day 5）：將產品原型拿給顧客操作看看。以辨別出哪些產品原型比較優秀，哪些又沒那麼好用。並依結果判斷有沒有進行「下一次敏捷設計」的必要。

這種方法最為驚人的地方就是速度。

第一天就馬上把專家找來，開始驗證產品中風險最高的部分，以達成「解決顧客問題」「解決顧客問題」，確認問題是否存在）；第二天需篩選出必要的特徵功能，製作產品原型；第三天要尋求其他人對於解決方案的回饋；第四天一口氣製作出產品原型；第五天則進行產品訪談。

敏捷設計的過程中，最與眾不同的是第二天與第三天的「驗證解決方式」作業（製作產品原型）的部分。由於每個人都要思考一套解決方案，故如果團隊有五名成員，就會有五個解決方案。在大家輪番說明自己的方案的同時，也獲得了回饋，並指出各方案的「優秀之處」，再將其組合成最後的解決方案假說。

不只是新創事業，大企業在成立新創部門時，這種方法也很有效。

COLUMN

打造創業團隊

看出有哪些團隊成員會認真做事

第二章的主題是「分析這個問題有那些前置條件」與「訪談顧客已驗證顧客是否真的有這個問題」。在這個階段中，讓新創團隊的全體成員共同面對這個問題是很重要的事，故沒有必要進行細部分工。

而在進入第三章的「驗證解決方式」階段後，會開始出現一些比較需要投入心力的工作。像是與顧客對話、與新創團隊成員一起腦力激盪以建立解決方案假說，以及實際製作產品原型等。

因此，這個階段就開始有必要慢慢開始將工作分配給每一位團隊成員，創業者也應該要開始思考要讓這群夥伴成為什麼樣的團隊。雖然距離真正的創業開公司還有一段距離，但從這時起，有沒有辦法看出每一位成員的執行力會是很重要的一件事。

當然，執行力不夠，或者對於問題沒有深入思考的成員就會離開團隊。要注意的是，這時有人離開團隊並不是件壞事。不如說，如果團隊中只剩下會認真做事的成員的話，反而能加強團隊的向心力，是值得高興的事。

共同創業的優點

那麼，在找齊了創業團隊之後，還需考慮哪些重點呢？

首先，能獲得很大成功的新創事業大多是共同創業。如微軟公司的比爾蓋茲與保羅‧艾倫；Apple 的史蒂夫‧賈伯斯與史蒂夫‧沃茲尼克；Google 的賴利‧佩吉與謝爾蓋‧布林（Sergey Brin）等，例子不勝枚舉。

圖 3-4-1

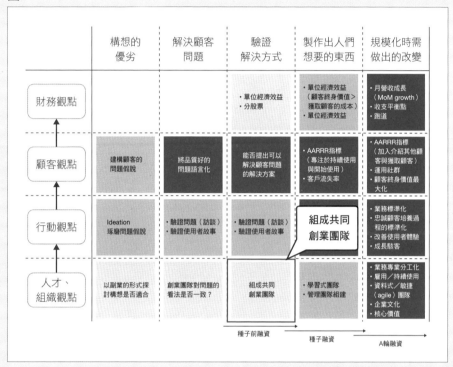

若要盡可能避免失敗的話，共同創業確實會是比較好的策略。

其中最大的理由就是，如果創業者一個人要做所有事的話，作業效率會大幅下降。

美國的新創事業支援公司 Startup Genome 所發表的報告《Startup Genome Report》[13] 二〇一二年三月版中，整理了新創事業的創業者人數，以及該公司進入規模化階段的平均所需時間。

在創業者只有一個人的情況下，進入規模化階段的所需時間為創業者

---

[13] 注：引用自美國 Startup Genome 公司《Startup Genome Report—A new framework for understanding Why startups succeed》（2012年3月）

圖 3-4-2

大多數成功的新創事業都是共同創業	
企業	**共同創業者**
微軟	比爾蓋茲、保羅・艾倫
Apple	史蒂夫・賈伯斯、史蒂夫・沃茲尼克、隆納・韋恩（Ronald Wayne）
Google	賴利・佩吉、謝爾蓋・布林
Facebook	馬克・祖克柏、愛德華多・薩維林（Eduardo Saverin）、達斯廷・莫斯科維茨（Dustin Moskovitz）等人
Airbnb	布萊恩・切斯基、喬・傑比亞、內森・布萊克克（Nathan Blecharczyk）
Twitter	傑克・多西（Jack Dorsey）、諾亞・格拉斯（Noah Glass）、比茲・史東（Biz Stone）、伊凡・威廉斯（Evan Williams）
PayPal	馬克斯・列夫琴（Max Levchin）、彼得・泰爾、盧克・諾塞克（Luke Nosek）、肯・霍威利（Ken Howery）
DeNA	南場智子、川田尚吾、渡邊雅之
GREE	田中良和、山岸廣太郎、藤本真樹
CyberAgent	藤田晉、日高裕介

是兩個人時的3.6倍。而且，以技術見長的創業者與以商務見長的創業者之組合，比其他組合募集到的資金多了30%，使用者的成長速度亦為其他組合的2.9倍。

　　共同創業還有其他好處。若與不同背景的人一起創業，可以在這個變化多端的市場環境中，蒐集到更廣泛的資訊，使視野更加遼闊。

　　此外，比起只有商務專長或只有技術專長的個人創業，共同創業陷入倉促擴張（在時機還沒到時便急於擴張）的機率少了19%。

　　如果是個人創業，其他團隊成員便不容易協助確認事項或箝制不適當的行動，故會有在問題驗證與解決方案驗證還不夠充分的時候，就突然擴

張規模的傾向。

Airbnb執行長，布萊恩‧切斯基[14]曾在由Y Combinator主辦的課程這麼說過。

「與共同創業者一起討論學到的經驗與棘手事項，可以加速創業團隊的學習。」

共同創業不僅能讓各種創業必要事務進展得更快，也能提升學習效率。在新創事業的領域中，只有能快速反應顧客需求的團隊有辦法活下來，考慮到這一點之後，想必您也能理解到共同創業的必要性。

理想模式是「鋪梗與吐槽」

雖然這是我個人的看法，但我覺得新創事業的共同創業者最理想的組合方式是像雙口相聲般的「鋪梗與吐槽」。想出瘋狂的構想、提出願景的人就像是鋪梗的角色，而負責提出戰略、戰術來實現這個構想或願景的人，則像是吐槽的角色。

史蒂夫‧賈伯斯、伊隆‧馬斯克、馬克‧祖克柏，以及日本的孫正義等人皆擁有夢幻般的願景，可說是鋪梗的角色。對於這些吹牛般的鋪梗，若沒有人能將其轉換為可實現的戰略、戰術的話，便沒有辦法發展成可行的商業模式。

以Google為例，賴利‧佩吉與謝爾蓋‧布林兩人皆屬於研究型人物，也就是鋪梗的人。而艾立克‧史密特（Eric Schmidt）則是一位曾管理過許多IT企業的沙場老將，經過他的吐槽之後，Google才得以在市場打出一片天下。

---

[14] 注：布萊恩‧切斯基的發言引用自以下的演講。https://www.youtube.com/watch?v=RfWg VWGEuGE

創業者必備的「恆毅力」

《恆毅力：人生成功的究極能力》（洪慧芳譯，天下雜誌出版）在日本也是暢銷書。其作者安琪拉・達克沃斯（Angela Duckworth）於書中如此寫道。

「和智力非常高，卻沒辦法堅持努力下去的人比起來，智力不是最高，卻能夠發揮強大恆毅力持續努力下去的人，將能獲得更大的成功。」

新創事業的創業者所需要的，也是這種不管碰上什麼狀況都不會放棄，堅持到最後的恆毅力。

戴森的創業者詹姆士・戴森在製作出讓自己滿意的吸塵器以前，經歷了五千兩百次的失敗，就是一個很有名的例子。一般人大約經過十次左右的失敗後就會放棄了，但他卻沒有放棄。

Y Combinator 的總裁，山姆・奧爾特曼[15]曾用「你需要一個像是詹姆士・龐德一樣的人。」這種詼諧的方式建議創業者。

也就是要創業者去尋找執行力強，且能夠堅持到底的人一起合作。

不過，奧爾特曼也說過這樣的話。

「優秀的創業家可以在堅持與彈性之間找到完美的平衡。在相信公司的願景而行動的同時，也會持續吸收新的觀點而保持一定彈性。」

堅持是件重要的事，但如果固執於單一想法的話也不是件好事。

痛苦的時候能夠互相扶持嗎？

創業就像是在一片漆黑的隧道中追逐遠處渺小的光點，就算中途跌倒

---

[15] 注：山姆・奧爾特曼第一段發言引用自以下網址。
http://startupclass.samaltman.com/courses/lec02/
第二段發言引用自以下網址。http://playbook.samaltman.com

了也要繼續前進（可以把本書看成幫助你通過隧道的路標）。

而在這條痛苦又艱難的道路上前進時，共同創業者能夠給予彼此精神上的支持。

說白了，創業就是由一連串痛苦組合起來的過程。

為了瞭解使用者的反應而製作出了最小可行產品，卻得到很低的評價，不得不持續修正軌道時，可以說是一段令人沮喪到想要放棄的過程。即使想要試著推銷商品，卻因為沒有人聽過你這家公司而理都不理你。

要捨棄掉原本寫好的90%程式碼、為了資金來源到處奔走，常常擔心到連覺都睡不好。

Y Combinator 的合夥人，潔西卡·利文斯頓（Jessica Livingston）[16]曾說過「創業就是一段一直被其他人拒絕的過程。」

在規模化的日子到來前，如果有能夠互相鼓勵、共同奮鬥的夥伴，一起撐過這種狀況的話，會是很大的幫助。

理想的創業團隊應該要長什麼樣子？

那麼，理想的創業團隊應該要由哪些成員組成比較恰當呢？

人們常說在矽谷，為了讓新創事業的團隊成員能夠彼此互補，需由「3H」（Hacker 開發者、Hustler 手腕高明的商務人士、Hipster 對流行敏感的人）的人組成。此外，如同前面提到的「鋪梗」與「吐槽」的例子，團隊中需有提出願景（鋪梗）和建立策略（吐槽）這兩種角色，且須同等重視。

---

[16]　註：潔西卡·利文斯頓的發言取自 https://www.youtube.com/watch?v=KQJ6zsNCA-4

■開發者（Hacker）

這裡指的並不是單純的技術專家，而是能夠迅速開發出產品的人。他們時常抱持著疑問，認為世界上沒有完美的作品，故會專注於創造出更加洗練、突出的產品。Apple的共同創業者之一，史蒂夫・沃茲尼克與馬克・祖克柏就是典型的開發者。

■手腕高明的商務人士（Hustler）

見過許多顧客、利害關係人、候選的合作對象，有辦法與他們建構適當人際關係的人。充滿熱情，也很有生意頭腦。Facebook的第一任執行長，也是Napster創業者的西恩・帕克、Airbnb的布萊恩・切斯基都是典型的手腕高明的商務人士。

■對流行敏感的人（Hipster）

這裡指的是能夠實作出有設計感的使用者體驗／使用者介面的人。如果產品只有功能優異這個優點，很可能會淪為平庸的商品，這時若有對流行敏感的人的協助，才能夠設計出使用上更人性化的產品。Apple的產品也是在強納生・艾夫（Jonathan Ive）所率領之工業設計部門的努力下，才有辦法如此普及。

■戰略家（Strategist）

新創團隊的參謀。在創業者提出誇張的願景之後，為了實現這個目標，戰略家需能夠設計出符合現實的行程表與里程碑，並從中找出能夠推進計畫的關鍵要素，擬定具體的戰術與行動。Facebook的COO，雪柔・桑德伯格（Sheryl Sandberg）便被認為是很優秀的戰略家。

■夢想家（Visionary）

擁有瘋狂的構想與壯大的願景，能夠描繪出商業模式與產品的整體樣貌的人。像是孫正義、史蒂夫‧賈伯斯等，能提出乍看之下不可能實現之願景的人，便是這裡說的夢想家。

以上舉出了新創團隊中需要的五個角色，不過一個人扮演其中兩個或三個角色也沒關係。

畢竟最重要的還是共同創業的團隊中，是否齊備了上述所有角色。

另外，如同我們在第二章所提到的，對於你所提出來的問題，擁有上述資質的每一個團隊成員是否都能夠明確回答出「為什麼得由你來做？」（Why you？）「為什麼得由你的團隊來做？」（Why your team？）是一件很重要的事。

對新創事業的創業團隊來說，能夠找齊上述資質的人是最理想的，但在「驗證解決方式」階段中最好還不要依照個人的專長進行分工。

創業初期時，從產品開發到訪談顧客，全體團隊成員應該要一起參與每一個工作。

所有團隊一起面對顧客、明白到顧客面對著什麼樣的問題，才能夠整理出對於這個問題的共同看法，以及解決方案的方向性，並提升團隊的向心力。

所有團隊成員在任何時候都應該要思考該如何與顧客對話，並活用各自的技能、經驗、知識，思考如何為顧客做出貢獻。

一個人要扮演兩到三個角色

對一般企業而言，將擁有高度專業的人才分配至高度專業的工作，有助於提升部分價值鏈的效率。這種在一般企業中的「最適化」運作，並不

圖3-4-3

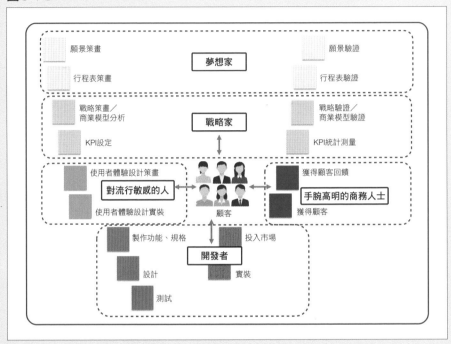

適合初期階段的新創事業。只有在公司達成「製作出人們想要的東西」，準備要讓事業規模化時，才有必要在組織營運上進行細部的職位分工。

　　即使新創事業的成員們各有專長，最好還是能夠負責兩到三種工作，成為一個通才（generalist），彼此互相輔助，以跨部門的方式完成工作。

　　至今我已和許多新創事業的創業者見過面。其中，會讓我覺得大概撐不了多久的新創事業，大多都是因為創業團隊成員只了解自己專業領域的東西。

　　有些案例中，技術長只專注於技術開發而幾乎不與顧客溝通；有些案例中，執行長只專注於資金募集等營運事務上，完全不了解技術上的事。

　　這麼一來，便沒有辦法以自己的專長輔助對方，自然也難以提出好的

解決方案，製造出能夠打動顧客的產品。

二〇一二年三月版的Startup Genome Report [17]介紹了新創事業在規模化之前的平均團隊人數。數據顯示，成功的新創團隊在規模化以前，平均團隊人數不到7.5人。而在適當時機規模化後的新創事業，平均團隊人數則增加到了二十多人。

另一方面，失敗的新創事業則常在規模化以前，團隊人數就接近二十人。在還沒滿足規模化的條件以前就募集了過多資金，恣意雇用了許多人以擴大組織，是倉促擴張的典型案例。

可能會有人認為，若從新創事業的初期階段開始，團隊內就有很多人的話，應該能夠分擔彼此的工作，盡速達成「製作出人們想要的東西」，早一步實現規模化的目標。不過在第三章的「驗證解決方式」階段之前，盡速投入實務工作這件事並沒有那麼重要。

這時應該要專注在驗證問題是否適當、問題的解決方案是否適當才對。為此，必須減少團隊成員的平均人數，讓每個人都能接觸到所有的工作。讓團隊從顧客的反應中學習，比解決技術上的問題還要重要許多。

團隊成員不能任意改變！

彼得・泰爾在《從零到一 你能從零中創造出什麼？》（NHK出版）一書中提到，他在史丹佛大學的課程講過這樣的話。

「所謂的新創事業，就是相信你可以改變世界的人的集合。」

對於新創事業來說，願景是其為數不多的優勢之一，而創業團隊就是由創業者以願景號召而來的成員們組成。

---

[17] 注：引用自美國Startup Genome的《Startup Genome Report Extra on Premature Scaling》（二〇一二年三月）

正因如此，絕對要避免沒辦法認同這個願景的人加入創業團隊。

然而，我有時會看到有些人在尋找共同創業者時有些隨意。還沒確認一個人是否認同創業的願景，只是因為他很會寫程式，或者在業界有很多人脈這種表面上的理由，就把對方招進團隊內，使創業團隊超過了必要的人數。

理想的創業團隊是由「願景相同、技能不同的人」組成。彼此互補對方的弱點，朝著同一個方向前進，這樣是最有效率地。

創業團隊是新創事業的基礎。若以金字塔來表示，願景在創業團隊之上，商業模式又在其上，接著是產品與特徵功能、使用者體驗等，這些構成了一整個新創事業。金字塔越上端的部分越容易修正軌道（pivot），改變後所造成的衝擊越小。相反的，金字塔越底端的部分越難改變，若硬是要修正的話，會帶來很大的衝擊。

之所以說新創事業不應隨意地召集團隊成員，是因為在公司成立後，創業團隊與願景就不能任意改變。創業過程中可以改變的只有在商業模式以上的階層。

「CB Insights」[18]是一個專門蒐集新創事業與創投事業相關資訊的網站，由它們的調查，新創事業失敗原因的第三名是「不適當的團隊」。由此可看出團隊組成與新創事業的成功率有著密切的關係。

在成立創業團隊時，應避免某些種類的人加入，我將這些人列舉如下供作參考。

- 害怕失敗的人

---

[18] CB Insights的調查紀錄參考自以下網站。
　https://www.cbinsights.com/research/startup-failure-reasons-top/

圖3-4-4　願景不能隨意改變

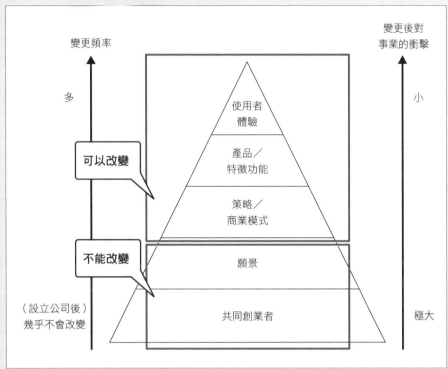

- 從來沒有試過新方法的人（只會照著過去的方法做事的人）
- 會想很多構想，卻不會去實行的人（不是實行者的人）
- 不曾有過成功體驗的人
- 完全不懂技術的人
- 好奇心弱的人
- 對於顧客的問題沒什麼感覺的人
- 思想行為上沒有彈性的人
- 執著於賺錢的人
- 執著於工作與生活平衡的人

- 喜歡炫耀自己的創業知識的人
- 學習能力低的人
- 自我中心的人
- 執著於分工、職位的人

共同創業就像結婚一樣

選擇共同創業者就像選擇結婚對象一樣。

應該沒有人會選擇從來沒約過會的人當作共度一生的結婚對象吧。與此相同，選擇共同創業者時也需一樣的慎重。創業團隊成員可能在未來的十年、二十年內都是命運共同體。要是創業團隊成員間彼此不合的話，就像是準備要離婚的夫妻一樣。

創業時須特別注意資本政策。在新創事業設立公司以後會分發股票，就像是結婚一樣（結婚後的財產為夫妻共同擁有）。要是沒有經過深思熟慮就把其他人招入團隊，並給予股份的話，就會陷入「即使想分開也分不開」的狀況，這點請務必理解。

> 「創業就是一段一直被其他人拒絕的過程。」
>
> 潔西卡・利文斯頓 Ycombinator 合夥人

在團隊成員固定之前先不要設立公司

前面提到了許多在選擇創業團隊成員時須注意的事，看過這些之後，應該也能理解到「成功的新創事業」與「好的新創團隊」這兩件事是密不可分的吧。因此，選擇團隊成員時也需謹慎才行。

我看過許多想要快點開始創業，急於讓事業早點成形的人，明明還沒

找到能認同彼此的成員，卻馬上設立了公司，分派股票給各成員，而最後他們都失敗了。

如果沒有辦法讓所有團隊成員的技能彼此互補，發揮優勢的話，就很難達成「製作出人們想要的東西」。而且在考慮到之後可能會規模化、被收購（exit，創業者將股票賣掉藉此獲利），創業團隊的組成結構就顯得相當重要了。

即使發現了某個很好的構想，懷抱著熱情投入研究，卻不保證一定會成功。這才是創業的嚴酷現實。因此為了盡可能提高成功機率，請您慎重選擇計畫執行能力強的成員加入您的創業團隊。

在找到必要的成員組成團隊以前，若急於將新創事業規模化，也只會演變成倉促擴張而迅速消失。

製作出人們想要的東西

本章目的

- 製作出驗證用的「最小可行產品」投入市場（4-1、4-2、4-3）。

- 觀察最小可行產品所引起的反應，進行定性、定量分析。反覆進行短期間的開發循環以琢磨最小可行產品（4-4、4-5、4-6）。

- 要是成果不如預期，就「修正軌道」改變方向（4-7）。

在第四章中，為了觀察使用者的反應，需將「最小可行產品（MVP）」實驗性地投入市場。

創業團隊應就顧客使用最小可行產品的狀況進行定性與定量的評估測量，並由其結果找出產品應該改善的問題。最終目標為製作出目標客群心中理想的產品，以達成「製作出人們想要的東西」（PMF）。

投入最小可行產品並使其達到「製作出人們想要的東西」可分為三個階段，分別是「以產品原型為基礎，建構客戶能夠接受的最小可行產品」、「觀察客戶對最小可行產品的反應，反覆並快速地改善使用者體驗」、「要是反覆改善之後仍得不到好的結果，就應當考慮從商業模式地根本上修正軌道」。

埃里克‧萊斯在《精實創業》一書中曾提倡過這樣的方法：將最小可行產品投入市場，一邊觀察顧客的反應並進行驗證，一邊琢磨出產品的價值。許多第一次聽到「修正軌道」的創業者，容易動不動就修正產品的方向。

然而，雖然這個階段還只是實驗性的產品，建構最小可行產品卻也有一定成本。要是一直修正軌道的話，只會浪費重要的資源。

在將最小可行產品投入市場之後，觀察顧客反應時需觀察得多詳細呢？又，在確認到什麼事的時候，才代表應該要修正軌道呢？本章將詳細介紹最小可行產品驗證過程的本質。

能夠好好地琢磨最小可行產品，製造出人們想要的產品的新創事業，自然而然會在市場上受到關注，媒體與投資者的詢問頻率也會增加。

圖4-1-1

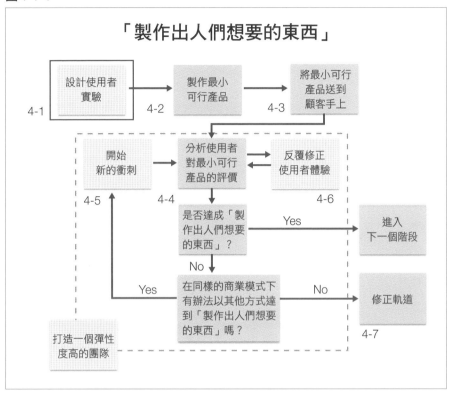

4-1 | 設計使用者實驗

徹底實踐精實創業

備齊投入生產最小可行產品的條件了嗎

　　從第一章到第三章，我們驗證了您創業的構想或問題假說是否適當、該問題的解決方案是否適當。在滿足了這些條件之後才會開始生產測試

市場用的產品（最小可行產品），以驗證該產品是否有打到顧客真正的需求。

到目前為止，您已經走了很長一段路，只要最小可行產品能被市場接受，您的新創事業很有可能就會進入J曲線的上升區域，一口氣提升公司的價值。

不過，也有許多新創事業因急著想要看到成果，在問題的驗證與解決方案的驗證都還不夠充分的情況下就開始製作最小可行產品，最後卻失敗了。

這些失敗的創業者大都覺得：若想了解顧客的需求，就趕緊把產品做出來，丟到市場上看反應就好，事前的假說驗證應該不會有什麼效果。

不過，就像我們在第二章中所提到的一樣，就算是最小可行產品，要實際做出一個產品也得花上數個月。要是花了那麼多時間做出來的最小可行產品，卻不符合市場需求的話，開發產品時所花費的數個月時間便完全浪費掉了。

對於缺乏資源的新創事業來說，少了數個月的時間會成為致命傷。很可能會錯過將產品投入市場，或者是規模化的適當時機。

在達成「解決顧客問題」（第二章）與「驗證解決方式」（第三章）之前，就急著將產品投入市場——。我以前在日本創業，以及美國創業的時候也有過這樣的經驗。那時我還沒有讀過《精實執行》這類講解如何精實創業的實踐手冊，故很輕視琢磨問題假說[1]之類的步驟，只靠著不知從何而來的自信，急著將商品投入生產，做出了沒有人想要的最小可行產品。

我想即使是現在，應該也有數十家、數百家的新創事業在創業時會不

---

[1] 注：「問題假說」指的是創業者認為顧客可能有什麼樣的痛點而提出的假說。而「價值假說」指的則是創業者認為顧客在使用該產品的時候能獲得什麼樣的好處（價值）而提出的假說。

自覺地捏造問題假說與價值假說，逕行進入製造最小可行產品的階段。

　　雖然這麼說有點狠，但真的有許多問題解說與價值假說，是在創業團隊毫無自覺中「捏造」出來的。即使將最小可行產品投入市場，顧客也不會有任何反應（因為沒有人想用），只看到一臉茫然的創業者。若您的新創事業像這樣，反覆將最小可行產品投入市場卻又一直失敗的話，我建議在開始閱讀本章以前，先確認自己有沒有達成第一章到第三章的條件。

　　要是假說的驗證還不夠充分的話，沒有必要急著進入下一步。從構想的發想到建構出最小可行產品，中間的驗證過程甚至可以達到一個月之久。我想再次強調，這些驗證過程可以大幅減少新創事業失敗的機率。

　　本章中所提到的最小可行產品驗證方法，是整理了各式各樣之書籍的資訊，並基於我自己的經驗後，所建構出來的方法，可讓創業者更易於實踐精實創業。我希望創業者們在瞭解接下來要介紹的概念後，能實行這些方法與行動，使更多新創事業達成「製作出人們想要的東西」。

將「最小可行產品」投入市場＝實驗

　　為了達成「製作出人們想要的東西」，讓我們再簡單說明一遍這個過程中最重要的道具最小可行產品是什麼。

　　最小可行產品（Minimum Viable Product，簡稱MVP）是埃里克・萊斯在他的著作《精實創業》中所提倡的概念。可譯為「**擁有最簡單之功能的產品**」。

　　最小可行產品就是精實創業式的開發過程中所製造出來的產品。

　　精實創業的特色在於，將新的構想或概念以最快速度做成產品（最小可行產品），以實際看到顧客對產品的反應，反覆進行「建構（Build）—測量（Measure）—學習（Learn）」的循環。在這個過程中持續驗證創業者的假說，藉由累積「驗證中的所學到的事物（Validated Learning）」，提

圖4-1-2　構想驗證與問題驗證可減少開發時間的浪費

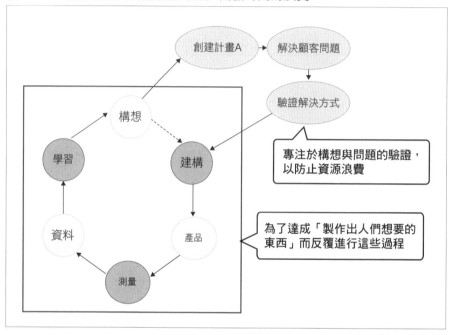

升新產品或新服務的成功率。

　　精實創業最大的功勞，是藉由製作最小可行產品的過程反覆進行實驗，使產品一步步接近符合顧客需求的「製作出人們想要的東西」（PMF）狀態。新創事業的成功，奠基於價值假說的成立。而價值假說則需透過最小可行產品這個實驗來驗證。也就是實際觀察顧客的反應，驗證價值假說是否正確。「從驗證中學到的事物」是實驗能獲得的最大成果。若以學到的事物作為基礎，反覆琢磨最小可行產品，便能夠製作出人們想要的東西，達成「製作出人們想要的東西」狀態。

以最小可行產品觀察是否存在需求

　　或許有些人不太曉得最小可行產品的「最小可行性」是什麼意思。

　　這裡讓我們以插圖來簡單介紹一下最小可行產品的概念吧（圖4-1-3）。在瑞典的Crisp公司內擔任系統開發指導的亨里克·克尼貝爾格（Henrik Kniberg）[2]於二〇一四年左右描繪了這張圖。

　　假設我們想製作一個能幫助人們從A地點移動到B地點的產品。這時我們得先驗證「有人想從A地點移動到B地點」這個問題假說。若要驗證「有人想要移動」這件事是否為真，只將汽車的一部分，像是一個車輪之類的投入市場，是一件沒有意義的事。因為人沒辦法只靠車輪來移動。

　　這時，我們必須實作出像是滑板這種讓人有移動之「最小可行性」的產品，確認顧客的反應。在實驗的最初階段中，只要確認能幫助人們移動的產品在市場上有沒有需求就好。至於為了乘車安全而以不鏽鋼製成的車體、動力轉向系統（方向盤）、汽油引擎等可有可無的功能，在實驗中並不需要。這時的滑板就相當於最小可行產品。

　　如果用過滑板的使用者所提供的意見回饋中，有許多人提到想要「能操作改變方向的裝置」的話，附有方向盤的滑板車變成了第二次的最小可行產品。接著，如果發現「想要快速移動」是一個很重要的需求的話，可製作附有踏板的腳踏車。如果顧客還想用更快的速度移動的話，可以再製作出機車。而在充分驗證假說之後，便可將汽車做為最終產品投入市場。

　　在製作最小可行產品時，便已預定之後要依照顧客的反應改變產品，故一開始並不知道產品的最終型態會長什麼樣子。因此最小可行產品只要擁有最小限度的功能，讓創業團隊可以驗證當時的價值假說就可以了。

　　埃里克·萊斯也在《精實創業》一書中提到了關於最小可行產品實裝

---

[2]　注：亨里克·克尼貝爾格的部落格上的這張圖讓他寫成了一本書。居住於斯德哥爾摩的克尼貝爾格在Crisp公司擔任敏捷開發的指導者。他提到「我畫了這個插圖，並在一次報告中使用過後，這張圖瞬間傳遍世界」。http://blog.crisp.se/2016/01/25/henrikkniberg/making-sense-of-最小可行產品

圖 4-1-3

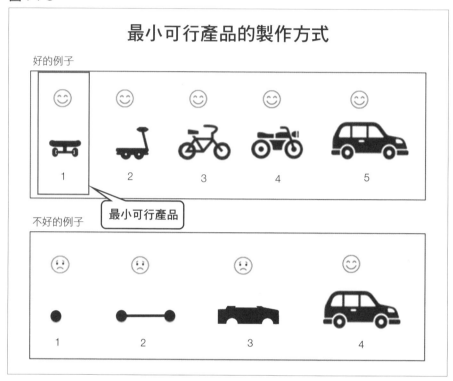

的功能。「通常，創業者與產品功能開發負責人所認為的最小可行產品仍
擁有過多的功能」。

DoorDash [3] 的最小可行產品模型

做為參考，讓我們用一個例子來介紹什麼是最小可行產品吧。

二〇一三年時，有四名史丹佛大學學生於在學時創業，成立了現在市
值總額達十億美元，屬於「獨角獸俱樂部」之一的 DoorDash。這家公司

---

[3]　註：DoorDash 的網站 http://www.doordash.com/

提供代客購買、配送餐點的服務，現在仍急速成長中。

　　他們一開始製作的最小可行產品非常簡陋，是一個僅由單一頁面構成的網站。上面只有「價值提案（明確嶄露出該服務所提供之價值的標語）」、「價格」、「訂購的步驟與電話號碼」、「各店家菜單的PDF檔」等最低限度的資訊（圖4-1-4）。

　　建構這樣的最小可行產品只需花費一個小時。

　　製作一個只擁有最低限度之功能的著陸頁（landing page），驗證顧客是否真的有配送餐點的需求，就是這個最小可行產品在最初的實驗中聚焦之處。

　　創業成員皆為是史丹佛大學資訊工程碩士班的優秀工程師。以他們所擁有的技能，要做出一個洗鍊的最小可行產品並不是難事。然而，就一個新創事業而言，驗證「歸根究柢，顧客真的需要這樣的產品嗎？」這個問題才是最重要的目的，故最小可行產品中只實裝了最低限度的功能。

　　在最小可行產品投入市場後的隔天，手機馬上就接到了訂購電話。接受訂購後，他們自己前往餐廳購買餐點外帶，並駕駛自己的車子將餐點送到顧客手上。

　　將最小可行產品剛投入市場的一段時間內，都是由它們自行配送餐點。透過與顧客間的直接對話，獲得來自顧客的回饋，瞭解如何提升配送服務的品質（提升使用者體驗的品質）。

　　我們在前面也有提到，Facebook在二○○四年剛開始開放使用時，只實裝了八個功能。功能會那麼少的理由，並不是因為技術能力不足或資源不足。而是為了要驗證這種只擁有最低限度功能的產品，是否能提供使用者價值。以哈佛大學為始，並陸續於其他大學開放後，馬克・祖克柏才開始依照使用者的回饋追加必要的功能。

圖 4-1-4

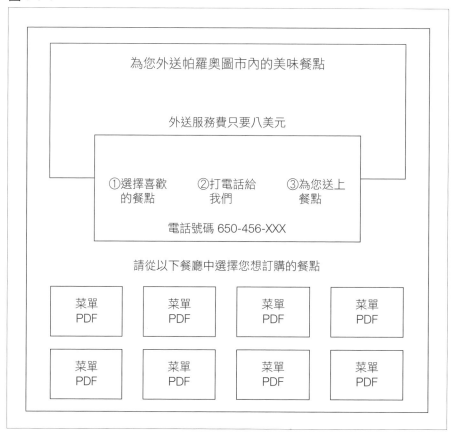

避免製作多餘的功能

　　從 DoorDash 與 Facebook 的例子中我們可以學到，就算團隊擁有懂得最先進之技術的工程師，擁有最高規格的開發環境，一開始做出來的實驗性產品通常也不會有太多的功能。不只因為增加功能會拖延投入市場的時間，若功能太多增加實驗的變因，便難以驗證顧客想要的是什麼樣的功能。

　　在鞋子的網路販售中獲得很大成功的Zappos[4]，於二〇〇九年以九億四千萬美元的價格被亞馬遜收購，他們的最小可行產品與DoorDash一樣，只備有最低限度的功能。

　　在他們開始營運時，並沒有實裝對於電子商務網站而言相當重要的直運功能（drop shipping）。所謂的直運，指的是由鞋子的製造商或批發商直接將商品配送至訂購者，使網路商店在營運時不需負擔倉儲成本。

　　接到訂單以後，創業者謝家華（Tony Hsieh）與其他創業團員或親自到街上的鞋店，直接購買鞋子，從原本的鞋盒中拿出鞋子，再裝入Zappos的鞋盒配送出去。

　　這個初期最小可行產品是想要實驗「人們是否真的有在網路上購買鞋子的需求」。直運對於他們的服務而言是「可有可無」的功能，卻不是「必要」的功能。在新創事業的初期階段，不應將資源花費在「可有可無」的功能上。

提出競爭者所沒有的價值提案

　　不過要留意一個重點。即使是最小可行產品，對顧客的價值提案中，至少得保留一個功能是其他競爭者所做不到的。

　　以DoorDash為例，他們的價值提案是「可以在自己家裡吃到之前只能在外面吃到的料理（雖然僅限定帕羅奧圖市）」。而Zappos則是提出了「不需出門，在自家內就可以買到鞋子」這種明確的價值提案。

　　亞馬遜早期販售的商品僅限於書籍，卻擁有一百萬種以上的書籍庫存。「只要來亞馬遜網站，就一定能找到你想看的書」，亞馬遜提出了這個明確，且實體書店辦不到的價值提案，使顧客固定了下來。

---

[4]　注：Zappos https://www.zappos.com/

圖 4-1-5

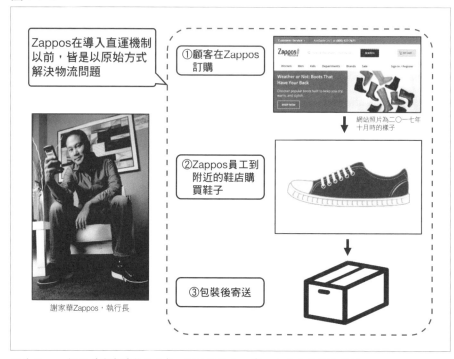

照片 Zappos 提供（謝家華執行長），網站照片為二〇一七年十月時的樣子。
Zappos: https://www.Zappos.com/

　　以下列舉出數個創業團隊成員在製作最小可行產品的時候絕對不能做
的事。

製作最小可行產品時不可做的事

- 想蒐集到所有與顧客需求相關的資訊（應該將範圍縮小至幾個應驗證的
  重點）。
- 將能夠以人力做到的功能進行自動化（應該要讓團隊成員直接面對顧
  客，觀察其反應）。

- 將顧客想要的所有功能做出來（無從得知顧客最需要的是哪種功能）。
- 將詳細的規格書交給負責產品開發的人（應盡量減少資源的使用，以擁有最低限度功能的產品進行實驗）。

塑造最小可行產品的雛型

最小可行產品也有各式各樣不同的類型

　　雖然都叫做最小可行產品，卻也有許多不同的種類。以下介紹幾種主要類型的最小可行產品，這些內容在《精實創業》一書中也有提到。不過再怎麼說，這些也只是最小可行產品的基本型態而已，並沒有涵蓋這個世界上所有最小可行產品的類型，這點還請特別注意。

類型1　著陸頁最小可行產品

　　就算是只有單一頁面的著陸頁或預告網頁（teaser site），只要能夠協助驗證欲建構之網站服務進行價值驗證或問題驗證，就足以勝任最小可行產品的角色了。

　　先前介紹的DoorDash在剛創業時正是以著陸頁作為其最小可行產品。他們只製作了這項服務的入口，剩下的業務則靠人力進行。在開始營運後，創業團隊能夠與顧客直接對話，並從中學習，進而改善配送服務。

　　結果，他們從創業開始算起，只花了一年就從矽谷的知名創投公司，紅杉資本（Sequoia Capital）那裡獲得了相當於二十億日圓的資金，並使用這些資金與大數據技術，建構出最佳化的配送系統。

圖4-1-6

Pinterest的創業者注意到他們的早期顧客都是對設計有興趣的人，故會親自加入設計師的社群，觀察那些喜歡使用這項服務的顧客的行動，以實裝必要的功能。

照片 Created by Peoplecreations – Freepik com

類型2 使用者開發型最小可行產品

還有一種類型是使用者開發型最小可行產品。

這是把重點聚焦在基礎顧客群與社群培養的最小可行產品。首先思考可能會有哪些顧客想要這個產品、他們的人物像是什麼樣子，然後想辦法將這些顧客匯聚在一起。創業團隊的目標是打造出一個能夠讓擁有類似想法的人交換意見的地方，在製作最小可行產品的同時，也需培養產品的使用客群。

像Mercari這類平台型新創事業，或是媒體型新創事業，便很適合製作這類最小可行產品。

舉例來說，Pinterest就是一個可以讓使用者將圖片加入書籤，並與他

圖4-1-7

Dropbox一開始製作的最小可行產品
是產品的實際演示影片（demo）。

Created by Aleksandr_samochernyi – Freepik.com（筆記型電腦）。示意圖中的畫面是目前
Dropbox的服務畫面。

人共享的用戶生成內容（User Generated Contents, UGC）[5]網站。其主要內容就是使用者自己喜愛並「釘選」[6]的圖片。

　　Pinterest的創業者，班·西爾伯曼（Ben Silbermann）注意到創業初期的使用者都是對設計有興趣的人，於是西爾伯曼便親自到設計師們的聚集之處，請他們試用產品的測試版本，以獲得它們的意見回饋。

---

[5]　注：用戶生成內容（UGC）網站指的是像部落格或網路相簿網站那樣，可讓使用者上傳自己製作之內容的網站。

[6]　注：使用者可將自己喜歡的照片釘選在Pinerest的釘選牆上（等同於加入書籤）。其他人可藉由釘選牆上的照片集看出這個使用者的風格。

某些部落格社群中，成員們會彼此分享自己喜歡的照片。而Pinterest則舉辦了可以讓各社群成員分享自己的照片在釘選牆上的活動，並與某些部落格合作，將「把你喜歡的圖片釘下來，然後分享出去吧！」以連鎖訊息的方式發送出去，一口氣增加使用者人數。

在服務逐漸擴大時，Pinterest也不再只是一個照片分享網站，還能夠分享「食譜」、「旅行介紹」「地圖蒐集」等各種資訊，成為了一個多樣化的社群網站。

像這樣，將由擁有相同興趣的人們所組成的社群之社群經營納入產品的一部分，再將社群的意見回饋反映在產品的改善上，就是使用者開發型產品的特徵。Pinterest在營運開始後不到一年便開始急速成長。二〇一七年時，全世界已有每個月兩億人次的活躍用戶。

類型3 門房型最小可行產品

創業團隊自己扮演像是飯店門房般，什麼都做的最小可行產品，就稱作門房型最小可行產品。剛才介紹的DoorDash與Zappos皆屬於這種類型。

一九八〇年代，美國IBM著手驗證新形態的電腦使用方式。這種方式叫做「Speech to Text」（聲音辨識），當使用者對著與電腦相連的麥克風說話時，這個功能能將聲音轉變成文字。事實上，這個計畫在實驗階段時，電腦內並沒有安裝可以自動聽打出文字的程式。而是有一個打字速度很快的人躲在房間角落的一個小隔間裡，聆聽使用者對麥克風說的話，然後打出對應的字來。

當時光是使用電腦這件事就需花上不少錢，若要開發有聲音辨識功能的程式，甚至得花上數百萬美元的開發費用。

因此在開發出程式以前，IBM選擇先用打字員測試這是否為使用者的需求，以人力來實驗這樣的服務是否有意義。

雖然這不是新創事業的案例，卻是門房型最小可行產品的好例子。

類型4 影片最小可行產品

影片最小可行產品指的是利用影片來驗證使用者對這項產品是否有興趣的最小可行產品。

以Dropbox為例，這是一個雲端版的資料保存服務，世界上的使用者已超過了五億人。

這個最小可行產品只是一個約三分鐘的Dropbox實際演示影片。在實際做出產品之前，用動畫說明其功能，以獲得來自預設客群的意見回饋。

這個影片被放上了由Y Combinator所經營[7]，以工程師為主要客群的資訊網站「Hacker News」。該網站的讀者幾乎都是早期採用者，故開發團隊可以獲得許多高品質的意見回饋。在正式營運前的註冊頁面中，也放了這個影片。

在公布該影片之前，註冊為用戶的人數只有五千人，不過在公布這個影片最小可行產品之後便迅速增加至七萬五千人。

類型5 斷片型最小可行產品

與app之類從零開始做出來的最小可行產品不同，斷片型的最小可行產品是由既有的各種平台組合在一起，使其做為單一產品運作的方式。

由於從使用者的角度來看只會看到一個產品，故在實際驗證產品是否能提供價值時，能夠充分顯示出產品功能的意義。

---

[7]　注：由Y Combinator所營運的「Hacker News」網站為 https://news.ycombinator.com

　　提供優惠券的網站，Groupon一開始是利用部落格管理服務WordPress製作出網站，再加上Apple Mail與AppleScript等由Apple提供的功能，最後做成優惠券的PDF檔，送到使用者的信箱內。

　　這與利用人力的門房型最小可行產品相同，開發初期不需花費任何費用，只要適當地組合既有平台的功能，就能提供服務。

　　不說別的，做為本書原型的投影片集《Startup Science》就是一個應用了斷片型最小可行產品概念的例子。

　　我先將投影片上傳至Slideshare這個以簡報資料為主題的社群網站，然後在Medium這個部落格平台上貼出這個簡報資料的連結，並在STORES.jp這個線上商店平台販售付費版PDF。

　　當時我認為沒有必要特別製作問答介面，故只在Medium上貼出自己的Facebook網址與郵件信箱位址（靠這些方法，使我在幾乎沒有花費任何成本的狀況下，就讓投影片的累積分享次數達到五萬次，於是我才開始考慮要出書）。

類型6 工具最小可行產品

　　日本的著名美食資訊社群網站「Retty」上有許多喜歡美食的人們。二〇一七年七月時，每個月的使用者人數超過了三千萬人。

　　事實上，Retty一開始並不是一個以美食資訊為主的社群網站，而是一個能夠讓使用者記錄自己喜歡哪個餐廳的資訊管理工具。

　　如果該社群網站的使用人數沒有在一定量以上的話，就算有交換資訊的功能意義也不大，還是無法讓目標客群體驗到他們想要的使用者體驗。

　　因此，Retty一開始先以美食資訊的記錄功能吸引使用者使用，之後再逐漸開放其他功能。

最小可行產品就是「最小可販賣性產品」

「做出來前就要能賣。」

這是 Y Combinator 在支援創業者的計畫中反覆強調的一句話。

Anyperk[8]（現在的 Fond）是由該計畫培育出來新創事業，其執行長福山太郎在某本採訪他的書中提到了以下內容。

「Y Combinator 告訴我們，在開始製作商品之前，就必須確定這個商品能賣得出去。」[9]

也就是說，將產品模型（mockup）或產品原型製作成最小可行產品給顧客看時，需讓顧客有想要先付訂金預購最終成品的衝動。

或者說，製作出來的最小可行產品需要有一定的魅力，使顧客會想掏錢買下來，除了是最小可行產品之外，也得是最小可販賣性產品（Minimum Sellable Product，MSP）。

顧客會付錢嗎？

如果顧客願意為這個產品付錢的話，便能夠讓創業團隊當場確認自己的產品有多少價值。在考慮最小可行產品的價值提案是否恰當時，這是很重要的一點。

要是免費提供最小可行產品的話，或許能增加想試用產品的使用者，但如果這些使用者用過之後不滿意，通常也會覺得「反正是免費的，既然

---

[8]　注：Anyperk（現在的 Fond）的執行長福山太郎的話取自以下書籍。《新裝版 創造未來的創業家～二十個日本創業家的失敗與成功故事～》（凱西・沃爾（Casey Wahl）著，Crossmedia publishing 出版）

[9]　注：「做出來前就要能賣」似乎是從 Y Combinator 畢業的成員們印象最深的一句話，YC的合夥人保羅・布赫海特就常說這句話。像是前面提到的「Hacker News」中，就曾提到布赫海特講過這句話。http://news.ycombinator.com/item?id=5651003

不好用就放著別理它吧」。這樣的話，雖然創業團隊投入了資源研發最小可行產品，卻學不到什麼有用的資訊。

　　另一方面，如果使用者付費購買這個產品，即使付的錢不多，也會執著於獲得相應的價值。或許使用者會有些抱怨，但這些不中聽的意見回饋，對於新創事業來說，卻是寶貴的學習機會。

　　前面提到的福山執行長也曾說過「所謂的最小可販賣性產品，指的是能讓買家『因信賴而購買』的產品。（若要證明價值提案是否恰當，）『賣得出去』才是最簡單而明確的證明方式」。

圖 4-2-1

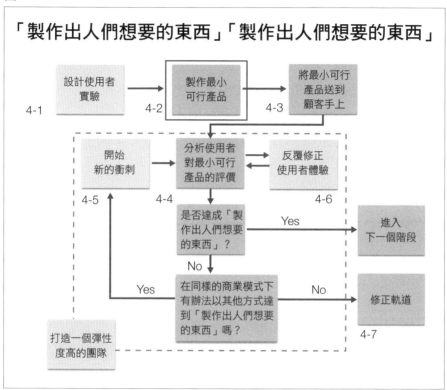

4-2　製作最小可行產品

最大化利用從最小可行產品學到的東西

使用衝刺畫布

　　那麼，該如何製作最小可行產品，才有辦法將團隊學習到的東西做最大化利用呢？

　　這裡我想要介紹兩種可以回答這個問題的工具。

　　首先是可以讓創業團隊整理出一次最小可行產品實驗中，學習到哪些東西的「**衝刺畫布**（sprint canvas）」，另一個則是可以讓創業團隊針對至今對各種問題假說與價值假說的驗證，管理其驗證結果於最小可行產品上實現之進度的「**衝刺看板**（sprint kanban board）」。

　　藉由這兩個工具的併用，可以讓全體創業團隊成員明白現在的作業進度。

　　「衝刺」（sprint）是「敏捷開發[10]」（agile development，短時間內反覆進行開發、持續改善的軟體開發方法）的「爭球法」（scrum）中的用語。首先設定一個產品使用流程做為目標，然後在一週至一個月期間內，將能夠做到這個使用流程的功能製作出來。這段預設用來迅速進行開發工作的期間，就叫做衝刺期間。

　　或許有些人會有疑問，軟體開發方式與新創事業的成功與否有什麼關聯呢？

　　事實上，之前我們所提到的精實創業方式，也是基於敏捷開發所打造出來，能將風險控制在最小的創業方法。

　　並非以一口氣做出最終產品為目標，而是將開發期間切成許多小片段，迅速、反覆進行開發過程，使產品逐漸接近最終型態。這種產品開發方式又叫做敏捷開發，是目前許多新創公司在極度缺乏資源的狀況下促使自己急速成長（成長駭客）的基本做法，請牢牢把它記下來。

---

[10]　注：敏捷開發會預先定出一週到一個月的開發期間，然後在這段期間內反覆進行改良以提升產品品質。而在反覆開發的過程中，每一次開發所用到的單位時間，在某些敏捷開發的流派中稱作「衝刺期間」，而在其他流派則稱作「迭代（iteration）」。這是美國的新創事業領域將軟體開發計畫的管理方法應用在公司經營上的例子。

利用衝刺畫布進行驗證

　　為了將軟體開發方式應用在新創事業製作產品的流程上，讓創業團隊能夠以更高的效率驗證他們從使用者的意見回饋等資訊中學習到的東西，我設想出了這個名為衝刺畫布的機制。

　　如前所述，最小可行產品是為了瞭解使用者反應而進行的實驗。而實驗是否能稱得上成功，則要看創業團隊從這次實驗中學到了多少東西。

　　衝刺畫布的整體結構大致上如圖4-2-2所示。衝刺過程大約在一週至一個月內完成一次循環。照著整張畫布的順序，由上而下依序填入各項目，便能將一次衝刺過程中所學到的東西視覺化。

　　接下來讓我們依序說明衝刺畫布上所記錄的項目吧！

　　首先將大前提，也就是衝刺期間內「欲透過實驗瞭解的事」寫出來。第二欄則寫上要在什麼樣的過程（使用者故事）中驗證實驗項目。

　　第三欄寫的是，若要實裝使用者故事中會用到的功能，需花費多少成本、時間。

　　第四欄則是要寫出實際將最小可行產品投入市場後所獲得的定性結果（來自使用者的回饋）與定量結果（如果產品是網站，定量結果就是網站的點閱數等具體數字）。

　　第五欄可寫出在衝刺過程中所學到的東西。最後則依照這些結果，整理出之後的衝刺過程想學到什麼樣的資訊。

　　若用PDCA循環來說明的話，「欲透過實驗瞭解的事」、「欲實裝的使用者故事」就像是Plan（計畫）；「實裝該功能所需的成本、時間」是Do（實行）；「使用者故事之定量驗證結果」、「定性驗證結果」、「本次衝刺所學到的東西」是Check（驗證）；「下次衝刺想進行的實驗」則相當於Act（改善）。

圖 4-2-2

衝刺畫布
欲透過實驗瞭解的事 　　　顧客會透過 Anywhere Online 增加 Wi-Fi 可使用流量， 　　　並使用這些流量嗎？
欲實裝的使用者故事 　　　使用者啟動 app、註冊為用戶。 　　　使用者會透過閱覽廣告增加 Wi-Fi 可使用流量， 　　　並會用掉累積下來的流量
實裝該功能所需的成本、時間 　　　二十人日（六週）

使用者故事之定量驗證結果	使用者故事之定性驗證結果
開始使用：註冊率 80% 持續使用：三日內再訪率 25% 產生營收、轉化為付費使用者：每日 平均閱覽廣告五次	● 每閱覽一次廣告所獲得的流量太少而 　有不滿 ● 有一半的人認為儀表板畫面很難看懂 ● 有太多與自己無關的廣告

本次衝刺所學到的東西 　　　● 使用者會藉由閱覽廣告而增加 Wi-Fi 的可使用流量，這點與原本想的一樣 　　　● 使用上很不方便（每看一次廣告所增加的流量太少），黏著率很低
下次衝刺想進行的實驗 　　　實裝「回答問卷調查以增加可使用流量」的功能，使可使用流量的增加幅 　　　度為目前的三倍

那麼，接下來就來具體說明如何將「衝刺看板」與「衝刺畫布」這兩個工具搭配著使用吧！

使用衝刺看板工具

以使用者故事為基礎進行開發工作時，若使用「衝刺看板」管理計畫，可以方便團隊的每個成員掌握當下進度。與第三章中用來管理產品原

圖4-2-3

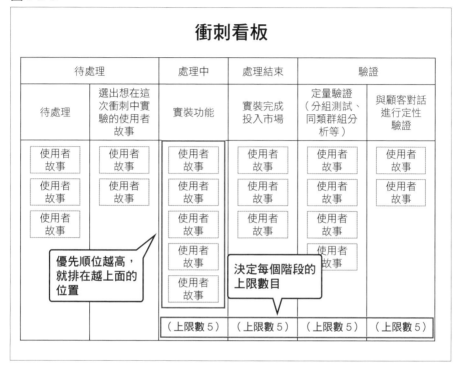

型製作進度的「產品原型看板」類似，衝刺看板中，會將上面的便利貼依照作業進度，由左邊的欄位逐漸往右移動，將開發過程視覺化。

　　衝刺看板上最左端的待處理一欄為衝刺過程開始之處。與貼在產品原型看板最左端的「特徵功能」不同，貼在這裡的是「使用者故事」這個更大的概念。不過衝刺看板與產品原型看板一樣都有三個優點。

①將作業過程視覺化，使學習與驗證過程更為明確，促進團隊成員的交流。

②對於看板上的每一個使用者故事[11]都會進行定性驗證與定量驗證，故可確保團隊的學習機會。

③哪裡是瓶頸、哪裡不是瓶頸皆一目瞭然，使團隊得以適當分配人力與時間等資源。

讓所有團隊成員掌握作業進度

新創事業開發產品時，人數有限的成員們必須一起完成各種事項。

本書所介紹的衝刺看板方法，讓所有成員都能夠一眼看出所有進行中工作的進度，故可避免浪費寶貴資源、避免產品開發進度倒退。

不過，這裡所介紹的衝刺看板只是「基本型態」。新創團隊可以依照自己團隊的情形自行調整。

舉例來說，您可將衝刺看板上用來貼使用者故事之便利貼的「定量驗證」和「定性驗證」這兩個項目分別再縱切成兩行，將這兩行分別標示為「處理中」與「處理結束」使驗證進度進一步視覺化。

若能在便利貼旁再貼上負責人的臉部照片，還可以讓所有人都知道是誰負責這項作業。

請在這方面多下點工夫，讓所有成員看一眼就能明白衝刺的進度。

若想讓貼滿便利貼的看板，有效提升團隊生產力，有一個的重點就是要注意「處理中」這欄（這個階段）內，使用者故事的排列順序。

優先順序較高的使用者故事應被貼在位置較高的地方，由上而下一一處理。

---

[11] 注：使用者故事是以產品原型看板中的「特徵功能」為基礎，想像使用者會在什麼情況下、怎麼使用這個功能而編織出來的一段故事。

圖 4-2-4

衝刺看板的應用

待處理		處理中	處理結束	驗證	
待處理	選出想在這次衝刺中實驗的使用者故事	實裝功能	實裝完成投入市場	定量驗證（分組測試、同類群組分析等）	與顧客對話進行定性驗證
使用者故事① 使用者故事② 使用者故事③					
	（上限數5）	（上限數5）	（上限數5）	（上限數5）	

　　此外，為了避免浪費時間與資金在實裝「可有可無」的功能上，可以設定每個階段中同時處理的使用者故事上限，譬如說只能同時處理「五個以內」的使用者故事之類。

衝刺畫布的準備——
寫出想利用最小可行產品進行實驗的使用者故事

　　所謂的使用者故事，就是擁有某個問題的使用者，如何使用產品的「特徵功能」來解決他的問題。顧客在使用產品的過程中，會用到各種特徵功能。請您試著思考擁有最低限度價值的最小可行產品應該具備哪些特徵功能、可以實現什麼樣的使用者故事，並將其製作出來提供給顧客。

至今我們已多次提到可以讓旅行者使用免費 Wi-Fi 的服務，Anywhere Online 這個例子，這裡再讓我們回顧一次。

以下列舉出數個欲以最小可行產品驗證的使用者故事（圖4-2-5）。

①顧客會為了獲得 Wi-Fi 流量而填寫廣告商的問卷。
②顧客會為了獲得 Wi-Fi 流量而將這項服務分享至 Facebook。
③顧客會為了獲得 Wi-Fi 流量而閱覽廣告商的廣告。

適用「衝刺方法」進行產品開發的「好的使用者故事」，應滿足以下條件。

好的使用者故事的重點

- 讓顧客感受到產品的價值。
- 使用者體驗不複雜（簡單的使用者體驗）。
- 從使用者的視角來表現故事。
- 有臨場感。
- 預設範圍（規模）不會太廣，也不會太小（一個故事應只有一個動作，使其能被測試）。
- 可被驗證（可驗證這個故事能否實驗）。

思考使用者故事的時候，可以參考以下的格式進行。

〈使用者〉想要實現／解決〈某個目標／問題〉。這是因為〈某個理由〉。為了達到這個目的，需實裝〈某個特徵功能〉。

換句話說，撰寫使用者故事時，必須考慮「這是誰的故事」、「為了達成什麼目標」、「這個故事可為顧客帶來什麼價值」、「這個故事需要用

圖 4-2-5

到有什麼特徵功能的產品」等因素。

　　我們在第二章中曾介紹的食譜資訊管理網站Cookpad。雖然他們的目標客群是家庭主婦，但他們從事前的訪談中理解到，家庭主婦「要是得等到一秒以上才能顯示出畫面的話就不想用了」，故該公司非常要求網頁的反應速度。

　　特別是晚餐時間非常忙碌，讓使用者對顯示速度的要求又更為嚴格。在這個故事中，將顯示速度視為重要功能而實裝反應速度更快的系統，正是Cookpad能夠以家庭主婦為基礎，將顧客範圍擴展至所有女性客層的重要關鍵。

圖 4-2-6

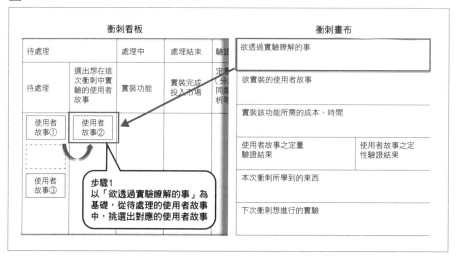

若將女性使用者的需求以使用者故事的方式表現的話，如下所示。

〈Cookpad的家庭主婦使用者們〉〈想要快點看到食譜〉，因為〈準備晚餐的時候還得一邊照顧小孩，非常忙碌〉。

因此，Cookpad實裝了〈可以在一秒內顯示出結果〉的功能。

將故事分成數個較小的單位

驗證使用者故事的時候，在可驗證的範圍內，將產品功能盡可能細分成較小的單位一一驗證，是這個步驟的重點。

先想出數個使用者故事，寫在便利貼上後將其貼在衝刺看板上的「待處理」一欄，但絕對不能有「為了驗證這些使用者故事，得反覆做同樣的事而花上不少時間。不如把三個使用者故事融合在一起，做成一個實驗計劃，這樣只要驗證一次就好」這種想法。

要是一個使用者故事所顧及的範圍過大，在驗證最小可行產品的階段中就難以判斷是故事的哪個部分命中了使用者的需求。

圖 4-2-7

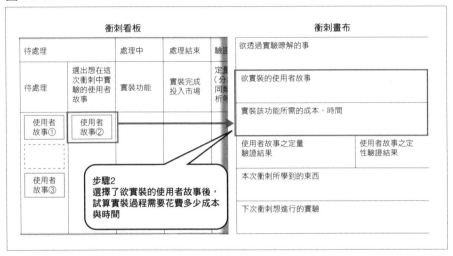

以製作 Anywhere Online 的最小可行產品為例，假設創業團隊想同時驗證「使用者會為了獲得更多 Wi-Fi 流量而填寫廣告商的問卷」、「為了獲得流量而將服務內容分享至 Facebook」、「為了獲得流量而閱覽廣告商的影片」這三個使用者故事，而製作了相應的最小可行產品。

這麼一來，即使因為最小可行產品同時實現了這三個使用者故事，而讓使用者的黏著率提升了 35%，也不曉得是這三個使用者故事中的哪一個，對於使用者的黏著率做出了貢獻。

若一個使用者故事中包含了內容廣泛的待驗證項目，便難以顯現出衝刺過程的學習效果。什麼都學不到的最小可行產品，即使投入市場也只是在浪費資源而已。

雖然作業上看起來可能會花比較多時間，但把欲驗證的項目區分成一個個較小的故事，依序驗證，踏實地累積學習到的經驗，才是達成「製作出人們想要的東西」的近路。

衝刺畫布的使用方式 1

──選擇欲透過實驗瞭解的事

接著就讓我們試著由其中一個使用者故事製作出最小可行產品，並一一確認衝刺過程中每個步驟的效果，藉以說明在獲得了對於最小可行產品的意見回饋後，如何從顧客的反應確實學習到資訊。

假設我們這次想利用Anywhere Online的最小可行產品進行實驗以瞭解的問題是「顧客是否會為了獲得Wi-Fi流量而回答問卷、分享網站，或閱覽廣告？」，故先將這個故事寫在便利貼上，再貼在衝刺畫布上。

就算硬是要一次驗證那麼多目標，學習效果仍相當有限，故最好能夠將使用者故事切得更細、更具體，再進行驗證。

舉例來說，我們可以將先前提到較為龐大的使用者故事，切出「顧客是否會為了獲得Wi-Fi流量而在Facebook上分享網站通知？」這個較小的故事，並將其寫在一張便利貼上。若決定這次的衝刺過程要驗證這個故事，便將衝刺看板上的這個便利貼從「待處理」欄往右移一欄至「選出想在這次衝刺中實驗的使用者故事」。

至於待處理一欄中還留著的故事便利貼，會在之後的衝刺過程中一一驗證，故先暫時保持原樣，貼在看板的待處理一欄。

衝刺畫布的使用方式 2

──討論應實裝的功能與成本

選擇了一個想要在這次衝刺過程中驗證的使用者故事後，就要思考如何實裝相關功能，並判斷實裝功能時會花費多少成本與時間。

一般在開發新產品時，會經過一道道手續，細膩地完成新產品。不過在開發最小可行產品的時候，製作過程不需要那麼嚴格。

圖 4-2-8

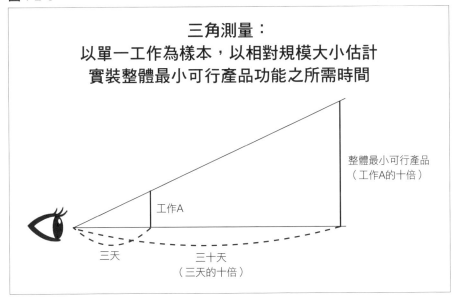

三角測量：
以單一工作為樣本，以相對規模大小估計
實裝整體最小可行產品功能之所需時間

整體最小可行產品
（工作A的十倍）

工作A

三天

三十天
（三天的十倍）

　　只要粗略地推測要實現這個故事的話「技術上的難度有多高？」、「實裝（寫出程式碼等）過程大概會花多久時間？」等就可以了。

利用「三角測量」估計工作量

　　我們可以用類似「三角測量」的方式來估計所需工作時間。

　　舉例來說，假設工作A的工作量是完成最小可行產品之必要工作量的十分之一。如果實裝工作A需要三天，那麼要完成最小可行產品就大約需要三十天。

　　在新創事業內為每個成員分配工作或資源時，可以像這樣藉由相對規模大小粗略估計工作量。

　　當團隊開始實裝使用者故事中提到的功能時，便可將「使用者故事」的便利貼移至「處理中」。

　　完成了一個使用者故事的衝刺過程後，可以試著實際販賣產品，或者在網站形式開放使用，以觀察使用者們的反應。

　　將最小可行產品投入市場，是為了獲得使用者的意見回饋而進行的實驗。最重要的是，只要做出最小可行性的產品就好，要盡早將產品推出市場以免錯過時機。

　　若以上工作皆已完成，便可將原本貼在衝刺看板「處理中」一欄的使用者故事便利貼往右移動，貼在「處理結束、上市」一欄內。

　　像這樣將製作最小可行產品的實際過程反映在便利貼於衝刺看板的位置上，可以讓全體團隊成員都能掌握這個產品在使用者故事的驗證進度到了哪個步驟。

圖 4-3-1

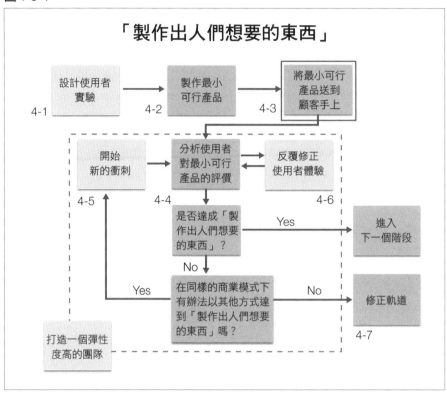

4-3 ｜ 將最小可行產品送到顧客手上

在產品還見不得人的時期就該拿到市場

　　欲讓顧客驗證最小可行產品時，最重要的是要盡早將最小可行性產品拿到市場上測試，盡可能地觀察、蒐集顧客的反應。

　　這時一定要壓抑自己那種想要再調整一些最小可行產品的功能、想要再把產品設計得更好看一點的心情。

　　相反的，最好要在你們覺得產品還見不得人的時候盡快丟到市場上。面向商務人士的社群網站Linkedin的創業者里德‧霍夫曼（Reid Hoffman）[12]曾說過「要是新創團隊在將最小可行產品投入市場時，不會有任何一點害臊的感覺，就表示投入市場的時機已經太晚了」。

　　若你在對別人說明這項產品時會覺得害臊，就表示其他企業還沒有注意到這個問題（當然，前提是這個問題確實存在）。

　　若能越早取得使用者的意見回饋，反覆進行衝刺開發，比之後才加入的競爭者還要先達成「製作出人們想要的東西」的可能性就越大。相反的，如果在將最小可行產品投入市場時，完全不覺得說明這件產品的功能時有任何羞於啟齒的地方，就表示這個產品很有可能是一個「任何人都覺得很好的構想」。如此一來，很可能會出現許多競爭者，讓市場一下就變成紅海。如我們在第一章所提，這並非新創事業該走的路。

蒐集顧客的真正心聲

　　假設最小可行產品是一個網站式的服務，將其投入市場後，只靠「Google Analytics」之類的網站分析工具分析顧客反應是不夠的。應該要走出戶外，實際蒐集顧客的心聲。

　　借用Y Combinator的創業者保羅‧格雷厄姆的話來說明，若要實現「製作出人們想要的東西」，新創事業該做的只有「**製作產品**」和「**與顧客對話**」這兩件事而已。

---

[12]　注：里德‧霍夫曼的發言引用自以下網址。https://www.youtube.com/watch?v=lKDcbFGct8A

　　如果新創事業是以硬體的製造為主，顧客會直接來店面購買陳列的產品，可在此時詢問他們的聯絡方式。如果經營的是需透過網路使用的服務，當顧客註冊成為使用者時，可以拿到他們的信箱位址。如果是使用Facebook登入服務的話，可以知道使用者的Facebook帳號。故創業團隊可透過電子郵件或發送訊息與顧客接觸，直接拜託他們接受訪問。

　　會願意使用最小可行產品的顧客中，應該有不少人符合「會將產品推廣給周圍的使用者」的條件，也就是傳教者。我們在第二章與第三章中，曾試著藉由訪問找出傳教者顧客。新創團隊可將最小可行產品拿給這些顧客，並拜託他們接受訪問，會很不錯的效果。

　　每天都有新的新創事業誕生，也一直有新的產品陸續投入市場。然而，其中大多數都在還沒嶄露頭角前就從市場上消失了。其最大的理由就是因為新創團隊的學習完全不夠。

　　傾聽顧客的心聲，就是有那麼重大的意義。

早期採用者聚集之處

　　我常因出差而來到矽谷，上次出差時我用了Airbnb的服務，住在聖荷西郊外的一處民宅。屋主是一位六十多歲的女性。我試著詢問她日常生活時都在做些什麼，她說她會用智慧型手機去接下Uber與Lyft [13]的駕駛工作，也會接下前面曾提過的生鮮食品代買服務Instacart的採購者工作（到店面購買食品的人）。她的周圍似乎有不少會這麼做的人。

　　事實上，矽谷內有許多願意測試新形態消費、服務的早期採用者與傳教者。就我的感覺而言，大約兩三成的人時常會去尋找有哪些新的服務，並實際試用。故新創團隊可在此獲得比較過不同產品的使用者意見。

---

[13]　注：美國的Lyft與Uber同樣是提供叫車服務的大廠。

　　當然，並不是說一定要在矽谷測試新服務。只要瞄準那些在使用過你們的最小可行產品後，很有可能會成為傳教者的社群或產業就可以了。

　　如果要製作與照護相關的產品，可以試著詢問街上的照護機構或日托機構。也可透過相關的讀書會與研討會，自行加入顧客所在的社群。

　　如果新創事業的產品為硬體，善用群眾募資方式可以有效地吸引大眾注意。會去確認群眾募資資訊的人，大多是對資訊敏感的人。若能夠訪談願意支持自己計畫的人，想必能夠獲得很棒的意見回饋。

新創事業常看起來很土氣

　　如同我們在第二章中所提到的，要尋找傳教者顧客，可以經他人介紹、透過社群網站尋找、參加相關的展示會等，只要是想得到的方法都可以嘗試。

　　致力於創業者教育的史蒂夫・布蘭克曾在他的著作《The Startup Owner's Manual》提到，「在創業初期，在訪談行程填滿整個月曆以前，創業者必須持續創造與他人約見面的機會」。

　　如果是 B to B 的新創產業，創業者自己就必須從早到晚打電話給潛在顧客，要是有顧客透露他們可能需求，創業者就必須立刻衝到顧客面前進一步說明。如果是 B to C，則應該要去拜託任何一個認識的人註冊這個新創產業的服務試用。

傳說般的顧客開發過程

　　線上結帳工具 Stripe 是在 Y Combinator 指導下發展而成的新創事業，是金融科技業界的獨角獸。Stripe 的創業者是當時年僅二十歲，愛爾蘭出身的約翰・科里森（John Collison）與帕特里克・科里森（Patrick Collison），他們於二〇一〇年創業。

　　他們於二〇一〇年時加入了 Y Combinator 的批次計畫（batch，為期三個月的加速器計畫），建立了 beta 版的結帳服務。

　　在網路服務領域創業的創業者，通常會詢問使用者「要不要試試看 beta 版呢？」，並在獲得同意後回應「那麼我就把連結送過去囉」，將連結以電子郵件或訊息的方式送出。

　　然而科里森兄弟卻在有人說可以嘗試看看後，直接跑到對方面前說「請讓我們把軟體直接安裝到你的筆記型電腦裡面」，親自完成軟體安裝。

　　親自到現場，與使用者直接面對面，觀察使用產品的顧客最真實的反應，並與顧客直接對話。這些會成為非常有用的資訊，對於他們未來的成長也有很大的幫助。

　　大多數的新創團隊成員都接受了以成為工程師為目標的教育，或者從事的是顧問這類內容比較抽象的工作。這些人相對缺乏直接提供顧客服務的經驗。因此，他們常把製作出洗鍊的系統或資料當成自己的工作，卻很少像是一個業務員般積極與使用者接觸，傾聽他們的需求。

　　新創事業的創業團隊得捨棄這類老舊觀念。對新創事業而言，最有效率的學習方式就是離開辦公室，直接向顧客學習。故全體成員都應該要進入顧客的社群內，瞭解他們的想法。

　　Y Combinator 的保羅・格雷厄姆也曾說過「創業者必須親自去招攬使用者，而不是待在原地等待使用者自己聚集過來。不管是哪一種創業，創業者都必須走出公司去招攬顧客」。

　　因此新創事業的團隊成員應該要一步一腳印，賣力地去開拓市場才對。

　　對於新創事業來說，被投資者或顧客拒絕是工作的一部分。當最小可行產品的概念過於先進時，向一百個人推銷，通常只會有兩三個人表示興趣。

圖 4-3-2

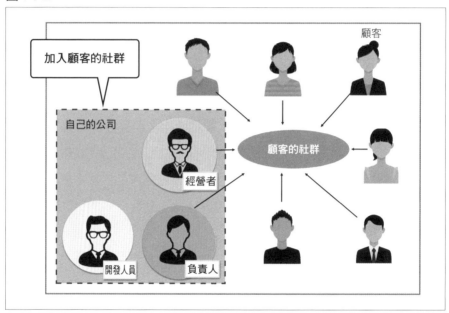

再怎麼賣力推銷自己的團隊製作出來的最小可行產品還是一直被拒絕，常有人因此而喪失自信。每天都在想著如何從對方口中聽到一句「Yes」。

不過，就算推銷一直被拒絕，也不要悲觀地認為是因為團隊的能力太差或構想太差。而是應該要想辦法抽離這種心情，繼續向前邁進，尋找新的顧客。對於創業初期的團隊而言，抗壓性是很重要的能力。

與市場直接對話

賣出產品，獲得評價

至此，我們已說明了將最小可行產品投入市場後，與傳教者顧客直接對話的重要性。

若只觀察透過網站或網路社群所獲得的定量性質的意見回饋（顧客停留在網頁的時間、放棄率、註冊率等數字）的話，創業團隊會很容易忽略產品使用者體驗等「用起來很方便」、「用起來很舒服」等定性性質的意見回饋。

將最小可行產品投入市場之際，有些新創事業會以問卷方式研究顧客的反應，以驗證問題假說等事項，但這沒什麼意義。問卷裡的設問，大多是新創團隊成員先預測了結果而製作出來的，但在最小可行產品真正投入市場之前，沒有人知道市場會如何接受這項產品。若以問卷形式詢問顧客，會使顧客的思考範圍變狹窄，很可能會降低達成「製作出人們想要的東西」的可能性。

團體訪談也是一種很沒效率的方式。若以這種方式進行訪談，受訪者的意見很容易被周圍的人左右，使顧客難以將心中真正的想法語言化，創業者難以藉由這種方式獲得洞見。

相較於大企業，新創事業的競爭優勢在於能夠安排很多腳上作業（footwork）。新創事業在製作產品時，能夠頻繁地拜訪顧客，並與之直接對話。相對的，應該要避免花太多時間在那些大企業也做得到的市場行銷活動。

圖4-4-1

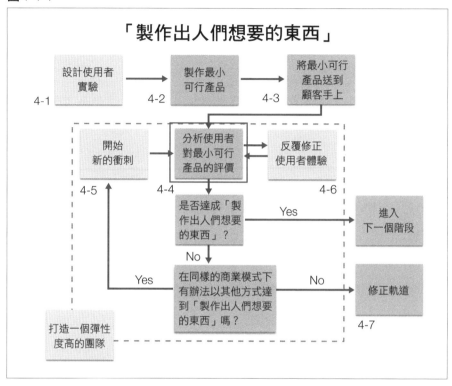

4-4 | 分析使用者對最小可行產品的評價

在反覆衝刺、改善的過程中，
分析使用者對最小可行產品的評價

定性上的發現，定量上的證明

　　至此，我們已經說明了最小可行產品的設計、建構、以及投入市場的

過程等。

　　接著，我們要以顧客對最小可行產品所提出的意見回饋為基礎，進行定量資料分析與定性資料分析。若以精實創業循環來比喻的話，相當於「測量」、「學習」等階段。

　　由分析結果獲得新的經驗以改良最小可行產品，再對新的最小可行產品進行驗證，反覆執行「衝刺過程」。這樣就能讓產品受到越來越多人的歡迎，達成「製作出人們想要的東西」。

　　接著要介紹的是詳細的分析過程。

　　先讓我們回頭看看衝刺看板，當我們把上面寫著目前所關注之使用者故事的便利貼從「實裝完成、投入市場」一欄移到「定量分析」一欄時，就開始了真正的分析工作。在這個階段中所得到的分析結果，會填入衝刺畫布的「使用者故事之定量驗證結果」一欄內（圖4-4-2）。

　　大多數的新創事業在將最小可行產品投入市場後，並不會充分分析顧客的反應，而白白浪費了學習的機會。

　　一般企業將產品投入已知市場時，有幾個指標可供測定投入產品的效果。包括應達到多少營收、獲利率等關鍵目標指標（KGI），以及為達成這些目的，顧客人數與每位顧客的單價應該是多少等關鍵績效指標（KPI）。

　　然而，在達成「製作出人們想要的東西」之前，營收與獲利率對於新創事業來說，並不是那麼重要的指標。

　　對於新創事業來說，「顧客喜不喜愛你的產品呢？」是達成「製作出人們想要的東西」之前的唯一指標。

　　就算顧客人數很少，製作出他們喜愛的產品仍是最重要的一件事。

圖4-4-2

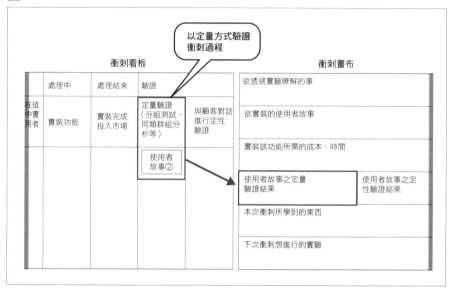

詳細解說精實創業的過程中如何解讀分析結果的書籍《Lean Analytics—新創事業的資料分析、應用方法》[14]的作者，阿莉斯塔爾‧克洛爾（Alistair Croll）曾說過「發現定性上的性質，並以定量方式證明之」。換句話說，就是要直接與顧客對話，瞭解到什麼樣的顧客會「對產品感到瘋狂」。在理解到這種定性上的性質之後，再以定量方式分析某個具體的指標應達到什麼數值，才能使產品達到「製作出人們想要的東西」。掌握這些部分，對於最小可行產品效果的測量會有很大的幫助。

[14] 注：《Lean Analytics—新創事業的資料分析、應用方法》（阿莉斯塔爾‧克洛爾等著，O'Reilly Japan出版）

克洛爾的話引用自以下網址。https://www.youtube.com/watch?v=0cEfe9mSatM

使用特定指標進行定量分析

使用 AARRR 指標

這裡我們要介紹的是「AARRR 指標」，是新創事業領域中常使用的定量分析指標。這是由致力於種子期新創事業之投資的大型創投公司，500 Startups 的創業者戴夫・麥克盧爾所建立的框架。由於「AARRR」這個名字念起來和海盜的叫聲很像，故也被稱為「海盜指標」。

AARRR 指標將獲取顧客到產生收益之間的過程，分成五個階段分別評價。

如圖 4-4-3，在使用者對產品的不同適應階段中，對應的使用者人數會越來越少，而呈現漏斗狀的排列。

各適應階段的意義如下。

- Acquisition：獲取顧客（使用者拜訪產品的著陸頁等）
- Activation（On-boarding）：開始使用（安裝 app、建立帳號等）
- Retention：持續使用（再度拜訪網頁、再次利用）
- Referral：介紹其他顧客（在社群網站上分享之類）
- Revenue：產生營收、轉化為付費使用者（付費購買商品、成為付費會員等）

若以智慧型手機 app 的最小可行產品為例，在將最小可行產品投入市場後，若有一千名使用者造訪著陸頁（Acquisition）[15]，那麼實際試用 app 的

---

[15] 注：著陸頁（landing page）指的是對產品感興趣的使用者，透過部落格或網站廣告等公布了產品資訊的地方所連結到的網路頁面。

圖4-4-3

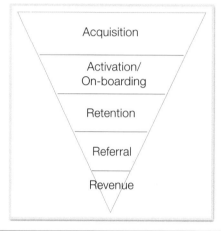

導入AARRR指標（海盜指標）

AARRR指標將獲取顧客到由獲得的
顧客產生收益的一連串流程分為五
個階段，形成一個評價的框架

Acquisition

Activation/
On-boarding

Retention

Referral

Revenue

Acquisition：獲得

Activation/On-boarding：
註冊、滿足於一開始的體驗

Retention：持續使用

Referral：介紹其他顧客

Revenue：確保營收

使用者（Activation）或許只有一百人。照這個思路，實際付費的使用者
（Revenue）則可能只有一位。

　　當漏斗上有越多孔洞，就代表有越多使用者脫離，在還沒進行到付費
使用的階段前就放棄使用最小可行產品。因此，AARRR指標有時也會以
開了許多破洞的水桶來舉例。

　　在驗證最小可行產品的階段中，新創事業該聚焦在五個指標中的開始
使用（Acquisition）、持續使用（Retention）、產生營收、轉化為付費使
用者（Revenue）等三個指標。

　　如何讓顧客開始使用產品、如何讓顧客在使用產品的過程中感到滿足
並持續利用、進而花錢買下產品是這個階段的焦點。

這三點正是能看出「一個產品能否為人們所喜歡」的指標。

在會漏水的階段時募集顧客只是在浪費時間

用我們先前提到的拉麵店例子來說明，若要提升這三個指標，最該做的事就是努力成為一家能做出美味拉麵的拉麵店。讓第一次來店裡吃拉麵的顧客會一而再再而三地來訪，使店面生意興隆。然而，要是拉麵很難吃，服務也沒什麼值得一提的地方的話，在怎麼靠廣告吸引顧客，也沒辦法培養出常客。在美食資訊網站上也會出現許多「這家店很難吃，不會再來第二次了」這樣的惡評，使願意造訪的顧客人數更少。

圖 4-4-4

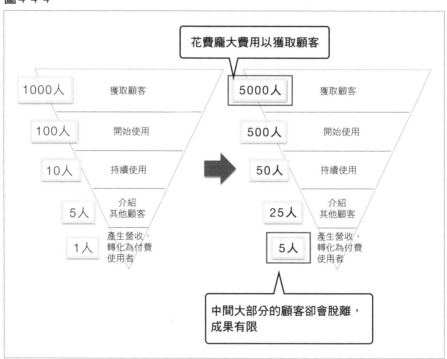

假設某個新創事業的app有一千人下載，而最終願意付錢的使用者則只有一人。這樣的話，即使在廣告、宣傳上花費龐大的費用，讓下載人數提高的五千人，也只是往有破洞的水桶裡倒水一樣，最後只會留下五人。就算提升廣告的力度，也只是白白浪費了這些投資而已。

> 若在達成「製作出人們想要的東西」之前，便積極投資在獲取顧客上的話，就像是往有破洞的水桶裡倒水一樣

創業團隊需持續驗證最小可行產品使產品逐漸接近「製作出人們想要的東西」的狀態、確認顧客行動並直接詢問其理由，藉由這些方式找出水桶的破洞，並一個個補起來。只有當水桶的洞幾乎都被補起來後，才能讓使用者在第一次接觸到這個產品的時候便瘋狂愛上，成為一個持續使用該產品的忠實用戶。

以「AARRR」框架為基礎的KPI設定

那麼，接著就讓我們來說明AARRR指標該如何應用在實際工作情形上吧。讓我們再次用以旅行者為服務對象的免費Wi-Fi連接服務Anywhere Online為例，思考如何運用這個框架。

圖4-4-5為使用者在使用Anywhere Online時的使用者體驗隨時間的變化（包括app畫面）[16]。每個畫面都對應到某個AARRR的階段。

將各畫面依階段的不同分類之後，可以在各特定畫面中觀察各階段的表現狀況，定義定量KPI指標。

---

[16] 注：不重複使用者數為一定期間內拜訪某網站的人數。在同一個期間內，即使同一個使用者多次拜訪，也只計為一個人。另外，註冊指的是成為app或網站服務的使用者。

圖4-4-5

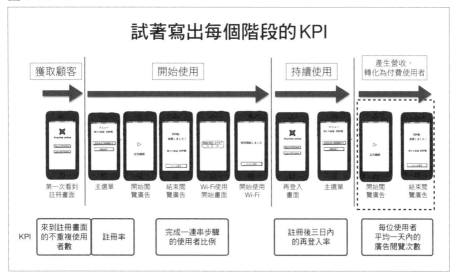

顧客獲得階段可以用「拜訪註冊畫面的不重複使用者（unique user，UU）」作為KPI指標；開始使用階段可以用「使用者註冊率」與「（包括閱覽廣告在內）完成一連串步驟之使用者的比例」作為KPI指標；持續使用階段可以用「註冊後三日內的再登入率」作為KPI指標；營收、轉化可以用「每位使用者平均一天內的廣告閱覽次數」作為KPI指標。

另外，如果這些KPI的測量有些困難的話，可以將這些KPI因數分解成比較小的指標，又稱作「sub KPI」，使其較容易測量。

舉例來說，在開始使用的階段中，「（包括閱覽廣告在內）完成一連串步驟之使用者的比例」這個KPI，就可以切割成「主選單的脫離率」、「閱覽途中的脫離率（由開始閱覽率及閱覽結束率計算得出）」、「看完廣告後的開始使用率」等較容易測量的sub KPI，追蹤使用者的行動。

為什麼將KPI因數分解成sub KPI再測量是很重要的事呢？

圖 4-4-6

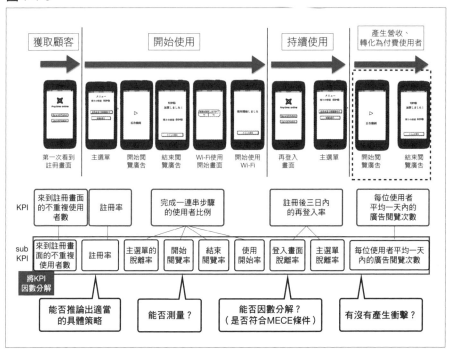

　　因為這樣可以更精準地看出顧客是因為什麼理由而脫離這項服務。

　　以「（包括閱覽廣告在內）完成一連串步驟之使用者的比例」為例，在原本的標準中，僅以廣告閱覽完成率做為KPI。這樣的話，即使發現每天的測量值與目標值差很多，卻會因為KPI涉及的範圍過廣，而難以了解是什麼原因造成使用者脫離。這時可以將這個KPI因數分解成較小的sub KPI，推導出像是「開始閱覽率過低，會導致廣告閱覽完成率偏低」這樣的結論。這麼一來，便可以開始思考該執行什麼樣的具體策略、該營造出什麼樣的故事，才能提升app內的「廣告開始閱覽率」。

　　不過，對於目前完全不存在任何市場的最小可行產品來說，要決定一開始該如何設定適當的KPI與sub KPI並不是件容易的事。

在反覆進行衝刺過程時，就應該要開始尋找用來評估產品是否達成「製作出人們想要的東西」的適當指標。知道要用什麼指標之後，再開始琢磨最小可行產品，這才是適當的執行順序。

那麼，好的測量指標有哪些特徵呢？讓我們試著舉幾個例子吧。

- 容易聯想到改進方式：指標的規模是否夠小，若無法達成指標的話，是否容易擬定對應的策略改進。
- 容易測量：是否有適合的工具方便測量。如使用者註冊數等容易測量的指標。
- 符合MECE [17] 條件：這項KPI是否能夠不重複也不遺漏地涵蓋整個產品使用者體驗。
- 有衝擊性：若提升這項KPI，是否也能讓產品整體的表現（KGI）有顯著提升。

產品最重要的KPI是什麼？

讓我們就四個測量指標中的最後一個「有衝擊性」再做多一點說明。

所謂的有衝擊性的指標，指的是用來評估「影響最終目標之主要因素」的指標。在經過反覆的衝刺過程與驗證過程之後，應可發現某些KPI與營收、轉化率有很密切的關係。

舉例來說，二○一四年的德國足球國家代表隊將最重要的KPI設定為「縮短接到球至傳球出去之間的時間」，並將這個概念徹底灌輸到選手的意識中。

---

[17] 注：MECE是邏輯思考用語。由Mutually、Exclusive、Collectively、Exhaustive的第一個字母組成，意為「彼此沒有重複，也沒有遺漏」。

　　德國隊分析了過去的比賽結果，發現從接到球至傳球出去所花的時間越短，比賽的勝率就越高。於是，他們將這段時間縮短到 1.6 秒，是原本的一半，使比賽變得更有速度感，而德國也獲得了當年的世界盃冠軍。

　　運動的最終目標當然是勝利，不過要將勝利的方法指標化卻是件困難的事。德國代表隊為了勝利，試著分析該以什麼做為指標，才能在提升該指標時對最終表現有足夠的衝擊性，最後推論出了接球到傳球間的時間這個結果。

　　影響力大的 KPI 在多數情況下都是優先參考的指標。若有辦法提升這個 KPI，最後的結果也能得到很大的改善。

　　在二〇一七年四月時，已有超過五百萬名使用者在使用智慧型手機專用的家庭收支帳簿 app，Money Forward。該公司的社長兼執行長，辻庸介先生的曾提到，「使用者在 app 中登錄銀行帳號的比例」被 Money Forward 視為重點提升項目，是一項具衝擊性的 KPI。

　　若在該公司的 app 中登錄金融機構的帳戶資訊，便可以直接讀取帳戶餘額。將銀行帳戶資訊與每天的收入支出資訊在 app 內連結起來，可視覺化自己的家庭帳簿。

　　這個瞬間是讓使用者感覺到獲得最多價值的一刻，也是讓黏著率一口氣上升的時間點。這正是產品打中顧客需求的關鍵時刻。

　　在新創事業藉由衝刺過程驗證最小可行產品的時候，能否找到這種具衝擊性的指標，會是產品能否達成「製作出人們想要的東西」的關鍵。

定量測量的重要理由

　　定量測量的重要理由可整理成以下三點。

- 以目標為基準，正確認識到自己處於什麼樣的相對位置。

- KPI是創業團隊成員、利害關係人等人之間，客觀而不易動搖的共通語言。
- 以具體數值將目標與現狀之間的落差視覺化，讓創業團隊容易推導出能夠彌補這段落差的行動或工具。

品質管理的專家愛德華茲‧戴明（Edwards Deming）[18]曾留下「我們信仰上帝。除此之外的東西都需拿出數據證明」這句話。意思是，人類並不像上帝般萬能，在沒有客觀數據的支持下，無法做出適當的判斷。

當使用者的行動結果被以定量的數據描述出來時，可排除主觀偏見與模糊地帶。就最小可行產品而言，可以使用前面提到的AARRR指標。

將AARRR指標做為具體的KPI進行各種測量動作時，不應以實際數字記錄，而是要以比例方式表示，在反覆的衝刺過程中才容易互相比較。

假設一開始的獲取顧客數（拜訪著陸頁的人數）為100%，其中有多少％的使用者會進入開始使用階段（註冊為使用者、下載app），抵達相關頁面；有多少％的人會完成註冊程序（開始使用）；有多少％的人會在三日以內再次登入（持續使用）；有多少％的人會實際購買付費版的產品（產生營收、轉化為付費使用者）等，大致上包括這些指標（圖4-4-7）。

藉由這個過程，創業團隊可以明白到，從獲得使用者到藉由銷售付費版獲得營收的過程中，每個階段會有多少比例的使用者脫離這個產品。而且，即使下一次的衝刺過程中，獲得的使用者人數不一樣，只要將人數轉換成比例，仍有辦法比較不同衝刺過程中顧客的黏著率。

---

[18] 注：愛德華茲‧戴明博士是戰後在日本推廣品質管理之統計方法的統計學者。為紀念他的貢獻而設置的「戴明獎」讓他廣為人知。
愛德華茲‧戴明博士的話引用自《Statistical Adjestment of Data》（Dover Publications）。

圖 4-4-7

	最小可行產品的測量結果（實際數字）	最小可行產品的測量結果（比例）	目標值
獲取顧客（拜訪者）	332 人	100%	100%
開始使用（註冊）	305 人	92%	95%
開始使用（註冊流程結束）	93 人	28%	80%
持續使用（三日以內再度拜訪）	23 人	7%	80%
產生營收、轉化為付費使用者（每位使用者平均一天內的廣告閱覽次數）	4.2 次	4.2 次	10 次

瞭解到目標與現狀的落差之後，引入能夠彌補這段落差的行動或工具

以比例方式表示

　　另外，在選定 KPI 後，最好也要同時決定每個階段的目標數值，使目標值與現狀之間的落差一目瞭然，也可讓人馬上看出應該要改善哪些地方。

最小可行產品中最重要的 KPI 為黏著率

　　獲得更多顧客、使更多顧客黏著下來、轉化為付費使用者（購買商品、成為付費會員之類）等，是新創事業的最終目標。

　　然而，如果在達成「製作出人們想要的東西」前的最小可行產品階段中就想到達成所有的 KPI，很容易會變成倉促擴張（在時機還沒到時便急於擴張）。

　　對新創事業而言，首先應該要製造出會讓少數人瘋狂愛上的產品。在新創事業的世界中，「Rule of Cross-10（賣給最初的十人）」是一個很著名的原則。如果連一開始的十個人都不想買這個產品的話，就絕對不可能讓一百萬人買下這個產品。

　　要增加產品使用者人數是有一定順序的。首先應該要讓最先注意到這個產品的一小群使用者從還算喜歡這個產品，逐漸轉變成愛上這個產品的狂熱粉絲（圖4-4-8）。培養出產品的狂熱粉絲、並使產品更具魅力之後，才會有越來越多人注意到，進而使用這個產品，而狂熱粉絲們也會積極地像周圍人群推廣這個產品。營造出這樣的環境之後，再去思考如何增加使用者。

圖 4-4-8

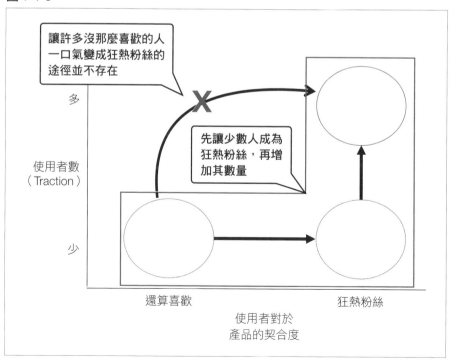

　　那麼，該用什麼樣的指標來判斷初期使用者對於產品有多狂熱呢？

　　用來測量使用者與產品的契合度（engagement，黏著度、結合度）的指標包括開始使用、持續使用、產生營收、轉化為付費使用者等三個。也就是將有「想用看看」、「想再用看看」、「就算要花錢也想再用用看」等想法的使用者分別佔了多少比例，來測量使用者對產品的狂熱程度。

　　其中，同時也可視為產品黏著率的持續使用（再訪問、再利用）代表了目前的產品打動了多少顧客的心，在多少顧客的內心中留下了強烈記憶，故也是一個與顧客的狂熱程度有強烈相關的指標。

　　讓顧客每天都會想到自己有在使用這項服務。不是因為看到了這個服務的廣告而想起有這個服務，而是因為這項服務烙印在記憶的深處，使用

圖 4-4-9

設定 KPI 時容易掉入的陷阱

只看結果指標：
不重複使用者、
瀏覽次數、營收、
獲取顧客的成本等

無法以行動改善的指標：
過於粗糙、範圍過大的指標，如新使用者比例、重複使用率等。這些指標無法連結到下一步行動

相關性指標：
只看相關關係，
卻不看因果關係

這項服務已成了習慣。要看影片的話就到 YouTube，要在跳蚤市場賣衣服的話就到 Mercari，讓這些想法自然而然從使用者的腦中浮現。就像這些服務般，若要提升使用者的黏著率，就必須製作出能讓使用經驗深深烙印在使用者的記憶中的產品，讓使用者自己想要去使用這個產品。

不要被虛榮的指標迷惑

在將最小可行產品交給使用者評價時，需藉由反覆的衝刺過程琢磨出適當的KPI，用來判斷產品優劣。

在設定、變更KPI時容易落入幾個陷阱。為了避免創業團隊浪費寶貴的時間，以下就讓我們來介紹數種陷阱。

①只看結果指標

如果是網站服務，那麼不重複使用者數、瀏覽次數、營收、招攬每單位顧客所需成本（CPA）等皆屬於「結果指標」[19]。

只看結果指標的話便會忽略問題，忽略問題的話就不曉得接下來該進行什麼樣的行動以修正產品。若想知道結果指標為什麼會是現在這個數值，就必須參考其他能夠說明這個現象的指標，故須將其他指標設為KPI。

②無法以行動改善的指標

若只看「新使用者比例」這種大範圍的指標，還是難以判斷接下來應該要有哪些具體行動。

---

[19] 注：結果指標指的是與使用過程無關，僅以數字表示結果的指標。

圖4-4-10　僅顧著尋找往右上延伸之指標只是自我滿足而已，沒有什麼意義

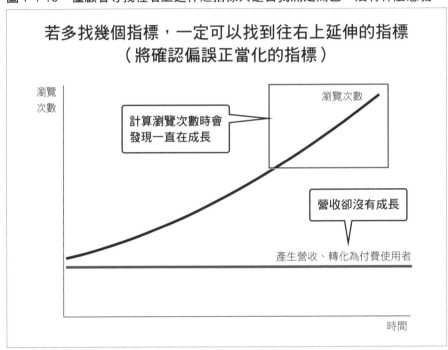

故須將這些粗糙的指標放在一邊，把焦點放在像是「新使用者是從什麼途徑來到著陸頁」這樣的指標，並調查其參考位址（referrer）[20]的組成比例。如果發現許多使用者是看了某個部落格的文章後才連到這個著陸頁，便可委託其他會寫類似主題的部落格作者，請他們寫幾篇與公司產品有關的文章，這樣的策略明顯具體得多。

---

[20] 注：參考位址（referrer）指的是使用者是從什麼地方看到、或從什麼地方連結到新創事業所準備的著陸頁。可以用Google Analytics等網站分析工具調查。

③乍看之下似乎有相關性的指標

為了驗證最小可行產品，必須觀察那些對於結果指標影響很大的因素，並設定先行指標（因果指標或衝擊指標）來衡量這些因素的強弱。

然而，隨著時間的經過，常會發現有些指標乍看之下與結果指標相關，實際上卻沒有因果關係。「演員尼可拉斯・凱吉（Nicolas Cage）在不同年份演出的電影數與在游泳池溺死的人數相關」這段軼事曾引起一陣話題，當然，這兩者只是畫成圖後形狀很像而已，並沒有任何因果關係。這類乍看之下有相關的因素是可以在茶餘飯後拿來當聊天的話題，不過要是選擇這些因素做為指標，很可能會白白浪費資源，故要特別注意。

當新創事業的產品在推廣上遇到瓶頸時，創業者會越來越急於證明自己有在前進，且有獲得其他人的好評。為了讓自己安心下來，許多創業者會開始注意瀏覽次數或不重複使用者數等簡單易懂的指標，讓自己看似獲得了許多人的肯定。

前一陣子，有一個新創團隊對我做了一次簡報。那時我問他們「你的新創事業有足夠的traction（足以推動事業的使用者數）嗎？」。

他們想都沒想就回答「不，現在還沒有。不過，我們的Facebook上有五千人按讚」。聽到這個回覆後，我想都沒想又再回問「那又怎麼樣呢？」Facebook上的按讚數與顧客喜不喜歡這個產品之間並沒有直接的因果關係。

從投資者的觀點來看，創業者把什麼當成KPI可以明確表現出創業者的專業程度。所以，如果這時把Facebook的按讚數拿來炫耀的話，投資者便會完全失去投資意願。

那些容易讓人感覺自己有作出成果的指標，在創業的世界中又被稱作「虛榮的指標」。以下讓我們以幾個例子說明。

圖4-4-11　以衝刺畫布寫出最小可行產品的定性分析結果

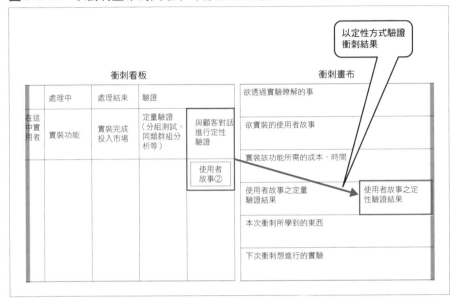

- 瀏覽次數：使用者拜訪網頁的次數。如果不是成功報酬型廣告（Affiliate marketing）[21]的商業模式，瀏覽次數便不會與營收有直接相關，故無任何意義。

- 拜訪人數（訪客數、使用者數）：不知道拜訪網站的是哪些人，造訪的頻率又是如何的話，就算看到拜訪人數一直增加也沒有意義。

- 不重複使用者數：若不曉得顧客是為了什麼而連到這個網站，只知道拜訪人數也沒什麼意義。不曉得訪客在哪個頁面停留，停留的時間又是多長的話，就沒辦法驗證最小可行產品。

- 社群網站的跟隨、成為粉絲、按讚：與達成「製作出人們想要的東西」沒有直接關係（不過，如果這些數字在千萬以上的話又是另一

---

[21] 注：成功報酬型廣告（Affiliate marketing）的機制中，若有其它店家在某網站上刊登廣告並藉此賣出商品的話，該網站可以獲得一定額度的報酬。

回事了）。

- 在網頁上的滯留時間：除了整個網站的滯留時間以外，若沒有一併記錄使用者在不同頁面上的滯留時間分別是多久的話，就只是自我滿足而已（在支援頁面或FAQ頁面的停留時間越長，就表示產品或網頁在使用上很不方便）。
- 以信箱註冊的人數：就算有很多人以信箱註冊並訂閱內容，若不曉得實際寄出含促銷內容之郵件後，會有多少人會打開郵件閱覽內容的話就沒有意義。

以上列出來的指標，大多會隨著使用者人數的提升而跟著增加。若只看這些數字，可能會以為市場對產品的評價也在逐漸上升，以為最小可行產品改善有了成效而安心下來。然而，這些數字再怎麼增加，也不代表使用者瘋狂愛上了自家公司的產品，不代表產品已進入「製作出人們想要的東西」階段。舉例來說，瀏覽次數與黏著率幾乎沒有任何關聯。

相反的，若被這些指標誤導，將資源錯用在其他地方的話，對你的新創事業只會有負面影響。

藉由訪談的定性分析獲得新的洞見

訪談客戶

到這裡，我們說明了以資料為基礎進行定量測量的重要性。然而，新創事業如果只看數字的話，能透過最小可行產品學到的東西仍有其限制。

若只接受轉換成「數字」形式後的顧客意見回饋，雖然可以確保立場客觀，卻會在不知不覺中忽略了顧客的主觀體感。

　　請您回想起「Content is king. UX is queen.（產品內容的優劣固然重要，然而使用者體驗也同等重要）」這句話。

　　為了瞭解顧客真正的想法，必須知道顧客如何接觸這個產品，對這個產品有什麼樣的感覺之類的各面向資訊。若無法掌握這些資訊，那麼藉由最小可行產品學到的東西會顯得片段化而不連貫。

　　以下整理了一些問題的清單，新創團隊可藉此引導顧客回答出定性的資訊。

最小可行產品的顧客訪談問題清單

- 使用這個產品後有感覺到這個產品的價值嗎？
- 請列出您覺得這個產品最有價值的三個功能。
- 為什麼您會覺得這些功能很有價值呢？
- 有沒有哪些功能是您從來沒用過，或者有沒有覺得有哪些功能沒有價值呢？
- 為什麼您認為這些功能沒有價值呢？
- 會想推薦這些產品給家人或好朋友使用嗎？

　　在產品原型的階段所進行的產品試用訪談中所擬定的問題，主要都是為了釐清最小可行產品應有的樣子。

　　不過在將最小可行產品投入市場後的顧客訪談中，必須想辦法問出顧客在實際使用後有什麼樣的感覺。

　　問出「有沒有哪些功能是您從來沒用過，或者覺得哪些功能沒有價值呢？」這樣的問題，並聆聽負面的意見回饋，是這個階段的重點。

　　新創團隊應該要想辦法引導顧客說出像是「難以理解產品的功能與效能」、「按下按鈕後個人資訊好像就會曝光，覺得有點恐怖」之類，不想

使用某些功能的理由。

　　創業團隊不應將最小可行產品評價較低的部分隱藏起來放著不管，而是應該要找出評價之所以會那麼低的理由，在下一次的衝刺過程中扳回一城。

全體團隊成員一起學習

　　蒐集到定量與定性資訊之後，應將這些資訊的意義語言化，並傳達給所有團隊成員，應用在下一次的實驗（圖4-4-12）。

　　顧客的聲音大都只是外行人表面上的評價與分析，而非專業人士的意見。分析顧客的聲音，使其目的明朗化，挖掘出顧客的潛在需求，正是創業者的工作。

　　若想找出顧客意見中所隱藏的資訊，可以將訪談內容寫在便利貼上加以分類，再使用第二章所提到的KJ法整理這些意見。

　　另外，可以將學到的資訊分為產品面上的資訊與銷售面上的資訊，這樣較容易整理出下一步策略。以下整理出了一些在這個階段中最好能夠意識到的問題。

與產品面資訊有關的問題清單

- 顧客為什麼要使用這個產品？
- 顧客覺得產品的哪個功能最有價值？為什麼呢？
- 顧客為什麼不使用這個產品呢？
- 創業團隊針對產品所建立的價值假說有哪些部分是正確的，哪些部分是錯誤的呢？
- 顧客對產品的評價標準，與創業團隊原本設想的產品評價標準一致嗎？還是有所落差呢？哪些部分一致，哪些部分有落差呢？

圖4-4-12 讓全體創業團隊成員都能共享從最小可行產品上學到的資訊

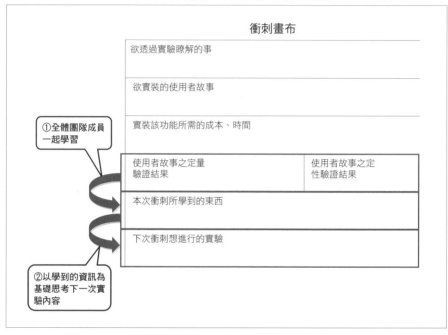

- 這次衝刺過程（最小可行產品）中學到的最重要資訊是什麼？
- 哪些既有功能需要改善？
- 哪些既有功能應該要廢除？
- 應該要追加哪些功能？

與銷售面資訊有關的問題清單

- 在討論是否要購入產品時，會以哪個人的意見為主呢？（銷售 B to B 產品時）
- 若會以不只一個人的意見為主，這些人在組織間的關係為何？該怎麼向他們提出價值提案才好呢？

圖 4-4-13

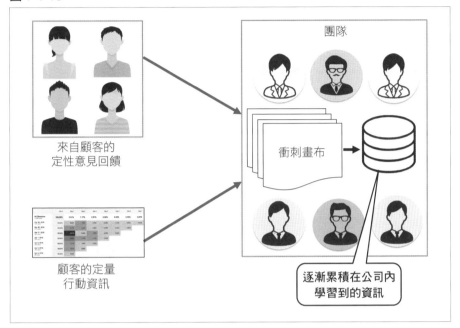

- 應該要以哪個階層作為拓展客源的入口比較好呢？
- 若要讓顧客認同產品並購入，用哪種方法比較有效？
- 試著向顧客推銷，在一連串的推銷過程中，最沒有效果、風險最高的是哪一個步驟？
- 有沒有哪些人會反對購買這個產品呢？這些人反對的理由可能有哪些？

設計一套能夠有組織地建構知識的機制

　　將最小可行產品投入市場後，為了將顧客訪談所得到的資訊傳達給所有創業團隊成員，需將這些學習到的資訊分成「潛在知識」與「外顯知識」，整理起來會比較容易。「潛在知識」指的是無法語言化的知識，是基於個人經驗，在不知不覺中學習到之感覺上的知識。與多個擁有相同

潛在知識的人對話，並將這些對話重疊起來，便可找出客觀的「外顯知識」。而藉由外顯知識的排列組合，實踐構想、製作產品的過程中，又會產生一些潛在知識。

　　創業團隊需在反覆衝刺、累積知識的過程中，盡可能於有限的時間內累積更多的知識。而這將決定產品有沒有辦法達成「製作出人們想要的東西」。

　　在衝刺過程中學到的知識，應填在衝刺畫布中的「學到的東西」欄位內。

圖4-5-1

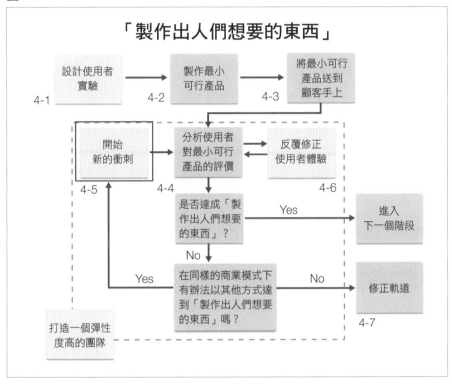

4-5 ｜ 開始新的衝刺

再進行新的衝刺以達成「製作出人們想要的東西」

　　將最小可行產品投入市場，實行第一次的衝刺行動，會得到什麼樣的結果呢？說不定最小可行產品一推出就直擊顧客的需求，成為讓許多人為之瘋狂的產品，立刻就達成「製作出人們想要的東西」（PMF）條件，這

種幸運的例子也不是沒有。

　　不過就我所知，這樣的案例十分稀少。在將最小可行產品投入市場，第一次從顧客身上學到東西後，大多還需以此為基礎修正軌道，設定新的使用者故事，然後再次投入市場。

　　若要再次將最小可行產品投入市場，該如何設定新的使用者故事呢？應該要嘗試一個全新的使用者故事嗎？還是要從衝刺看板的待處理一欄內，選擇一個還停留在這個階段的使用者故事當作最小可行產品的依據呢？這時需仔細分析第一次衝刺行動後的定量分析、定性分析結果再作判斷。

　　無論如何，只要實驗性地執行一次衝刺行動，應該就能產生出新的使用者故事，接著只要再將其加入衝刺看板上的待處理欄就可以了。故創業團隊可以一邊調整衝刺看板的進度，一邊進行第二次實驗（圖4-5-2）。

比較第一次與第二次的最小可行產品

　　在第二次以後的衝刺行動中，需將新的使用者故事融入最小可行產品內，再依據AARRR指標的原則設定KPI以進行定量分析，並透過訪談顧客進行定性分析，與之前的行動相同。

　　第二次以後的衝刺行動中，最重要的是要將這次最小可行產品的定量分析結果與之前製作的最小可行產品進行比較，確認數值是否有改善。

　　這時可以使用一種叫做同類群組分析（cohort analysis）的方法。同類群組分析可以比較不同群組之使用者的行為，分析出團隊策略的改變會對產品的表現有什麼影響，再將分析結果作為製作下一個最小可行產品時的參考。

圖4-5-2 將第一次衝刺行動中所學習到的知識追加至新最小可行產品的使用
者故事中

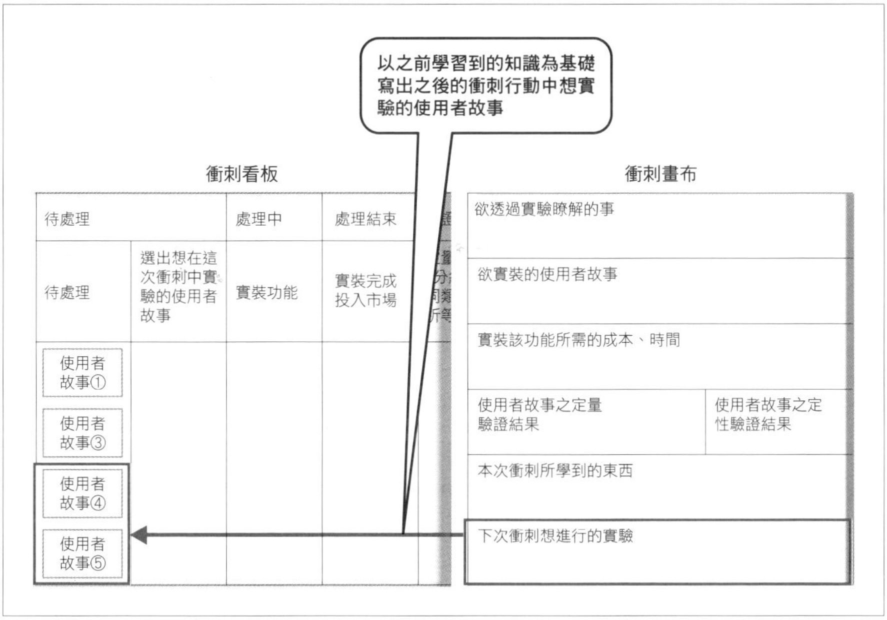

以分組測試確認效果

「分組測試」是同類群組分析中較簡便的方法。將作為實驗對象的使用者分為兩組，分別讓他們實際使用產品A和產品B，再測量使用者在行動上的數據的方法，又被叫做AB Test。

以目標客群是來日本旅行之外國旅行者的Wi-Fi連接服務，Anywhere Online為例，圖4-5-3顯示出最初的最小可行產品與依照第一次衝刺行動的分析結果再製作而成的第二版最小可行產品兩者間的比較。若以顧客啟動（開始使用）作為指標，著陸頁的訪問者中，註冊為使用者的人數比例雖然沒有很大的改變，但閱覽廣告的人（完成註冊手續的人）的比例增加了3%，由此可以瞭解到將顧客引導至閱覽廣告的使用者體驗改良有一定

圖 4-5-3

	最小可行產品的測量結果（實際數字）	最小可行產品的測量結果（比例）	第二版最小可行產品的測量結果（實際數字）	第二版最小可行產品的測量結果（比例）	目標值
獲取顧客（拜訪者）	332人	100%	325人	100%	100%
開始使用（註冊）	305人	90%	299人	92%	95%
開始使用（註冊流程結束）	93人	30%	102人	35%	80%
持續使用（三日以內再度拜訪）	23人	25%	25人	25%	80%
產生營收、轉化為付費使用者（每位使用者平均一天內的廣告閱覽次數）	4.2次	4.2次	6.1次	6.1次	10次

（圖中註記：將最初的最小可行產品與第二版最小可行產品放在一起比較）

成效。此外，閱覽廣告的使用者增加，每位使用者的廣告閱覽次數約增加了兩次，離目標又近了一步。

　　像這種利用分組測試方法所進行的同類群組分析，需蒐集不少使用者的資料才行，得花上不少時間與人力。

　　但長遠來看，將這種定量的評價系統應用在衝刺循環的產品評估上，可以更有效率地知道新最小可行產品的研發成果。時間對新創事業來說是相當寶貴的資源，這個方法可大幅降低時間上的花費。

在達成「製作出人們想要的東西」之前，網路服務的網站能聚集到的人潮非常少，要找到數百人、數千人的受試者是很困難的事。若受試者過少，就難以判斷分組測試所得到的結果是有意義的差異，或者只是誤差。

不過，這裡最重要的並不是數字上的細節變化。藉由反覆的衝刺過程修正最小可行產品的軌道，以改善顧客的評價，並瞭解顧客的大致偏好才是主要目的。反覆執行衝刺過程，並提出許多最小可行產品的版本後，若「要是沒有這個產品的話會讓我很困擾」、「這個產品實在太棒了」這樣的意見回饋越來越多，便可得知最小可行產品的改進方向是正確的。

優秀的使用者故事應站在使用者的角度

如前所述，在思考使用者故事的時候，可參考以下模板。

〈使用者〉想要實現／解決〈某個目標／問題〉。這是因為〈某個理由〉。為了達到這個目的，需實裝〈某個特徵功能〉。

如同這個模板所述，製作最小可行產品時所參考的使用者故事必須考慮到「這個使故事的主角是誰？」、「這個故事是為了達成什麼目的？」、「為什麼這個故事有其價值？」等問題。

顧客離開mixi的原因

社群網站mixi曾在日本風靡一時，其每個月的活躍用戶曾超過一千五百萬人。然而在其他的社群網站（Facebook、LINE、Twitter、Instagram等）的抬頭下，現在mixi的用戶已越來越少。

不過，社群網站mixi的用戶之所以越來越少，並不僅是因為競爭者的增加。我認為mixi之所以會衰退，最大原因在於他們沒有辦法持續探索更好的使用者故事，實裝對顧客而言最有價值的功能。

圖4-5-4

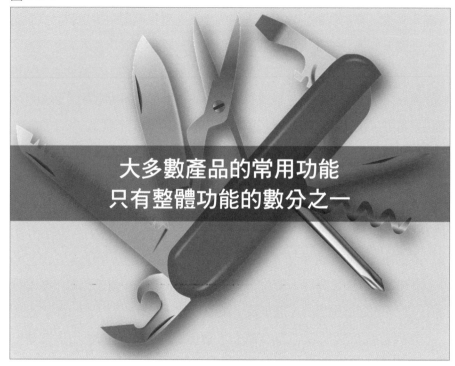

大多數產品的常用功能
只有整體功能的數分之一

　　在競爭漸趨激烈時，mixi關注的卻不是消費者想要的功能，而是致力於實裝其他競爭者已有之功能。我認為這就是mixi的敗因。

　　數年前，mixi的創業者笠原健治先生仍是mixi社長時，曾在一個記者會上提到mixi與Facebook、Twitter的差別。笠原先生說，Facebook可以讓使用者與朋友及工作上的夥伴交流；Twitter可以讓使用者蒐集感興趣之企業、有名人士的相關資訊；而mixi則是讓使用者與親密好友交流的地方。

　　雖然笠原先生這麼說，但mixi卻新增了新聞瀏覽之類，與和親好朋友交流無關的功能。

如果mixi想要讓原本的使用者更喜歡該網站的服務，或許不應該把發展方向著重在社群介面的更新，而是要設法改變訊息平台，讓使用者與親密好友之間的訊息傳送體驗變得更好。

雖然這可能只是事後諸葛，但就在mixi還搞不清發展的方向性時，LINE便發展出了可以讓使用者與親密好友愉快交談的訊息平台，一舉搶下市場。

由這個例子我們可以看得出來，若想將新的使用者故事融入產品、改善產品的話，不應站在製作者的角度，而是要站在使用者的角度，隨時思考使用者想要的是什麼才行。

不要隨便增加新功能

一次衝刺行動結束後，可製作出新的最小可行產品版本，此時必定會為產品追加新的功能。

然而，絕對不能不經思考就一股腦地把新功能加進產品。如果在訪問顧客之後，判斷某些功能確實應該要加進產品內的話，固然有新增這些功能的必要。但我看過很多新創事業不去管使用者真正的需求，卻為了挖掘出更多可能的需求，而新增了一大堆功能。

我們每天都會用到的試算表軟體Excel與Gmail雖然有非常多種功能，但每天實際用到的卻只有其中的數％。

大企業在開發新產品時，常會因為希望新產品更有魅力，而將新增「可有可無」功能的理由正當化。

然而，對缺乏資源的新創事業來說沒有辦法像大企業那樣任意新增新功能。新創事業應專注於發掘目前世界上沒有的使用者故事。而且，新增功能要做的事不只有看得到的部分，還須考慮許多隱藏成本。包括測試、調整、開發過程的複雜化、同時進行多項工作可能會分散注意力等。

工程師一直想新增功能

　　另外，就算最小可行產品沒有任何不足，還是有不少工程師會想要新增功能，這點必須特別注意。在考慮要不要新增最小可行產品功能的時候，若新的功能無法為顧客帶來更高的價值，那麼當工程師提出新增功能的要求時，創業者基本上都應該以「NO」回應。

　　在衝刺的過程中，比起新增特徵功能，減少特徵功能可以讓使用者更明白這個產品的意義，得到較好的實驗結果。

　　在新增兩個功能之後，依其使用狀況刪除一個很少被使用的功能。開發新產品時或許可以用這種方式評估新增功能的基準。

　　至今我們曾提到多次「Startup Genome Report」，由他們的調查顯示，在達成「製作出人們想要的東西」前的產品驗證階段（製作最小可行產品的階段）中，失敗的新創事業所寫的程式碼的量，是成功新創事業的3.4倍（圖4-5-5）。故我們可以說，對於資源相當有限的新創事業來說，讓最小可行產品的功能限制在最小範圍內，是成功的一大重點。

達成「製作出人們想要的東西」了嗎？

判斷是否達成「製作出人們想要的東西」的基準

　　在最小可行產品上實裝新的使用者故事，持續進行定量分析與顧客訪談的定性分析。若經過許多次循環後所篩選出來的因素，能讓團隊製造出顧客會想要持續使用的產品，便達成了「製作出人們想要的東西」條件。

　　要判斷產品是否有達成「製作出人們想要的東西」，可以觀察是否滿足以下三個條件。

圖4-5-5　失敗的新創企業會寫下大量程式碼

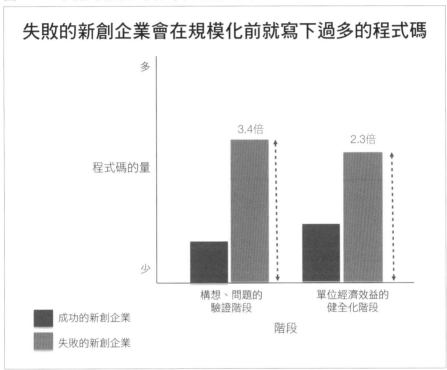

圖片來自由美國 Startup Genome 的報告《Startup Genome Report Extra on Premature Scaling》製作而成的書籍

- 使用者是否有保持高黏著率？
- 從獲得顧客到產生營收的機制是否已確立下來？（是否能將產生營收的流程語言化、結構化？）
- 精實畫布的項目是否成立？

　　滿足這三個條件才算是達成了「製作出人們想要的東西」。我們在第一章與第二章中使用了精實畫布這個工具，確認創業團隊的構想是否符合市場的需求，以及新創團隊所建立的問題假設是否真的就是顧客的問題。

目前做出來的最小可行產品是否有滿足這些條件，就是判斷產品是否有達成「製作出人們想要的東西」的關鍵。

基本上，並沒有明確的數值可以用來判斷產品是否有達成「製作出人們想要的東西」。不過，只要滿足以上三個條件，就能夠在沒有宣傳的情況下，吸引更多顧客來使用新產品。會有越來越多人透過社群網站等管道知道這個產品，創業團隊應可感受到這些實際變化。

顧客是否為此瘋狂？

美國Qualaroo[22]創業者西恩・艾利斯（Sean Ellis）將可以讓產品的銷售、知名度大幅成長的實用知識命名為「成長駭客（growth hack）」。他也發明了一個測試顧客對產品有多狂熱的方法，這種方法又名為「西恩・艾利斯測試」。

在這項測試中，會詢問實際使用過這個產品的顧客「如果沒有這個產品的話會覺得如何呢？」如果有40%以上的使用者回答「覺得非常可惜」的話，便可判斷未來仍可靠這項產品持續獲得新的顧客。40%這個數字是檢視各個新創產業案例後訂出來的標準。

無論如何，產品有沒有達成「製作出人們想要的東西」，不應只看定量分析的數字，而是要實際聽取使用者的心聲，再依此判斷才對。

---

[22] 注：美國Qualaroo公司開發的行銷工具，可協助網路業務公司讓拜訪網站的顧客黏著下來成為常客。

圖 4-6-1

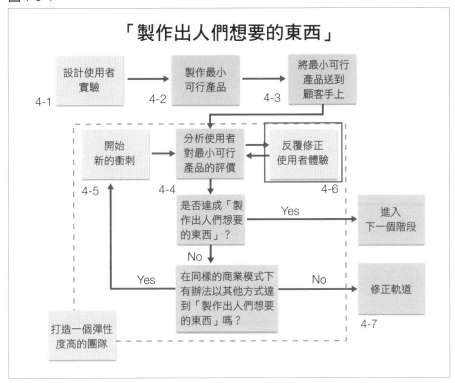

4-6 | 反覆修正使用者體驗

使用者體驗會影響使用者的黏著度

持續改善使用者體驗

　　到目前為止的第四章內容，我們介紹了如何藉由衝刺行動，從使用者的觀點寫出一個個使用者故事，並將其融入產品中，製造出盡可能貼近使

用者需求的最小可行產品。

不論是修正使用者故事，將使用者想要的功能新增至最小可行產品內這類規模較大的軌道修正；或者是改善app或網站的方便性等「使用者體驗改善」這類規模較小的軌道修正，對於提升使用者黏著率都相當有效。

最近常可聽到「Content is king. UX is queen.（產品內容的優劣固然重要，然而使用者體驗也同等重要）」這句話。不管產品提供了多優秀的功能，要是使用者體驗過於低劣，就沒辦法提升顧客的黏著度。

接下來將會解說具體的使用者體驗改善策略，包括如何讓顧客成為活躍的使用者並黏著下來，以及如何讓顧客深深愛上你們的產品。提到使用者體驗，一般人可能會覺得這是B to C的產品才要重視的東西，然而對於B to B的產品來說，提高顧客的黏著度也是相當重要的概念。

提升使用者黏著度的秘訣

理解使用者體驗黏著模型

要達成「製作出人們想要的東西」，必須增加產品或服務的魅力，提升顧客的黏著度。

因此，許多新創事業會想要增加產品的新功能。不過，就像前面文章所說的一樣，這在提升使用者黏著度上通常會有反效果。大多數後來追加的特徵功能幾乎不會用到。故不應該隨意地增加產品功能，而是要將必要功能篩選出來，剔除其他不需要的功能，讓使用者體驗更受使用者喜愛，這才是提高使用者黏著度的重點。

那麼，要提高使用者黏著度的話，又該如何改進使用者體驗才行呢？

我曾指導過許多新創事業，也曾以各種不同面向研究如何改善使用者

體驗。依照這些經驗，我將改善使用者體驗，提升顧客黏著度的流程整理成圖4-6-2。

以下我會將這個模型稱作「使用者體驗黏著模型」。

我們在第三章中也曾提到，我們可以沿著時間軸，將使用者體驗分為因為對產品的期待而躍躍欲試的「使用前使用者體驗」、實際使用產品時的「使用中使用者體驗」，以及因為期待再次使用產品而躍躍欲試的「使用後使用者體驗」等三個部分。

還有一點不能忘記的是，使用者會透過這三個使用者體驗累積對產品的整體感覺，這就是所謂的「累積的使用者體驗」。如何改善從使用前到使用後的使用者體驗，讓使用者在累積使用者體驗的過程中感受到產品整體的魅力，便是提升顧客黏著度的重點。

圖4-6-2　使用者體驗黏著模型的整體流程

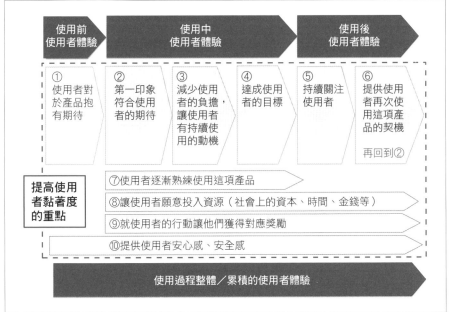

圖4-6-2的藍色虛線所圍住的部分便是提升顧客黏著度的重點。

在使用前使用者體驗中，1必須讓使用者在第一次看到產品時就想要試用看看，故使用方法必須易於瞭解。而在使用中使用者體驗中，2需讓使用者覺得，使用這個產品時的感覺與使用前所期待的感覺相同；3且使用這個產品時，可以減輕使用者的負擔，讓使用者想要繼續用下去，4最後達成使用者的目標。至此，應可讓使用者產生想一直使用這項產品的想法。而在使用後使用者體驗中，為了讓這樣的想法持續下去，需5持續關注使用者，並提供使用者6再次使用該產品的契機。比方說，顯示「這麼做的話會更方便」這樣的資訊，讓顧客會想要再次使用這個產品。

像這樣持續關注使用者，使用者便會再次使用這個app，且因為2以後的使用者體驗而想要持續使用這個產品。與最小可行產品的衝刺行動類似，使用者體驗的改善也是在經過2～6的反覆循環中，持續增加累積的使用者體驗品質，提升顧客的黏著度。

欲透過累積的使用者體驗提升顧客黏著度時有幾個重點。

首先，必須讓使用者「熟練」產品的使用（7）。當使用者習慣產品的操作之後，才會覺得這個產品很方便。接著是「讓使用者願意投資資源」，比方說讓使用者願意投資時間在社群app上，跟隨其他人的動態或增加朋友（8）。而「讓使用者獲得獎勵」，則是像拍賣網站般，讓賣家的評價會隨著使用次數而逐漸上升的機制（9）。

「安心感、安全感」顧名思義，就是要讓使用者在使用產品時能夠感到安心、安全（10）。如果是實體產品的話，要確保使用者不會在使用產品時受傷；如果是社群軟體的話，要確保使用者的隱私權不會被侵犯。至於「累積的使用者體驗」，將會在之後詳細說明。

圖4-6-3

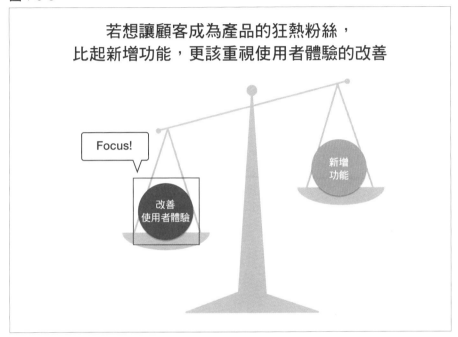

讓1.5億人為之瘋狂的Snapchat

　　讓我們以美國Snap公司所開發，附有傳送照片功能的即時傳訊app「Snapchat」為例，說明「使用者體驗黏著模型」的思考模式吧（1～10）！

　　美國Snap公司於設立六年後的二〇一七年三月於紐約證券交易所上市。目前每天有一億七千萬以上的使用者，年輕人為主要使用者。

　　這個app之所以能夠爆發性成長，是因為它在app的許多地方都安排了會讓顧客在不知不覺中持續使用下去的賣點。

　　使用者體驗黏著模型要從顧客與新創事業所提供的產品相遇的那一刻開始說起。

　　以Snapchat為例，許多使用者是在看到周圍的朋友有在使用，覺得「看起來很有趣」，或者是在Twitter及Instagram上看到其它使用者說「Snapchat」很有趣，才下載了Snapchat來用用看。若要增加以此為契機而開始使用Snapchat的使用者，必須讓他們產生「拍有趣的照片好像是件很愉快的事」這樣的直覺，而這樣的期待又與社群網站上的分享有關（1）。

　　重點在於，要讓使用者在開始使用這個產品時，維持「好像很有趣」、「感覺用起來很嗨」的期待感，甚至要將這種期待感放大。首次打開Snapchat的app時，起始畫面的商標下方有一個「註冊」按鈕。在1的階段中，心懷期待的使用者便會按下這個按鈕，開始使用這個app（2）。

　　另外，Snapchat的操作相當簡單。只要一個按鈕，就可以將智慧型手機內的通訊錄資料匯入app或發送邀請，馬上就可以開始與朋友互傳訊息。而且，若完成註冊手續，便可以將app切換成攝影模式。不會很多時間煩惱不曉得該怎麼操作，馬上就能上手（3）。

　　將拍下來的照片發送給朋友，便達成了使用者的目的。若能讓使用者覺得「用起來很簡單！」的話，距離他們成為常客便只剩一步了（4）。

　　當使用者從朋友的評論中，知道Snapchat有可以把照片中的自己變成動物臉的濾鏡之類，讓拍照變得更有趣的功能的話，使用者就會試著製作並發送這類照片。用相機功能拍下自己的照片後，在自己的臉上點一下，就會出現數個候選濾鏡供選擇，馬上就可達成使用者的目的。使用者會期待app能夠把自己的臉變得多有趣，進而提高對app的黏著度（5）。

　　此外，若將有趣的照片傳給朋友，並從朋友那裡得到回覆的話，便可以再次使用這個app（6）。

　　這樣看下來，可以實際感受到Snapchat的使用者體驗確實有考慮到如何增進使用者的黏著度。

圖 4-6-4

確認自己拍的東西能不能成為有趣的內容。
如果拍到比想像中還要有趣的照片，
便可得到「驚訝」做為獎勵。

照片 Snapchat

　　Snapchat 也有考慮到使用者「累積的使用者體驗」。在使用 app 的過程中，app 會將使用者在照片上的塗鴉記錄下來，也會陸續增加可使用的貼圖種類，讓使用者在 Snapchat 的使用上越來越「熟練」。

　　在階段 3 中將通訊錄送出時，app 會依照手機內的資訊，詢問使用者「是否新增這位朋友？」。像這樣將通訊錄裡的人一一新增為朋友之後（也就是「投資」了你的資源），便會逐漸讓你變得無法輕易離開 Snapchat（8）。

　　這樣的投資，可以讓使用者獲得將自己拍的照片轉變成有趣內容的滿足感、透過濾鏡加工而獲得超乎期待的照片作品等。這種驚訝的感覺就是

圖 4-6-5

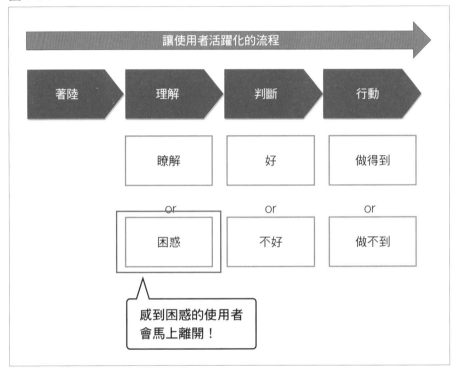

使用 app 的「獎勵」，可增加使用者的黏著度（9）。

　　另外，之前也有提到，Snapchat 最大的特徵是可以設定將傳送給朋友的照片或影片於 10 秒之內自動刪除。在使用其它社群軟體時，常發生使用者覺得自己失敗的瞬間很有趣，可以成為聊天的話題，而將相關訊息出去，卻在之後覺得相當羞恥而後悔。由於 Snapchat 的照片可以自動刪除，故提供了「讓人安心、有安全感」的使用者體驗（10）。

　　接著，讓我們就使用者體驗黏著模型（圖 4-6-2）的各要素，依照 1～10 之不同階段，一一詳述每個重點吧！

與產品相遇的契機

使用者在什麼樣的狀況下與產品相遇，是1的重點。

請回想一下第二章中我們設想的顧客人物像。想像顧客通常會從哪些地方蒐集資訊，在哪裡與新產品相遇，並試著在那些地方送出相關資訊。假設目標顧客的人物像是十多歲的女性，那麼在網路上的宣傳就可以利用Instagram；如果是三十多歲的商務人士，則改用Facebook較為合適。

與至今所介紹的訪談過程相同，拿著產品直接到設想之顧客所在的社群內訪問潛在顧客，會是個不錯的方法。

吸引顧客注意的具體方法將在第五章中正式介紹。

第一印象決定一切

能否讓發現這個產品的顧客開始使用這個產品，就是2的重點。若最小可行產品是網站服務或app的話，將產品價值以直觀方式傳達給拜訪網站的人便是一大重點。若顧客能夠一眼看出產品的價值，便會註冊為使用者。然而，若顧客到了這個階段仍不曉得產品價值在哪裡的話，就不會再度拜訪這個網站了。

顧客完成註冊程序，開始使用app時，要是沒辦法讓他們有「這項服務非常方便」的第一印象，他們馬上就會停止使用這個產品。

然而讓顧客留下好的第一印象的難度也一年比一年高。

原因便出在智慧型手機的普及。活在現在這個年代的我們，任何時候都會受到各種刺激與資訊的誘惑。與沒有智慧型手機的年代相比，這個年代的手機使用者須面對各式各樣的誘惑，注意力很容易被分散掉，想必每個人都認同這點吧。現在，能夠吸引到多少人注意就是企業成功的關鍵。

　　在顧客開始使用產品的階段中，若要讓顧客成為活躍使用者的比例有所提升，如何用最簡單易懂的方式將產品的價值傳達給顧客，吸引預設顧客的注意力，便是一大重點。

明瞭易懂是讓使用者成為忠實用戶的關鍵

五秒內看出價值

　　在這個「注意力經濟」的世界中，吸引顧客的注意是一件很重要的事。過去沒有實際成績的新產品或新服務若要贏過競爭者，就必須在著陸頁這類顧客首次接觸的地方下工夫，徹底將沒有用的功能刪除，僅留下應傳遞給顧客的資訊，以最簡潔的形式傳遞給顧客。

　　就我自己的感覺，顧客能忍受的時間大約是看到著陸頁以後的五秒內。要是沒辦法在五秒內引起顧客的興趣，顧客就不會再次拜訪著陸頁。

　　請回想一下我們之前提到的矽谷食物宅配服務，DoorDash的最小可行產品。

　　進入DoorDash的最小可行產品網頁後，網頁中央「為您外送帕羅奧圖市內的美味餐點」這段引人注目的標語立刻映入眼簾，且顧客馬上就能意會到只要三個步驟就可以下訂單。

　　請試著回想我們在第一章中曾提到的設想中之顧客的人物像，藉此篩選出要放在著陸頁上的訊息。

清楚明白的展示影片或教學模式

　　最近常可看到新創團隊將簡短的影片或使用者應注意的重點直接放在著陸頁上，讓使用者在使用前就能先大致體會到產品的核心功能。

　　從拜訪著陸頁到成為活躍使用者（註冊為使用者）的階段之間，顧客的心中會經過「理解」、「判斷」、「行動」等三個步驟。理解產品；判斷這個產品是否有價值；若顧客認為有使用這個產品的必要便會行動，註冊為使用者。若在這些過程中有哪個地方不明白，顧客就不會註冊成使用者。

　　讓我們以開發股票買賣app工智慧型手機使用的One Tap BUY（東京，港區）為例，說明如何用簡單易懂的方式釋出資訊，引導顧客成為黏著度高的使用者（圖4-6-6）。在安裝好app，開始使用之後，三十秒後就能進入教學畫面，模擬買進股票的情形。

圖4-6-6

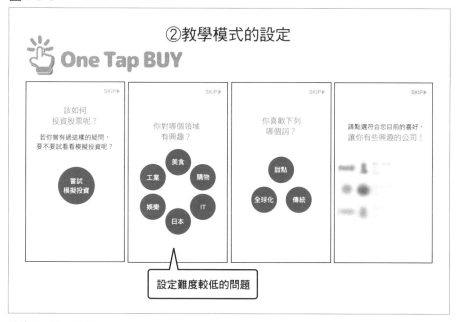

圖片 One Tap BUY

　　他們詢問使用者的問題並不是「您的目標是資本利得嗎？還是股息呢？」這種股票app特有的問題，而是從「您對哪個領域有興趣？」、「您喜歡下列哪個單字？」這種難度較低的問題開始，隨著一次次的畫面點選，app會從使用者的答案判斷應該要推薦哪些股票給使用者，並將其顯示在畫面上。

　　教學模式可以幫助使用者理解股票的買賣，引起使用者的動機，讓他們也想試著實際購買股票看看。

　　過去的網站中，常會針對使用者覺得不好理解的地方製作FAQ頁面解答。然而在這個講求速度的時代，不會有人想去閱讀FAQ。要是對於產品有任何不了解的地方，使用者就會馬上放棄使用這個產品。請以此為前提製作你的最小可行產品。

　　比方說，碰到操作比較複雜的地方時，馬上顯示出操作說明，或者建構對話式的教學模式等使用者優先的使用者體驗。

　　然而，就像功能過多的產品難以讓顧客成為黏著度高的使用者一樣，如果要用教學模式說明所有特徵功能的話只會讓使用者覺得很煩。

　　創業團隊可以將每一個特徵功能依照其「功能上的重要程度（功能的獨立性與使用頻率）」與「功能的易理解程度」計點評估，若總點數在一定數字以上，再準備說明或教學（圖4-6-7）。

將註冊過程簡單化

　　想必不少人都有看上了某個產品，而想註冊為使用者，卻因為註冊時須輸入的項目過多而中途放棄的經驗吧。對創業者來說，沒有比這更可惜的事了。就像是進了店面、選了商品，卻看到收銀檯前排著長長隊伍而愣住，黯然離開的客人一樣。使用者註冊的使用者體驗在獲得顧客上有著很重要的意義。

圖 4-6-7

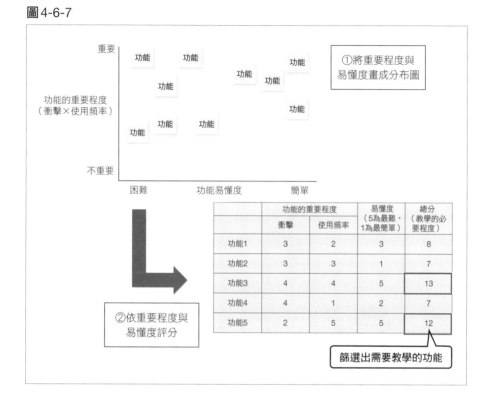

許多新創服務會有以Facebook等社群網站的帳號進行使用者認證的機制，讓使用者可以輸入最低限度的資料就完成註冊，一口氣降低註冊的複雜度。現在有些產品甚至連使用者註冊都不需要，而是開放部分產品功能讓未註冊使用者使用。市面上越來越多相當大方，讓人不禁懷疑「讓顧客在註冊之前就能使用這些功能真的好嗎？」的產品。或許也可以說是因為若不提供那麼豐富的優惠，就難以引起使用者的注意。

圖 4-6-8

減少使用時的負擔

時間
減少一項行動
所需的時間

體力
減少一項行動
所需的體力勞動

腦力
減少一項行動
所需的精神上
努力與集中力

社會上的認同
讓使用者在使用產
品時,能夠獲得社
會上的認同感

金錢
減少一項行
動所需的財
務負擔

日常性
減少脫離
日常生活
的可能性

安心感、安全感
讓使用者在使
用時能夠感覺
到安心、安全

減輕使用者的負擔

在透過註冊程序獲得新的使用者後,就必須讓他們在使用產品的過程中減輕負擔(壓力),才會持續使用這個產品(相當於使用者體驗黏著模型中的3),因此有必要好好擬定產品的策略。減輕使用者負擔的主要策略可分為以下幾種。

■減輕時間的負擔

減少一項行動所花的時間。

圖 4-6-9

利用人們的認知偏誤，提高使用動機

稀缺效應

人們會特別喜歡
所剩不多的事物
（稀缺價值較高）

框架效應

即使是同樣的東
西，若表現方式
不同，給人的印
象就不一樣

定錨效應

顧客會以單一資
訊為基準當作判
斷依據

從眾效應

越來越多人使用
這個產品時，自
己也會想要使用

人為推進效應

越接近目標，
完成目標的動
機就越強烈

協和號效應

若投資了越多資
源，使沉沒成本
增加，就越難放
棄

　　舉例來說，前面提到的 Snapchat 的濾鏡有辨識人臉的功能，不須使用
者指定臉的大小或眼睛的位置就能自動為人臉加工，大幅縮短作業的時
間。

■減輕身體的負擔

　　減輕為得到某項結果須付出的身體勞力。

　　目前操作個人電腦或智慧型手機時，都需要敲擊鍵盤或點擊畫面。

　　另一方面，在美國有爆發性成長，不久前亦在日本上市的Amazon Echo與Google Home等聲音辨識喇叭可以用聲音操作，故可大幅減少操作複雜度。

■減輕腦的負擔

　　減輕顧客腦的負擔。

　　亞馬遜有「購買這個商品的人也會瀏覽這些商品」的推薦功能。有了這個功能，使用者就不須思考該用哪個關鍵字搜尋，以及有哪些相關的產品，降低了他們的思考負擔。

　　同樣的，若能事先準備好有魅力的模板，也可以減輕使用者在設計時（如編輯照片）需消耗的腦力。

　　將滑鼠指標移到選項或按鈕上時就會出現使用提示這種「即時教學」功能，讓使用者不須記憶複雜的操作方式也能順利上手，可提高使用者的黏著度。

■減輕金錢的負擔

　　降低使用者的金錢成本，便能夠提高使用者的黏著度。這應該不須多做說明吧。

　　降低產品價格固然是種方法，除此之外還包括取消契約時免手續費、明確列出使用者需付費的時間點（像如果是預約旅館的話，可以強調在前一天取消就不收取消費用等），都應下工夫做好。

■減輕社會認同造成的負擔

　　人們會在意周圍的人對自己的評價。尤其是十多歲的年輕人特別有這樣的傾向。

就算一個app功能再怎麼好用，要是設計很死板的話，使用者可能會覺得「要是讓人知道我有在用這東西的話，別人可能會以為我是一個很死腦筋的人！」而感到不安，不再使用這項產品。

因此，新創事業需清楚描繪出預設顧客的人物像，思考周圍的人會對這個人物有什麼樣的評價，進而設計出符合顧客的使用者體驗。

引導使用者達成目標

就算顧客開始使用產品或app，若這些產品或app沒辦法幫助使用者達成他的目標，像是用購物app買到商品，或者用旅館app預約房間的話，使用者便不會繼續使用這個產品。如同我們在使用者體驗黏著模型的4中所提到的，新產品需幫助使用者達成他們的目標。

以下介紹幾種引導使用者用這個產品達成目標的技巧。

■稀缺效應

當人們知道產品剩下的數目不多，或者快過了可使用的期限時，就會感覺到產品的稀缺價值。當他們聽到「只剩五個位子」、「只有今天免費」等資訊時，就會想要現在馬上買下來或開始使用。

■定錨效應

「原本定價為九千八百日圓的產品降價為四千八百日圓販賣」，聽到這類消息時，使用者常會以平常的訂價作為判斷基準（被定錨），覺得買到賺到而順手買下來。

■從眾效應

支持某個選擇的人越多，人們便會覺得這個選擇是正確的。「有一百

萬人下載了這個app」、「今天有八十八人預訂了本產品」，像這樣強調販售成績，便可降低使用者在購買或申請上的心理門檻。

■人為推進效應

若知道自己離終點很近，使用者就會覺得「再一下下就抵達終點了」而努力完成目標。

研究顯示，若讓使用者在網站上輸入各種資料的途中，看到「只剩下一個步驟就結束了」的訊息，會有較多使用者願意努力把資料填完。

與使用者交流以提升黏著度

在引導使用者達成目標（轉化為常客，conversion）後，為了提升黏著度，需時常關注使用者的動態。這就是使用者體驗黏著模型的5。

舉例來說，在顧客購入商品後，應發送「感謝您的購買」之類禮貌上的信件。而使用者預約旅館後，在預定入住的前幾天，要發送郵件提醒使用者。發送這類訊息的同時，可以詢問使用者對於產品或服務的感想，這對使用者體驗的改善來說相當重要。

近年來，顧客在購買產品或註冊服務後，對於來自廠商的關注有越來越高的期待。故也可以說廠商的關注是判斷使用者是否對這項產品有高黏著度的重要依據。

提供再次使用產品的契機

別忘了使用者體驗黏著模型6的「提供再次使用產品的契機」。為了讓曾用過該產品的使用者再度使用，可以寄送郵件、提供使用方式或設定上的建議等。

即使新創事業不打算寄送郵件或訊息，也可以像前面所提到的Snapchat例子一樣，當使用者第一次用Snapchat發送訊息給朋友，並得到回覆時，Snapchat就會建議你再次發送訊息給朋友。

更理想的狀況是，當使用者開始使用這項產品時，會逐漸累積使用產品時的記憶，形成「累積的使用者體驗」，進而自動產生「想要再用一次看看」的想法。

舉例來說，Google或Facebook便以滲透進我們的生活，就算營運公司沒有極力宣傳，仍有很多會持續使用。

讓顧客熟練操作

比起第一次使用某產品，持續使用該產品一段時間後，使用者的操作應會變得更熟練，進而提高使用的動機。若欲提升使用者黏著度，這種「累積的使用者體驗」便是一大重點（使用者體驗黏著模型的7）。

遊戲即為典型的例子。除此之外，像是Instagram或Cookpad這種用戶生成內容（User Generated Content，UGC）服務的使用者在熟練以後，使用動機也會變得更強。這類服務能夠讓使用者在持續上傳創作內容的過程中，逐漸提升照相、攝影等加工技術，或者是撰寫食譜技巧，當他們獲得其他使用者的反應的話也能提升使用這項服務的動機。

對於Mercari或Yahoo拍賣這類拍賣網站的賣家來說，使用的次數越多，便可累積越多技能（照相攝影、廣告標語、定價、與買家的交流、包裝技術等）以提高商品售出的價格，也能提升使用動機。

讓使用者投入資源

在《鉤癮效應》一書中整理了一些提高使用者對產品之黏著度的方法，也介紹了一些有趣的研究結果。

圖4-6-10

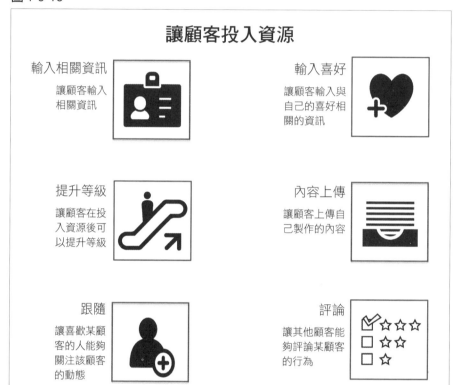

在一項實驗中，研究者將某個摺紙作品拿給受試者看，並請他決定價格。若沒有給予其它任何資訊，只是單純給對方看摺紙作品的話，價格平均約為五美分。不過，如果讓受試者知道這是由摺紙專家製作而成的摺紙作品，受試者決定的價格平均為二十五美分。而在另一個實驗中，其他受試者在為自己的摺紙作品定價時，平均約為二十四美分。

這個實驗結果顯示，如果是自己付出勞力後完成的作品（投資勞力），人沒會給予比較高的評價。

在《鉤癮效應》[23]中，作者尼爾・艾歐（Nir Eyal）等人說明了讓使用者投入資源的重要性。

若能讓使用者將時間、金錢、勞力、社會資本（社會地位、朋友關係等）、精神信仰、個人資料等各種資源投資在產品上，使用者對產品的黏著率也會提高（使用者體驗黏著模型8）。

以下介紹幾種藉由使用者體驗讓使用者對產品投入資源，提升顧客黏著率的代表性方法。矽谷內已有許多公司將這些方法應用在自己的app上。若您想加強自家產品與使用者之間的連結，可以參考這類構想。

■讓使用者輸入相關資訊：讓他們有「既然都輸入那麼多資訊了，就繼續使用下去」的想法

在開始使用產品之際，讓使用者輸入個人檔案，選擇自己的興趣、從清單中選擇關注的項目，甚至要求交出身分證等……。

當顧客投資了許多時間在輸入相關資訊的手續上時，就會覺得「既然都輸入那麼多資訊了，就繼續使用下去吧」，進而提高他們的使用動機。

我並不是要創業團隊刻意讓使用者輸入許多沒有用的資訊，而是希望創業團隊能意識到，輸入相關資訊這個行為，會影響到使用者的黏著度，以及再次使用服務的的機率。

當然，讓使用者輸入資訊時必然會造成使用者操作上的負擔，故需下工夫設計要求資訊的方式，像是以對話方式引導使用者輸入資訊、以美觀易懂的排版方便使用者選擇選項等。如果輸入資訊的方式太過複雜，反而

---

[23] 注：《鉤癮效應：創造習慣新商機》（尼爾・艾歐、萊恩・胡佛（Ryan Hoover）著，穆思婕譯，天下文化出版）一書中介紹了讓使用者在使用產品的過程中，逐漸提升其黏著度的方式「hooked model」。書中也提到服務提供者應給予使用者某些獎勵，並整理了建構使用者體驗的基本內容。

容易讓使用者放棄。

　　讓使用者在看到產品之後馬上就想用用看是新產品的一大重點，故也可考慮讓使用者在習慣產品使用方式後，再要求使用者輸入相關資訊。

■選擇喜好：使用者使用次數越多，商品推薦的精準度就越高

　　YouTube、Amazon、Google搜尋、Facebook、新聞app的Gunosy與SmartNews等，都有很高的使用者黏著度。

　　這些服務會依照使用者過去的使用記錄與屬性為基礎，決定要推薦什麼樣的商品或資訊給使用者。這樣的功能就是這些服務的核心。若使用者在這些服務上花費的時間越多，推薦的精準度也會提升。對於未來將陸續登場的產品或服務來說，高精準度的推薦功能是相當重要的要素。

■提升等級：使用者的等級會隨著他們累積的經歷而提升

　　在CrowdWorks網站上接案工作的人稱做CrowdWorker。當他們累積了足夠經歷時，CrowdWorks會授予他們Pro-CrowdWorker的稱號，代表他們是可信任的CrowdWorker。有了這個稱號之後，他們的接案成功率與案件單價會跟著提升。

　　這就是使用者在產品或服務上投入時間與勞力之後，獲得了獎勵的機制。

■內容投稿：過去使用者自己的投稿會成為「拖油瓶」

　　有一種方法可以讓使用者以內容的形式持續投資資源（知識、時間、勞力、社會資本）在產品上。

　　舉例來說，若使用者在某個美食社群網站上持續投稿了好幾年，累積了大量上傳內容的話，就不會輕易改用其他服務。使用者自己所累積的使

用內容，也有著「拖油瓶」的功能。

■跟隨別人與自己的跟隨者：增強使用者與其他社群使用者的連結

社群網站的跟隨功能，也是阻止使用者轉換平台的心理「拖油瓶」。像社群網站這種在使用時會關注別人的動態，也會有人關注自己動態的服務，會讓使用者投資大量時間，累積大量的社群資本。當使用者在社群網站上累積的社群資本增加時，較容易取得他人的信任。若改用其他社群平台的話，這些資本就要重新從零開始累積起來，故使用者不會輕易轉換平台。

■將使用者的評價視覺化：累積使用者的評價

不管是Airbnb還是Uber，如果沒有使用者評價功能的話，想必也不會那麼流行吧。

若Airbnb的屋主能夠準備好乾淨的房間，以及小小的驚喜（巧克力之類）取悅旅客的話，就能夠獲得較高的評價。與低評價的屋主相比，高評價的屋主可以設定較高的價格。

應給予持續使用的顧客獎勵

對持續使用產品的顧客，應給予相應的「獎勵」，這對於顧客黏著度的提升也有很大的幫助（使用者體驗黏著模型9）。

如同我們所知道的，能夠解決顧客擁有的問題是使用這個產品所能獲得的最大獎勵。不過除此之外，若能讓顧客感覺到這個產品有其它附加價值的話，顧客的黏著機率也會有飛躍性的提升。成功的新創團隊會花許多心思在獎勵的設計上，以下說明數種具體的做法。

圖 4-6-11

獎勵的設定

社交上的獎勵

藉由合作或競爭獲
得其他人的認同，
或是被其他人所接
受時會產生的共鳴
而感到喜悅

狩獵般的快感

人們很重視產品使用
上的自主性。故可讓
使用者自行搜尋可用
資源

成就感

設定顧客完成行動
後可獲得的獎勵

自主性

讓使用者覺得自己掌
握了主導權

熟練時的獎勵

當使用者比過去還
要擅長使用產品時，
要讓他們覺得自己
很厲害，並可獲得
滿足感。

出乎意料的獎勵

有沒有提供其它未在
使用者預料之內，像
是小小驚喜般的要素
呢？

■社交上的獎勵

Facebook 上的「讚」、遊戲裡的使用者排名、mixi 內把來到自己的頁面尋找資訊的人流視覺化的「拜訪者」功能等皆屬之。

對社交類服務的使用者來說，若其他使用者給他們很高的評價，他們就會想要一直使用這個服務。畢竟人類都有著想要獲得周圍人們認同的欲望。人們可藉由與他人之間的關係、共鳴，獲得喜悅與充實感。

■狩獵般的快感

　　過去時代中，人類以追捕獵物為生。就像追捕獵物一樣，追尋資訊的時候人們自然而然會覺得興奮。Mercari便善用了這一點來建構使用者體驗。當使用者輸入想搜尋之商品的關鍵字時，相關商品便會以磁磚般的分布方式呈現。這會激發出使用者想要找到目標商品的欲望，使他們持續往下滑動畫面。

　　Facebook用來顯示使用者投稿內容的「動態消息」頁面，也有著這種讓使用者感受到狩獵般快感的使用者體驗。在我們打開Facebook的時候，會因為想要看到更有趣的內容而一直在動態消息的頁面往下滑，期待能夠與未知的資訊有一場命運般的相遇。

　　依照Facebook的說明，平均一天會有一千五百則投稿有資格被放入同一位使用者的動態消息欄內。Facebook會根據投稿這些投稿的內容與使用者之間的關係強度，以及過去使用者對這類型投稿的反應，選出三百則投稿顯示在使用者的動態消息欄內。

■成就感

　　如同「精靈寶可夢GO」這類蒐集遊戲般，讓玩家有「只要再蒐集幾隻寶可夢就能夠蒐集完畢」的感覺，且能實際感覺到自己正一步步朝著目標邁進，故能夠鼓勵玩家持續玩下去。將減肥過程、準備考試過程與養成遊戲結合起來的app也有一樣的效果。像是英語單字這種需要使用者付出努力實行才能訓練起來的技能，在訓練時也常會用到這個概念。在使用者完成一定課程目標後，會頒發認證書之類的獎勵，以滿足使用者的成就感。

圖 4-6-12

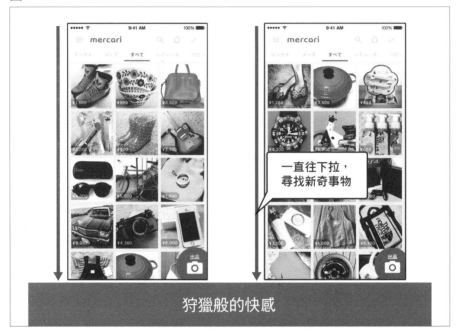

照片 Mercari

■自主性

　　讓使用者在產品的使用上有一定程度的自主性。即使是設定虛擬角色的功能，也能夠讓使用者在使用產品時有種掌控一切的感覺。舉例來說，精靈寶可夢GO遊戲的初期設定中，玩家可以改變虛擬角色（主角）的服裝、髮型等外表特徵，甚至可以做到細節改變。某些訊息app或社群網站也會讓使用者可以調整主畫面的背景及圖標（icon）的顏色。就像是改變自己的房間布置一樣，花點時間把環境調整成使用者自己喜歡的樣子，可以讓使用者更加喜歡這個產品，提升對產品的黏著度。

■出乎意料的獎勵

使用交友app Tinder來搜尋約會對象時需一直滑動畫面，以顯示新的配對對象。每次滑動時都會給人興奮的感覺。

人類的大腦就像是一台隨時在預測未來的機器，永遠都在尋求事物的因果關係。要是突然有一個違反已知規則的資訊進入大腦的話，會在瞬間亂了思路，但同時也會因為看到了新的資訊而提升集中力，進而提升對產品的黏著度。

若使用產品的過程一直照著預定進度進行，使用者很快就會膩了。故最好能將隨機性巧妙地融入app內，讓使用者偶爾有出乎意料的驚喜。

圖 4-7-1

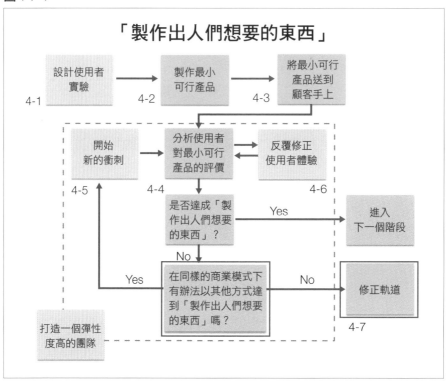

4-7 | 探討是否需要修正軌道

該堅持下去,還是該修正軌道?

修正軌道也伴隨著風險

　　將最小可行產品投入市場後,以定量方式與定性方式驗證其結果,並依據使用者的回饋反覆進行衝刺行動,持續改善產品的功能與使用者體

驗，直到使用者瘋狂愛上這個產品。

　　若這個過程進行得不順利，沒辦法達成「製作出人們想要的東西」的話，最好要檢討是否該修正產品的軌道。

　　當然，在這種艱苦的狀況下，也可選擇堅持下去，對於同樣的問題、同樣的客群，提出同樣的解決方案、同樣的商業模式，繼續開發最小可行產品。不過，在顧客還沒有固定下來以前，乾脆地修正軌道也是一個不錯的選擇。

　　若將最小可行產品投入市場，觀察市場的反應後，判斷修正軌道是最佳選擇的話，就不該猶豫再三而應立刻執行。若是優柔寡斷，只會白白浪費資源而已。

　　與改善使用者體驗或實現新的使用者故事相比，修正軌道這件事本身就會消耗龐大費用。盡可能地壓抑金錢的消耗，雖然可以延長新創事業的持續期間，讓新創事業在把錢燒光以前可以修正好幾次軌道。但也不要忘了，修正軌道的次數還是有一定的限制。

修正軌道一定都伴隨著傷害

　　修正軌道的過程，對新創事業來說不可能毫無傷害。一旦決定要修正軌道，至今與顧客間所累積的關係都會回到原點；原本經過全體團隊成員討論而製造出來的產品，也需從頭開始做起。

　　而且，即使想徹底進行最小可行產品的定量分析、定性分析，卻會因為資源有限，使創業團隊沒有辦法全面檢討所有可能性。

　　因此，通常只能由創業團隊自己以主觀方式判斷是否應該要修正軌道。但這麼一來，團隊成員中，一定有人會因為自己做出來的產品在修正軌道的過程中被捨棄而感到不滿。故在決定是否要修正軌道時，也需考慮組織內的人際關係。

圖 4-7-2

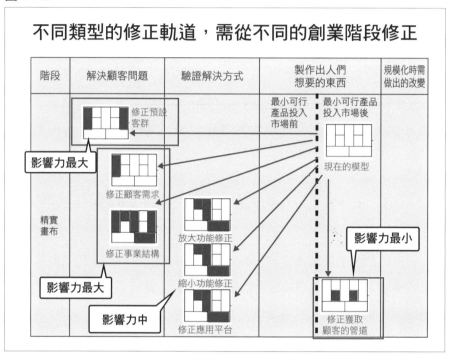

在修正軌道之前，創業者需好好地向團隊成員說明理由，爭取所有人的認同。

以下列出在判斷是否要修正軌道時幾個主要的重點，供作參考。

- 即使經過許多次的衝刺行動、或者多次改善了使用者體驗，也沒辦法提升使用者的黏著度。
- 雖然提升了使用者的黏著度，依照當前地成長速率來看，不可能達到控制市場的地位。
- 明白到再這樣下去，未來公司的獲利沒辦法達到當初投資金額的五到十倍。[24]

修正軌道的種類與衝擊

　　修正軌道可分為幾種類型。不同類型的修正方式，得從不同創業階段開始修正。像是我們在第二章所介紹的「解決顧客問題」（CPF）、第三章所介紹的「驗證解決方式」（PSF）、第四章所介紹的「製作出人們想要的東西」（PMF）等，都有可能是修正軌道時再次開始的起點。創業團隊需意識到，修正軌道時，若要返回到越早的創業階段，就需要越多資金，對事業經營的影響也越大。

　　以下列出不同類型的修正軌道方式，並說明它們分別會回溯到創業的哪個階段。

修正軌道回到「解決顧客問題」（CPF）階段（回到第二章）

- 修正預設客群（Customer Seqment Pivot）
- 修正預設問題（Customer Needs Pivot）
- 修正事業結構（變更事業結構，像是從 B to B 變更成 B to C 之類的）

修正軌道回到「驗證解決方式」（PSF）階段（回到第三章）

- 放大功能修正（從產品中篩選出一部份功能進行修正）
- 縮小功能修正（新增功能以擴大產品之適用範圍）
- 修正應用平台（從原本的應用程式的經營改為平台的經營，或者反過來。改變平台經營模式亦屬於此類）

24　注：對於沒有信用記錄的新創事業來說，初期資金大多來自自己的資金以及從創投公司募集而來的資金。創投公司通常會要求在自己的資金退場（exit）時，能獲得五到十倍的報酬。

修正軌道回到「製作出人們想要的東西」（PMF）階段

● 修正獲取顧客的管道（Channel Pivot，改變販賣、流通的管道）

　　若由修正軌道對計畫所造成的影響大小（回溯的程度）來看，影響最大的是「修正預設客群」。這需要重新製作一個精實畫布，從新創事業的前提條件，顧客的設定重新做起。

　　影響力同樣很大的還有「修正預設問題」與「修正事業結構」。雖然預設顧客仍相同，但關注的需求卻有所改變，故需從問題假說的建立重新做起。

　　修正事業結構時，欲解決的問題仍相同，但商業模式會從 B to C 變成 B to B（或者是從 B to B 變成 B to C）。

　　放大功能修正與縮小功能修正前後的預設客群基本上是相同的，欲解決的問題也是同一個。不過這類修正會藉由縮小或擴大解決方案的適用範圍來改變新創事業的軌道（某些情況中，可能不會改變解決方案，而是改變欲解決的問題與預設客群）。

成功修正軌道的例子

　　優惠券的團購網站Groupon在二〇〇七年創業時名稱為「The point」，當時他們想做的是一個可以讓擁有相同問題的人連署進行遊說活動的平台。

　　試著想像「The Point」的精實畫布，他們的預設客群是遊說活動家，欲解決的問題是「（雖然想要改變法律或行政條例，卻因為）只有一個人而難以發揮影響力」。而其解決方案則是提供「連署」這樣的功能。

　　「The point」雖然保持著還不錯的黏著率，卻沒有出現爆發性的成長。因此在二〇〇八年時，便修正了預設客群，從「想連署的人」改變成「想團購的人」。

　　想團購的人與想連署的人一樣，都是想發揮共同影響力，影響較大的組織，只是從政府改成了大型廠商或大型流通企業。對於這樣的顧客，新創團隊提出「團購可以節省金錢花費」的價值提案假說，開創了一個新的產品市場（「一個人難以發揮影響力」的問題設定並沒有改變）。

　　他們發現，在試著將產品修正為團購網站後，不僅保有了原本使用者的影響力，對於團購對象的餐廳、美容院來說，在招攬顧客上也有一定的效果。這些店家不需花費大筆預算在廣告上，使招攬每單位顧客所需的成本（CPA）大幅下降。

　　Groupon 與 Airbnb 類似，是一個可以同時解決需求方（購買優惠券的人）與供給方（零售店等店鋪）的平台。在修正了預設客群之後，Groupon 以驚人的速度成長，至二〇一一年時市值總額達到了一百三十億美元，並成功在美國那斯達克交易所上市。

　　講到成功修正軌道的例子，就不可能不提 Instagram 這個服務。Instagram 是一個可以讓使用者分享照片的社群 app，在現在的年輕人之間受到了壓倒性的支持。Instagram 在創業之初是一項名為「Burbn」的服務，可以讓使用者分享當下所在地的位置資訊，是一個社群打卡 app。雖然也可以拍照上傳分享，但基本上還是以分享位置資訊這個功能為主，就像是讓人在有名的觀光景點或餐廳打卡的 Foursqure 一樣。

　　然而，在將最小可行產品投入市場，驗證哪種功能較常被使用時，卻發現使用者最常用的卻是照片分享的功能。於是創業團隊為了讓 app 更符合使用者的需求，進行了放大功能修正，加強分享照片的功能。

　　創業團隊將產品從「附有分享照片功能的打卡 app」轉變成「附有打卡功能的照片分享 app」。並「強化濾鏡功能，讓使用者能加工出更漂亮的照片」，以及「提升照片的上傳速度」，讓使用者更能享受分享照片的過程。

圖 4-7-3

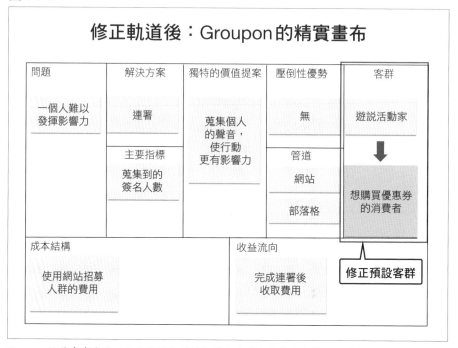

Groupon 的精實畫布是以至今對該公司的報導為基礎由本書作者整理而成

　　也就是說要「從使用者的觀點琢磨產品」，以達成「製作出人們想要的東西」。二○一二年，Instagram開始營運後僅過了一年半，便被Facebook以十億美元的價格收購。這時Instagram的營收還是零，員工也只有十三人。當時很多人批評「Facebook真是買了個貴得不了的東西」。但到了現在，Instagram的活躍使用者已達到了七億，可說是Facebook買下的許多公司中最為成功的一個。

　　其實影片分享網站YouTube也曾經修正過軌道。YouTube的前身是一個在二○○五年時設立，名為「Tune in Hook Up」的影片分享網站，讓使用者可以與其他人配對交友。當時他們認為，單靠照片或文字還是沒辦法

了解對方，故他們提出了「以影片介紹自己，減少配對錯誤機會」的價值提案。

　　然而使用者成長速度不如預期，且創業團隊也發現實際情形與他們的問題假說相反，想要單純將其當作影片分享網站使用的使用者佔了很大的比例。故之後創業團隊便不再把產品設定為尋找約會對象的影片網站，而是修正平台，改往單純的影片分享網站發展。二〇〇六年，YouTube在創業後只過了一年半，便被Google以十六億五千萬美元的價格收購。

還有幾次修正軌道的機會？

在資金耗盡以前還剩幾個月？

　　新創事業的工作，就是與顧客對話，並透過定量測量的結果，製作出會讓顧客為之瘋狂的產品。要是沒辦法製作出黏著度高的使用者體驗、不管再怎麼琢磨功能或追加新功能都不受顧客歡迎（無法達成「製作出人們想要的東西」）的話，就需要修正軌道。[25]

　　前面也有提到，修正軌道會消耗資源與成本，故不可能在毫無損失的情況下完成軌道的修正。新創事業在資金耗盡（burn out）[26]以前，還撐得下去的期間又稱作跑道（runway）[27]。也就是說，如果沒辦法在衝到跑道盡頭前起飛，出現J型成長曲線的話，新創事業就會失敗。

---

[25] 注：「Tune in Hook Up」意為「藉由這個管道連結（到你的對象）」。

[26] 注：計算新創事業每個月必須花費的金額，可得到資金消耗速率（burn rate）。包括房租、人事費、開發費等。

[27] 注：runway原指機場跑道，這裡用來表示在達成規模化、事業起飛以前，新創事業還能撐多久時間。詳情如後述。

新創團隊必須思考，在資金耗盡以前還有幾次修正軌道的機會。

埃里克·萊斯的著作《精實創業》中，列出了三項達成「製作出人們想要的東西」之前新創事業的創業者應達成的財務指標如下。

①資金消耗速率
②資金何時會耗盡？
③在資金耗盡前可以修正軌道幾次？

首先，新創事業需把關好1資金消耗速率。許多新創事業在產品還沒被市場接受以前就擴張公司規模，像是雇用過多人力，或者是明明還沒達成「製作出人們想要的東西」，卻大肆廣告以爭取大量顧客，使資金消耗速率過高，最後導致公司破產。

在達成「製作出人們想要的東西」之前，應盡可能減少現金流出，具體作法包括以股票或選擇權代替薪資、自行製作產品、以部落格的內容行銷取代商業廣告等。盡可能地拉長跑道，使商業模式與產品有足夠的時間達成「製作出人們想要的東西」。

如果在多次衝刺行動後，還是無法增加使用者黏著率的話，就必須思考是否該修正軌道。為以防萬一，創業團隊最好能先研究過至今所介紹的各種修正軌道方式，計算出每次修正軌道時需花費多少資金。在沒有任何準備之下就修正軌道只是浪費資金，使資金耗盡的時間提早到來。

常見卻不恰當的修正軌道行動

以下列出幾種常見於新創事業，卻不恰當的軌道修正行動。

■因為工程師不足而修正軌道

在「驗證解決方式」（「驗證解決方式」）的階段中證實了顧客擁有某個待解決問題，卻因為工程師不足，只好不情願地放棄這個構想，修正軌道去做其他產品。我看過很多這種案例，這些新創事業實在是相當可惜。

這類案例多是因為新創事業的團隊沒有找到優秀的工程師，才會造成這種情形。然而闡述願景、稀有優秀人才加入團隊也可說是新創事業的重要工作，故團隊應該要積極去尋找人才，避免因為工程師這項資源的不足，使創業必須修正軌道。

■與顧客意見無關的修正軌道行動

在與業務合作對象或投資者討論合作、投資方案時，有些新創團隊會忽略顧客的意見（第一線資訊），逕自修正事業軌道。

特別是在達成「製作出人們想要的東西」之前，與大型企業談業務合作時，比起傾聽顧客的意見，新創團隊很可能會把較多的注意力放在合作對象的動向。

就結果而言，新創團隊並沒有基於顧客的問題提出解決方案，而是站在產品製造者的立場上，單方面地決定修正軌道。

這種修正軌道行動，幾乎不可能做出預設客群會想要地產品。

■過於主觀，未經驗證就去做的修正軌道行動

「總覺得這樣不太對。」

「我又想到了一個感覺還不錯的構想。」

無論是哪種，都不是由定性分析、定量分析所得到的結果，不能當作修正軌道的理由。這種由創業團隊主觀決定的修正軌道行動相當常見。要

100%排除主觀性並不是件容易的事，然而創業團隊需盡可能地從定量性資料中看出顧客對產品的想法。除了用於判斷是否要修正軌道之外，定量性的資料也是獲得團隊成員認同時的必要參考依據。

■做得不夠徹底的修正軌道行動

　　這樣的例子也很常發生。沒有徹底地琢磨過產品的使用者體驗與功能應該要如何改善，就早早決定要修正軌道。這大多是因為創業者的毅力不足造成。創業時，行動大膽與速度快是很重要的事，然而毅力也同樣重要。若已將產品投入市場，就不應過早撤出，而是要在充分學習到必要資訊、仔細驗證完該驗證的事項後再做下一步打算。輕易決定要修正軌道的話不但學不到東西，還會加速資金的消耗。

COLUMN

打造一個彈性度高的團隊以達成「製作出人們想要的東西」

　　將最小可行產品投入市場，以達成「製作出人們想要的東西」（「製作出人們想要的東西」）為目標。處於這個階段的創業團隊，人數大多在三到十人之間。

　　這時的創業團隊，業務以最小可行產品的建構為主，不過在這個階段中也要開始招攬使用者以加強使用者體驗，甚至也要開始強化公司的管理體制。從募集資金的角度來說，是從前種子期邁向種子期的階段。

　　在以「製作出人們想要的東西」為目標的階段中，若確定要修正軌道，那麼許多前提條件可能會被推翻。故對於這個階段的團隊來說，需考慮三大重要事項。

①彈性

　　工作時需以狀況隨時會出現變化為前提。碰上不同狀況時，資源的分配也須跟著調整，亦須打造出能夠隨時調整工作流程及工作分配的團隊（不能僅以由上而下的方式俯瞰市場）。

　　第四章中所介紹的衝刺畫布與衝刺看板等，是在開發最小可行產品時，能讓每一個團隊成員掌握開發進度的工具。創業團隊應善用這些工具，讓成員間的交流更為緊密，建構出以產品應用現場為主體，能夠彈性調整開發計畫的團隊體制。

②毅力

　　這裡說的毅力也有人稱之為抗壓性（resilience）、沮喪時能馬上再站起來的能力等。無論如何，這種毅力是新創事業必須的力量。

圖4-8-1

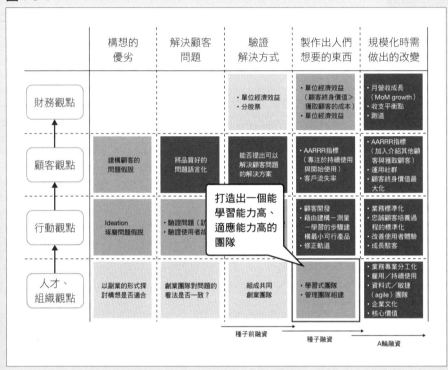

總而言之，新創事業隨時都處於不穩定的狀態。不論是募資或是開拓產品銷售通路，都常常會被他人拒絕而感到沮喪。將產品以最小可行產品的型態投入市場時，一開始一定有一大堆問題，有時還會收到許多使用者的抱怨。這時，創業團隊需要的是能夠隨時恢復平時精神狀態，持續做好該做的事的彈性與精神回復力。

③學習能力

捨棄原來的假說與解決方案再建立新的假說與解決方案，順利的話，可以在連續的廢棄與重建（scrap and build）過程中學到新東西；就算進

行的不順利，為了維持新創事業的存續，也要盡可能從中學到新資訊。持續建立新的假說，驗證這些假說，確認是否符合實際情形，或者藉由反證方式確認原先的假設不正確。新創團隊的初期成員需要的就是這種很強的學習能力。

要定義什麼是成功的新創團隊並不是一件容易的事。

不過，要定義什麼是失敗的新創團隊就簡單多了。以上提到的要素只要少了任何一個，就有很大的可能會失敗。專業能力與技術自不用說，強健的心理也是新創團隊不可或缺的要素。在尋找團隊初期成員時，要看的不只是對方擁有多強的程式能力這種顯而易見的技術或知識，而是要與對方實際深談，了解他的心理層面。

圖 4-8-2

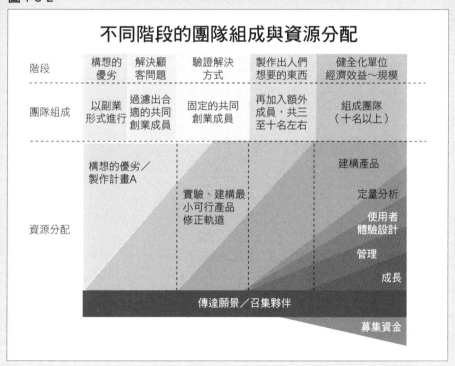

第五章

規模化時需做出的改變

TRANSITION
TO SCALE

本章目的

- 測量每單位顧客的可獲利性（5-1）。

- 使來自每單位顧客的獲利（LTV）最大化，招攬每單位顧客所需的成本（CPA）最小化，確立能夠規模化（擴大事業）的公司體制（5-2、5-3）。

到這裡，創業團隊已同心協力度過了創業的最大難關，製造出會讓顧客瘋狂愛上的產品（「製作出人們想要的東西」）。

「終於可以靠規模化（事業擴張）來回收之前的投資了！」

但在這之前還需考慮一件事。

那就是要評估單位經濟效益，也就是要讓每單位顧客的可獲利性穩定化、健全化。所謂的單位經濟效益，是用來表示每獲得一位顧客時，會增加多少獲利或增加多少損失的指標。或許這個指標沒那麼有名，但這在新創事業中是相當重要的指標。

大多數的新創事業都傾盡全力於達成「製作出人們想要的東西」，卻幾乎不會去評估這些產品有沒有達成單位經濟效益化。

要是在沒有評估每單位顧客之可獲利性的狀況下，貿然將產品投入市場進行規模化，只會讓新創事業陷入赤字危機。

之前明明花了那麼多心力在「製作出人們想要的東西」的達成上，好不容易做出了夢寐以求的產品，卻因為不當的規模化，使公司須面對資金耗盡的危機。

單位經濟效益便是一個能夠由產品獲利性，判斷新創事業是生是死的指標。

單位經濟效益的計算並不困難，只要求出來自每單位顧客的終身價值（LTV），再減去招攬每單位顧客所需的成本（CPA）就可以了。

即使得到無法獲利的結果也無須過度擔心。大部分的新創事業在這個階段時，單位經濟效益都是負的，只要再想辦法提升顧客終身價值和削減招攬每單位顧客所需成本，要透過規模化來取得更大的成功並不是難事。我們會在做為最終章的第五章中說明具體做法。

圖 5-1-1

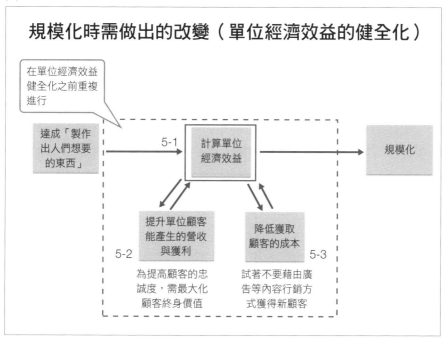

5-1 | 評估單位經濟效益

打造顧客增加後收益也會增加的商業模式

從部分最適化到整體最適化

在達成「製作出人們想要的東西」之前，創業者需時常面對顧客，不停製作最小可行產品以進行實驗，讓團隊得以從中學習到新資訊。另一方面，為了給顧客更好的體驗，提高顧客的黏著率，還需持續改良使用者體

驗。這些活動的最大目標，就是讓人數不多、資源有限的新創團隊，能夠製作出確實符合顧客需求的產品。

若實驗結果顯示該最小可行產品有很高的顧客黏著率，終於達成了「製作出人們想要的東西」時，就可以將這個為顧客瘋狂熱愛的產品做為武器，進入規模化（事業擴張）的階段。

這個階段以前，最重要的是顧客的黏著率，故在以定量分析方法分析對最小可行產品評價時所使用的AARRR指標中，需特別關注顧客啟動（Activation）與顧客維持（Retention）。

不過在新創事業準備要規模化時，也要將之前較不在意的另外三個指標，顧客獲得（Acquisition）、顧客推薦（Referral）、收益提升（Revenue）納入考慮。只有努力提升這些指標，使單位經濟效益更加健全，才能在增加顧客的同時也增加獲利。

單位經濟效益指的是企業可從每單位顧客獲得的利益（若是B to B的產品，就是企業可從每一家公司客戶獲得的利益）。具體來說，單位經濟效益就是每單位顧客的終生獲利（LTV）減去招攬每單位顧客所需的成本（CPA）。若顧客終身價值減去招攬每單位顧客所需成本後得到的是正數，就表示單位經濟效益處於健全的狀態（LTV＞CPA）。

要讓單位經濟效益為正，就必須減少獲得顧客的成本（降低CPA），或者是盡可能拉長每一位顧客使用產品的期間，以最大化利益（提升LTV）。

為什麼對於新創事業來說，在規模化以前健全化單位經濟效益那麼重要呢？因為一般來說，新創事業剛達成「製作出人們想要的東西」時，單位經濟效益通常是負的（LTV＜CPA）。在達成「製作出人們想要的東西」之前，新創團隊的成員們大都會專注於怎麼製造出顧客喜歡的產品。故在達成「製作出人們想要的東西」之前，新創事業一般不會去測量顧客終身價值。

圖5-1-2　達成「製作出人們想要的東西」後，所有AARRR指標皆需納入考量

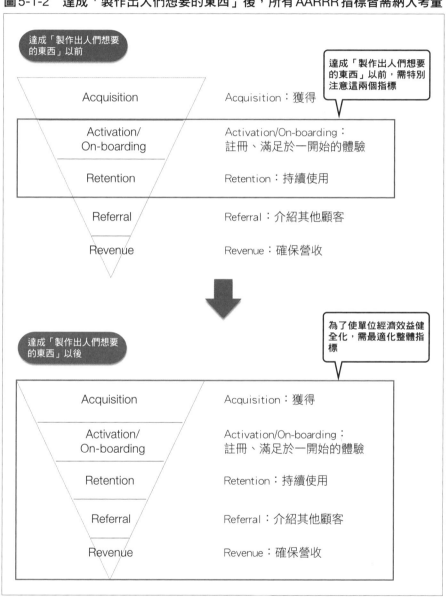

圖 5-1-3

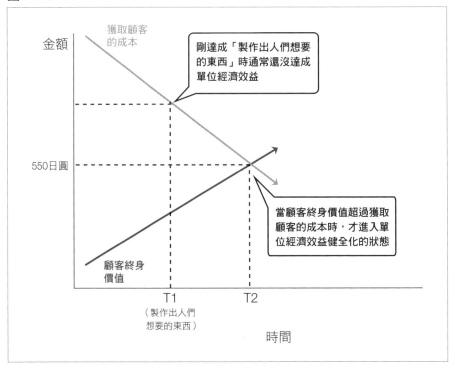

新創事業之所以會在規模化之前就消失，最大的原因是在達成「製作出人們想要的東西」之前就耗盡資金，而第二大的原因則是公司的招攬每單位顧客所需成本比顧客終身價值高出太多，使資金出現短缺情形。

若要迴避這樣的危機，就必須確認單位經濟效益的現狀，以確保公司在規模化之後能夠獲利。

讓我們實際來看看該如何計算單位經濟效益吧。

舉例來說，若達成「製作出人們想要的東西」時，招攬每單位顧客所需成本為八百日圓，顧客終身價值為四百日圓，那麼每增加一位顧客，新創事業就會損失四百日圓。若在這種情況下規模化，資金流失的速度就會

越來越快。

　　本章將會說明改善單位經濟效益的方法，但有一點要特別注意，那就是單位經濟效益的健全化策略並不會馬上見效。實施這些策略時自然需要一些成本，故短期內會使現金流稍微惡化，使達成盈利的時間點再往後延。

　　然而在進行單位經濟效益的健全化時，新創團隊沒有必要過於在意短期現金流的惡化。確保新創事業新的商業模式能夠持續產生獲利，才是最重要的工作。

先不要規模化

　　以下將介紹一個在沒有考慮到單位經濟效益之健全化的狀況下，就將公司規模化的案例。

　　二〇一三年創業的美國新創事業，Washio是一個隨選式（on-demand）乾洗服務，可以在你需要的時候前來收取髒衣服送去乾洗。在二〇一四年時，Washio成功募集到了一千萬美元的資金，步上成長軌道。然而，在第一個展開這項服務的都市內，他們每個月都會流出數萬美元的現金。但他們卻沒有著手改善單位經濟效益，而是立刻將服務拓展到美國的六個都市。他們為了追求營收和使用者數而一口氣規模化，但每個月的赤字也擴大到五十萬美元。雖然他們在資金即將見底時試著募集更多資金，但卻暴露了他們的單位經濟效益尚不健全的狀態，使他們最終不得不停止營運，並將公司賣掉。

　　以Washio的狀況來說，他們需早一步進入市場，利用網路效果等規模化的優點佔得先機，以避免其他競爭者加入。然而在產品本身的單位經濟效益還沒確立之前就擴大事業規模，卻是個無謀之舉。

圖 5-1-4

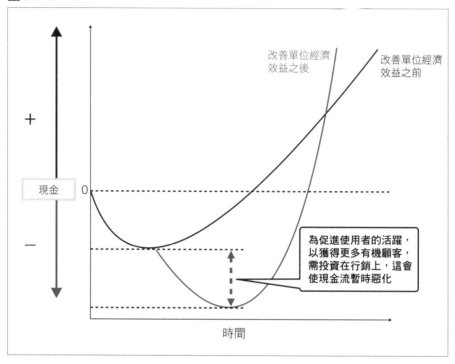

像 Washio 一樣，一開始就募集到數百萬美元的資金，看起來很有希望的新創事業，卻因為單位經濟效益尚未健全而失敗的例子比比皆是。

Y Combinator 的保羅·格雷厄姆[1]曾說過「不要規模化」，我認為這應該解釋成在達成「製作出人們想要的東西」後「於實現單位經濟效益健全化之前，不要以規模化為目標」才對。

[1]　注：保羅·格雷厄姆的發言引用自他的個人網站。http://paulgraham.com/ds.html

圖 5-1-5

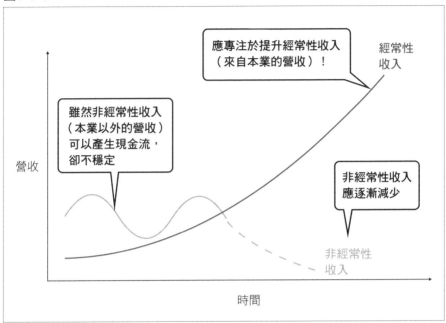

專注在本業的營收上

　　在測量單位經濟效益時有一個很重要的前提。就是要將自家公司的營收分為經常性收入（recurring revenue，來自本業的營收）以及非經常性收入（non-recurring revenue，本業以外的營收），且只將前者列入計算。

　　Recurring 為「循環、反覆出現」之意。說得再詳細一點，經常性收入指的是由公司的核心業務產生，「來自本業且持續不斷的收入」。對 SaaS [2] 這類定期更新型的網路服務來說，經常性收入指的是每個月向顧客收取的費用；對電子商務產業來說是販賣商品的營收；對拍賣網站等市集

2　注：SaaS 為 Software as a Service 之略。這類服務將過去屬於系統一部份的軟體，或需要安裝的軟體放在雲端提供服務。這可以減少使用者對系統的維護管理費用。

圖5-1-6

	A	B	C	D=B×C	E	F=D×E	Σ (F)
	月解約率 （churn rate）	維持率	顧客 平均 單價	平均每位 顧客貢獻 的月營收	毛利率	平均每位 顧客貢獻 的月盈利	累積利益 （顧客終身 價值）
第一個月	5%	100%	$100	$100	50%	$50	$50
第二個月	5%	95%	$100	$95	50%	$48	$98
第三個月	5%	90%	$100	$90	50%	$45	$143
第四個月	5%	86%	$100	$86	50%	$43	$185
第五個月	5%	81%	$100	$81	50%	$41	$226
第六個月	5%	77%	$100	$77	50%	$39	$265
第七個月	5%	74%	$100	$74	50%	$37	$302
第八個月	5%	70%	$100	$70	50%	$35	$337
第九個月	5%	66%	$100	$66	50%	$33	$370
第十個月	5%	63%	$100	$63	50%	$32	
⋮	⋮	⋮	⋮	⋮	⋮	⋮	⋮
第N個月	5%	0%	$100	$0	50%	$0	$1000

SaaS式訂閱服務事業之商業模式的顧客終身價值計

sub KPI　sub KPI　sub KPI

算方式主要KPI

D列的「平均每位顧客貢獻的月營收」是由「當月營收除以維持率為100%時的顧客數（即第一個月的顧客數）」計算而得。

型服務[3]則是顧客成交時所付出的手續費。

　　另一方面，非經常性收入指的是來自核心業務以外，「非來自本業而無法持續不斷的收入」。如產品開發委託費、顧問費、諮詢費、客製化手續費、功能實裝費、不定期獲得的營收等。

---

[3]　注：市集型服務指的是像網路拍賣般，經營一個市場平台，讓商品的供給者（賣家）與需求者（買家）在這裡交易，並收取交易手續費的商業模型。

圖 5-1-7

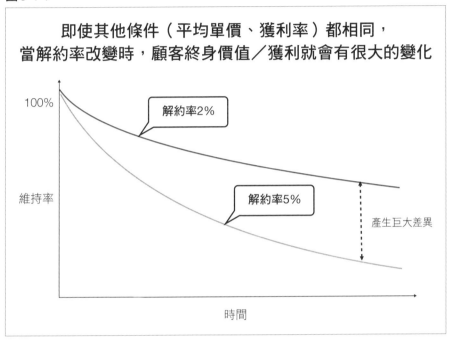

即使其他條件（平均單價、獲利率）都相同，
當解約率改變時，顧客終身價值／獲利就會有很大的變化

100%

維持率

解約率2%

解約率5%

產生巨大差異

時間

　　來自本業以外的營收雖然也可以產生現金流，但由於並不是本業營收，故不能算在單位經濟效益內（而且產品開發委託之類的商業模式很難規模化，無法成為新創事業的支柱）。

　　新創事業應盡可能減少非經常性收入，專注在提升經常性收入上。

　　若是開發產品時的焦點與資源分散至本業以外的工作，那麼創業團隊平常就會被各種工作進度追著跑，措施規模化的時機。Facebook的執行長，馬克・祖克柏在二○○四年服務剛啟用時，曾為了活用他工程師的才能而接下一些委託業務，不過在Facebook業務開始急速成長時，便不再接受委託業務，專心在本業上。

計算顧客終身價值

計算顧客終身價值 1
定期更新型的關鍵是「解約率」

　　為了說明如何計算單位經濟效益，讓我們先從一些案例來看如何計算顧客終身價值。

　　顧客終身價值是用來表示各種行動所得到之結果的結果指標。若要最大化顧客終身價值，就必須仔細思考對顧客終身價值影響最大、最有衝擊力的關鍵因素或KPI是什麼。若是把焦點放在衝擊力不足的KPI上，就算再怎麼改善情況，也不會對顧客終身價值造成影響，只會白白浪費勞力與資源而已，這點必須特別注意。

　　以影片閱覽服務為代表的SaaS式訂閱服務，其顧客終身價值為訂閱契約持續期間內，來自顧客的累積獲利。要注意的是，顧客終身價值計算的並不是營收的累積，而是獲利的累積。

　　訂閱服務的商業模式中，需由以下要素計算出顧客終身價值。

　　A：月解約率（churn rate）

　　B：維持率（100%－A）

　　C：顧客平均單價

　　D：平均每位顧客每個月貢獻的營收（B營收）

　　E：毛利率

　　F：平均每位顧客每個月貢獻的獲利（D×E）

　　Σ（F）：累積獲利（顧客終身價值）

　　像這樣將顧客終身價值因數分解後，就可以知道關鍵的 KPI 是什麼。要提高訂閱服務的獲利，關鍵就在於月解約率。

　　解約率的效果會逐漸累積。即使平均單價與毛利率等條件都相同，只要解約率改變了 1%，都會對顧客終身價值造成很大的影響。

　　順帶一提，如果商業模式是 B to B，那麼當企業顧客的規模越大時，解約率的目標值通常會越低。這是因為，當企業顧客的規模越大，要改用其他服務時，轉換成本會相當高，故比較不會任意解約。

　　企業顧客的規模越大，在銷售上所消耗的時間就越長，簽下契約前所花費的金額也越大。不過，一旦選定服務供應商，通常會簽下有效期間很長的契約。因此，B to B 的新創事業為了達成單位經濟效益，通常會瞄準大型企業客戶。

　　另一方面，個人企業或中小企業的解約率就相當高了。小企業的事業內容本身容易出現變化，也有很高的機率倒閉。故訂閱型服務的解約率相對較高。

　　站在矽谷創投家的角度來看，顧客是個人企業、中小型企業時，訂閱型服務[4]每個月的解約率應以 3～7% 為目標；顧客是大企業時，則應以 0.5～1% 為目標。

　　此外，對於一般的訂閱型服務來說，顧客終身價值應為招攬每單位顧客所需成本的三倍以上才是理想狀態。招攬每單位顧客所需成本是在顧客開始訂閱前所花費的成本，而顧客終身價值會以現金的型式逐漸累積起來。由過去許多新創事業的所得到的經驗，若要有效運用資金，顧客終身價值應為招攬每單位顧客所需成本的三倍左右最為恰當。

---

[4]　注：訂閱型商業模式的解約率參考自湯瑪斯・塔古斯（Tomasz Tunguz）的部落格。他是美國 Redpoint Ventures 的創業投資家。http://tomtunguz.com/saas-innovators-dilemma/

要改善單位經濟效益，可使用同類群組分析法（cohort analysis）[5]分析顧客解約率隨時間的變化，並持續改善以求降低解約率（圖5-1-8）。

同類群組分析法在第四章提到定量驗證時就有介紹過了。若分析結果顯示解約率沒有下降的話，就必須藉由訪談顧客以釐清原因，將消除顧客不滿列為最優先事項。

圖5-1-8

以同類群組分析法計算黏著率
每個月的付費會員維持率（%）

	16/6	16/7	16/8	16/9	16/10	16/11	16/12	17/1	17/2	17/3	17/4	17/5
16/6	100	40	20	11	9	7	6	5	5	4	4	3
16/7		100	41	21	12	9	7	6	6	5	5	4
16/8			100	41	22	12	10	8	7	6	6	5
16/9				100	42	22	12	10	8	7	7	6
16/10					100	43	23	13	11	9	8	7
16/11						100	43	24	14	11	9	8
16/12							100	43	25	14	12	10
17/1								100	44	26	15	12
17/2									100	44	27	16
17/3										100	45	28
17/4											100	45
17/5												100

（左側縱軸：顧客成為付費會員的月分）

可計算出顧客黏著率是否會隨著時間經過而增加

如上圖所示，同類群組分析法中不使用解約率，而是直接由會員數目相除算出「維持率」再進行下一步分析。

---

[5]　注：同類群組分析法是藉由比較不同群組之使用者的行為，分析出團隊策略的改變會對產品的表現有什麼影響，再將分析結果作為新創事業制定策略的參考。

　　另外，或許你已經發現，到了以改善單位經濟效益為目標的階段時，新創事業在做的就不是最小可行產品之類的實驗性計畫，而是真正把它當作一門生意，致力於追求獲利。創業團隊需訂出明確的獲利目標，並討論該如何行動才能夠達成目標。在追求單位經濟效益的健全化時，新創事業應逐漸轉變成以規模化為目標的組織，也就是一般的公司組織。

計算顧客終身價值 2
隨著產品的不同，電子商務[6]型事業的KPI也有所差異

　　計算電子商務型事業的顧客終身價值時，需參考的要素如下（圖5-1-9）。

　　A：每個月的購買機率

　　B：平均一次購物中所購買的商品數

　　C：平均每個月所購買的商品數（A×B）

　　D：平均一個商品所貢獻的營收

　　E：平均每個月的營收（C×D）

　　F：毛利率

　　G：平均每位顧客每個月貢獻的獲利（D×E）

　　Σ（G）：累積獲利（顧客終身價值）

　　電子商務的商業模式中，提升顧客終身價值的KPI包括毛利率、購入次數、平均一個商品所貢獻的營收等三個。但要特別注意的是，隨著販賣

---

[6]　注：電子商務所販賣的商品，與提升相關KPI之策略的關係，參考自阿莉斯塔爾‧克洛爾的著作《Lean Analytics—新創事業的資料分析、應用方法》。我將該書的內容簡略化後放進本書內。

圖5-1-9

	A	B	C=A×B	D	E=C×D	F	G=E×F	Σ(G)
	平均每位顧客						平均每位顧客每個月貢獻的獲利	累積獲利（顧客終身價值）
	每個月的購買機率	平均一次購物中所購買的商品數	平均每個月所購買的商品數	平均一個商品所貢獻的營收	平均每個月所貢獻的營收	毛利率		
第一個月	100%	1.2個	1.2個	$105	$126	40%	$50	$50
第二個月	40%	1.5個	0.6個	$103	$62	40%	$25	$75
第三個月	24%	1.5個	0.36個	$99	$36	40%	$15	$90
第四個月	18%	1.5個	0.27個	$97	$26	40%	$10	$100
第五個月	15%	1.5個	0.23個	$97	$22	40%	$9	$109
第六個月	13%	1.5個	0.2個	$96	$19	40%	$7	$116
⋮	⋮	⋮	⋮	⋮	⋮	⋮	⋮	主要KPI
第十個月	8%	1.5個	0.12個	$102	$12	40%	$5	$140
第十一個月	7%	1.5個	0.11個	$102	$11	40%	$4	$144
第十二個月	7%	1.5個	0.11個	$103	$11	40%	$4	$148

電子商務事業之商業模式的顧客終身價值計算方式

（sub KPI 標示於 A、B、D、F 各欄上方）

商品的不同，電子商務在管理KPI上的策略也會有所差異，如下所示。

- 中古車、住宅、結婚典禮場地、保險

  價格高，一年內再度購買的機率很低，故應著重在招攬新顧客上。

- 民宿、機票、研討會

  招攬新顧客與培養顧客忠誠度等兩方面的政策皆需進行。

- 化妝品、衣服、營養品

  一年內再度購買的機率很高，故應致力於培養顧客忠誠度。

計算顧客終身價值 3

市集型事業的手續費是關鍵

　　第三個例子要講的是市集型事業，也就是網路拍賣之類的產業。此時顧客終身價值可由以下要素計算出來。其中A到E為平均每位顧客的數值（圖5-1-10）。

　　A：每個月的購買機率

　　B：平均一次購物中所購買的商品數

　　C：平均每個月所購買的商品數（A×B）

圖5-1-10

市集型事業之商業模式的顧客終身價值計算方式

	A	B	C=A×B	D	E=C×D	F	G	H=E×F×G	Σ(H)
	平均每位顧客								
	每個月的購買機率	平均一次購物中所購買的商品數	平均每個月所購買的商品數	平均一個商品所貢獻的交易額	平均每個月的交易額（GMV）	交易手續費比例	毛利率	平均每位顧客每個月貢獻的獲利	累積獲利（顧客終身價值）
第一個月	100%	1.2個	1.2個	$105	$126	20%	60%	$15	$15
第二個月	40%	1.5個	0.6個	$103	$62	20%	60%	$7	$23
第三個月	24%	1.5個	0.36個	$99	$36	20%	60%	$4	$27
第四個月	18%	1.5個	0.27個	$97	$26	20%	60%	$3	$30
第五個月	15%	1.5個	0.23個	$97	$22	20%	60%	$3	$33
第六個月	13%	1.5個	0.2個	$96	$19	20%	60%	$3	$35
第七個月	11%	1.5個	0.17個	$97	$16	20%	60%	$2	$37
	：	：	：	：	：	：	：	主要KPI ：	
第十一個月	7%	1.5個	0.11個	$102	$11	20%	60%	$1	$43
第十二個月	7%	1.5個	0.11個	$103	$11	20%	60%	$1	$44

（表頭上方標示：sub KPI　sub KPI　sub KPI　sub KPI　sub KPI）

D：平均一個商品所貢獻的交易額

E：平均每個月的交易額（C×D）

F：交易手續費比例（take rate）

G：毛利率

H：平均每位顧客每個月貢獻的獲利（E×F×G）

Σ（H）：累積獲利（顧客終身價值）

　　經營市集型產業之新創事業的每月獲利，可由每個月的交易額乘上交易手續費比例求得。而這些獲利的累積，就是顧客終身價值。

圖 5-1-11

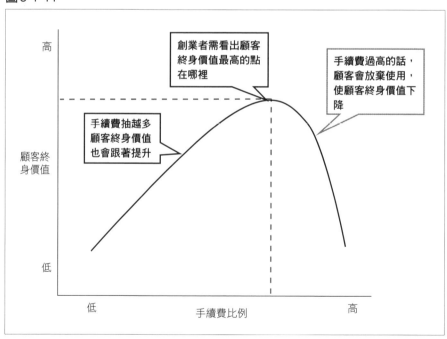

不過，若提高交易手續費比例，願意在此設店面的賣家就會減少，難以提升交易額。也就是說，交易手續費與交易額有負相關，能否取得平衡便取決於營運方的手腕。

市集型新創事業在提升顧客終身價值時應注意的地方並非提高交易額，而是應將交易手續費比例設定在多少。交易手續費包括開店費用、營收手續費、廣告刊登費等。

若提升手續費，平均每位顧客每個月貢獻的獲利就會增加，使顧客終身價值上升。但如果手續費過高，卻會為買家賣家所排斥，使顧客終身價值下降。如何將手續費價碼維持在剛剛好的程度，就是維持高LTV的重點。

此外，對市集型商業模式而言，越多人參加的話網路效果就越高，這是一大關鍵。若賣家（開店者）越多，買家（消費者）對商品的選擇就越多，這個市集在他們心中的價值也越高。當然，對於賣家來說，買家越多，交易量就越多，使賣家跨入這個市集的動機更為強烈。

由此可知，市集型商業模式相當重視網路效果，故在成立初期時，應將交易量設為KPI加以重視。

降低手續費以增加使用者

以網路拍賣網站的代表Mercali為例，他們深知提高交易額的重要性，故在服務剛上線時，以零元手續費為號召，使開店者大量湧進。開店者的增加使商品種類越來越齊全，消費者與交易量也隨之增加。

同樣的，群眾募資業界的手續費平均約為20%左右，而CAMPFIRE則在二〇一六年時推出5%的低手續費服務。他們認為，若能大幅降低讓群眾募資的門檻，應有助於擴大市場（二〇一七年的現在則是8%）。

　　像Mercari或CAMPFIRE這種市集型商業模式，若要提升參加者的動機，首先應該要以擴大流通量、交易量為目標。流通量擴大至某個程度以後，就能吸引到使用者的目光，讓更多使用者想來嘗試這個市集的服務，並可增加使用者的黏著率（圖5-1-12）。

圖5-1-12

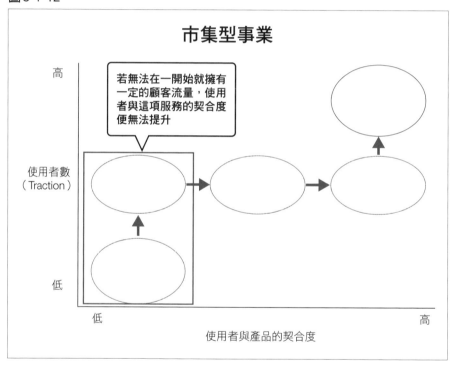

圖 5-2-1

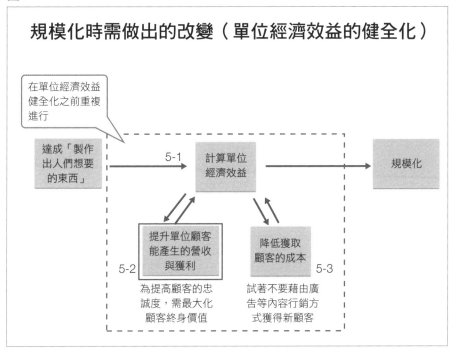

規模化時需做出的改變（單位經濟效益的健全化）

在單位經濟效益健全化之前重複進行

達成「製作出人們想要的東西」　→　5-1　→　計算單位經濟效益　→　規模化

提升單位顧客能產生的營收與獲利　　5-2　　降低獲取顧客的成本　5-3

為提高顧客的忠誠度，需最大化顧客終身價值

試著不要藉由廣告等內容行銷方式獲得新顧客

5-2　提高每單位顧客的顧客終身價值

培養長期穩定之顧客的秘訣

提升顧客的黏著度以改善顧客終身價值

　　要使單位經濟效益健全化，如何提升既有顧客的黏著度、顧客終身價值能增加到多少，皆是這個階段的重點。

　　因為一般而言，招攬新顧客所花費的招攬每單位顧客所需成本大約是維持既有顧客花費的五、六倍。考慮到這點，假設來自新顧客的獲利率為5〜20%，那麼來自既有顧客的獲利就可以達到60〜70%。既然如此，增加既有顧客的黏著率，就成了欲改善顧客終身價值時的首要之舉。

　　為了提升既有顧客的忠誠度，新創事業必須仔細研究如何將新顧客培養成對產品瘋狂熱愛的忠實顧客。以下將介紹能達成這個目的的幾種方式。

讓顧客跨過魔術數字

　　有一種提升顧客黏著度的方法，是先研究出使用者要使用多少次產品才會喜歡上這個產品，再想辦法讓顧客的使用次數達到這個數字。這裡的使用次數又叫做頓悟時刻（aha moment）。

　　顧客使用產品時，重複執行某項行動到一定次數以上，或者接觸到某項特殊體驗時，與產品的契合度會突然提升。要讓使用者達到這個狀態所需的使用次數，就稱作魔術數字，是一個使用過程的里程碑。

　　以雲端檔案管理服務Dropbox為例，「將一個檔案上傳」後，使用者可以在任何地方下載到這個檔案，僅而理解到它的方便性；以Facebook為例，「擁有十四位以上的朋友」之後，就能夠明白到使用Facebook的樂趣。

　　對叫車服務Uber的使用者來說，是在第一次叫車的瞬間；對Airbnb的使用者來說，則是旅客抵達屋主家裡的瞬間。這些都是讓顧客覺得「有使用這項服務真是太好了」的頓悟時刻。

　　獲得新顧客後，想馬上提升他們與產品的契合度，培養他們成為高忠誠度顧客並不是件容易的事。首先，為了讓顧客喜歡上這個產品，需有效率地引導他們使用產品，讓他們的使用次數超過魔術數字（感受到頓悟時刻），讓他們的使用經驗達到一個里程碑才行。

圖5-2-2

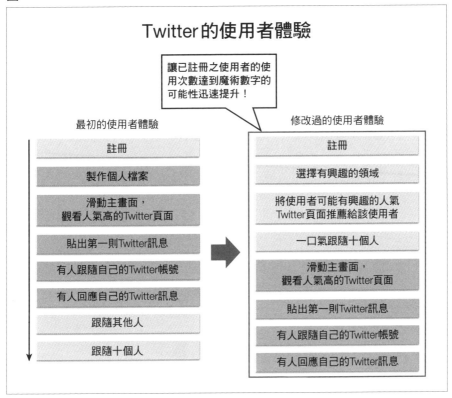

淺藍色代表應讓使用者及早體驗到的使用者體驗，而深藍色則是晚一點再體驗也沒關係的使用者體驗。

　　為了做到這件事，需分析自家產品的魔術數字是多少，並設法調整、改善使用者體驗，以引導使用者達到這個數字。

　　在一開始將產品投入市場時，應該完全不曉得自家公司產品的魔術數字是多少，頓悟時刻又是在發生在何時吧。與最小可行產品實驗時相同，創業者需以定量資料分析使用者的行動或使用狀況，或者進行訪談，比較不同使用者持續使用產品的時間，瞭解使用者是在什麼時候、在哪裡、在什麼契機下開始瘋狂愛上這個產品的。

跟隨十個人以上後，便會成為Twitter的常客

　　Twitter的魔術數字為「跟隨十個人以上」。超過這個數字之後，便可以讓使用者藉由這些興趣與想法接近的人所分享出來的資訊享受到樂趣。

　　在開始營運的初期，團隊內部完全沒有人想到魔術數字這個現象。因此與現在相比，當時Twitter的使用者體驗有些部分仍相當糟糕。以前在註冊之後需輸入個人資料，而且要在閱覽數個人氣Twitter頁面之後，才能貼出自己的第一個Twitter訊息。這些都是使用者無法跳過的操作教學。在這樣的使用者體驗下，第一次使用Twitter時就達成「跟隨十個人以上」這個魔術數字的使用者非常稀少。

　　之後，Twitter試著分析使用者，明白到大部分使用者在跟隨十個人以上後，就會持續使用下去，於是Twitter更改了註冊時的使用者體驗。

圖5-2-3

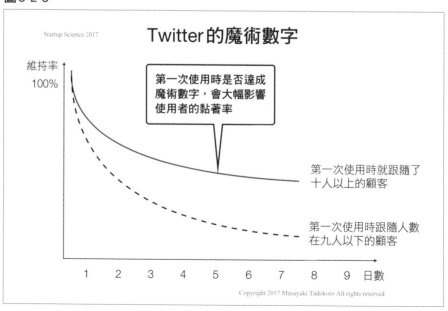

右圖是為了讓讀者瞭解其概念的示意圖，並不代表實際的維持率。

圖 5-2-4

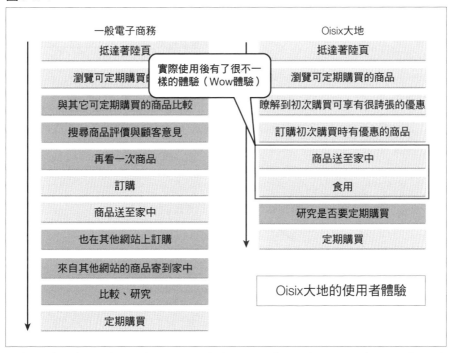

淺藍色代表應讓使用者及早體驗到的使用者體驗，而深藍色則是晚一點再體驗也沒關係的使用者體驗。

　　新的使用者體驗會詢問剛註冊完的顧客對哪些領域有興趣。在顧客輸入數個有興趣的領域之後，Twitter會列出與這些領域有關的用戶。即使是新來的使用者，也能很快地選出十名想要跟隨的用戶。在這樣的機制下，從使用者剛開始使用時，網頁畫面就會列出許多使用者有興趣的資訊，讓使用者實際感受到Twitter的樂趣。

　　在改進使用者體驗時，Twitter只是調動了註冊步驟的順序，就讓初次拜訪的顧客達成魔術數字的比例有所提升，大幅改善了黏著率。

圖5-2-5

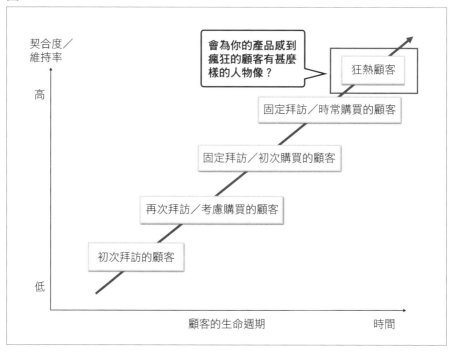

先用商品優惠策略抓住顧客的心

　　Oisix大地以有機蔬菜的宅配聞名。在該公司招攬顧客的策略中，有一個讓我覺得很特別的地方。他們注意到，即使商品有在一瞬間吸引到顧客的注意，顧客仍會把他們的商品與其他公司的商品放在一起比較，故需針對這點在行銷上面下工夫。

　　一般來說，從網路上定期訂購食材運送到府的人，也會在網路上搜尋其他類似的服務，比較內容與價格之後再決定要訂哪一家。其中，有些使用者會先單次訂購各家公司的商品，都嘗試、比較過了之後再決定要訂哪一家的商品。但這麼一來，使用者就得花很長一段時間才會成為常客，難以提升轉化效率。

於是，Oisix大地打出的戰略，就是讓每一個購買者看到之後，都會被產品的量與CP值震懾到（Wow體驗）的「初次限定特價組合」，用很便宜的價格就能買到很多商品（在二〇一七年九月時，一千九百八十日圓就可買到十六項蔬菜水果）。

當顧客知道有這種買到賺到的機會時，就會暫時忘記宅配契約或其他公司的服務，反射性的按下訂購的按鈕。

對於Oisix大地來說，這個初次限定特價組合雖然沒辦法產生獲利，但只要顧客吃過一次美味的蔬菜，喜歡上他們的產品的話，就很有機會成為黏著度高的會員。Oisix大地就是利用這個初次限定特價組合，讓顧客經歷頓悟時刻，成為「瘋狂粉絲」。

使顧客成為瘋狂粉絲

要讓顧客成為瘋狂的粉絲，必須先明白，讓他們深深愛上一個產品需經歷哪些過程，這些過程中的心理狀態又是如何變化。要是沒辦法掌握這些資訊，就難以站在顧客的角度，建構出讓顧客喜歡上產品的流程；難以擬定對策；難以將初次拜訪、初次使用產品的顧客培養成更為喜愛公司產品的顧客。

我試著整理了每個階段的顧客定義，以及各階段的顧客心理狀態。

瘋狂顧客：全心全意愛上了這個產品的顧客。要是沒有這個產品，他們會覺得相當痛苦。他們甚至連產品的背景都瞭如指掌，能夠成為推廣產品的傳教者。

忠誠顧客：很常使用產品的顧客。要是沒有這個產品，他們會覺得有些痛苦。若有更好的價值提案，他們很可能會開始使用付費服務，成為瘋狂顧客。

常訪顧客：定期使用產品的顧客。他們在使用產品後，覺得產品的價值超乎了他們的期待，對於產品有很強的參與感。

若這類顧客在使用產品的過程中，學習到各種相關資訊的話，會越用越熟練，進而提升對產品瘋狂的程度。

再訪顧客：曾使用過產品，中斷一段時間後，又想再回來用看看產品的顧客。他們常會希望能加深對產品的參與感。

再訪顧客通常對產品已有一定程度的瞭解，故使用者體驗的改良是否到位、能否滿足魔術數字（頓悟時刻）的條件，回應他們的期待，將會是他們能否成為固定常客的關鍵。

初訪顧客：初次使用產品的顧客。還不了解產品是什麼樣的東西，最有可能脫離顧客角色（不再使用產品）的階段。如何讓這類使用者盡早達成魔術數字的條件，也是一件很重要的事。

若將所有顧客視為一個整體，試著擬定單一策略以提升他們的黏著性並不是件容易的事。

如圖5-2-5般，若將顧客依照對產品喜好度的高低分成數個類別，思考如何讓各類別的顧客往上提升一個階級，較能夠擬定出具體的策略。然後再藉由這些策略，在心理層面上提升各類顧客對產品的喜好程度，進而提升顧客終身價值。

分析黏著率低的原因

要提升顧客的滿意度與黏著度，就必須分析顧客為什麼會對產品產生負面想法。

創業團隊可試著訪問那些沒有成為常客、不再使用產品的顧客，詢問他們「為什麼沒有註冊成為用戶（購買產品）？」、「為什麼沒有成為常

客」之類的問題以蒐集資訊。

　　在傾聽各階段顧客的聲音時，可就以下列出的重點提出問題，尋找能夠提升顧客終身價值的契機。

針對沒有再次拜訪的顧客

- 為什麼會有第一次的拜訪呢？
- 為什麼沒有再次拜訪呢？
- 使用產品前的期待與實際使用產品後的感覺有落差嗎？（如果有落差的話）差別在哪裡呢？
- 產品的價值提案是否有難以理解的地方呢？
- 在產品的使用方式上是否有難以理解的地方呢？
- 什麼樣的價值提案，才能夠吸引您再次拜訪呢？
- 註冊過程中，有沒有哪個步驟讓您猶豫不決呢？

針對曾再次拜訪，卻沒有成為常客的顧客

- 為什麼會再次拜訪呢？
- 為什麼曾再次拜訪，卻沒有持續使用產品呢？
- 什麼樣的價值提案或特徵功能，才能夠吸引您持續使用這個產品呢？
- 覺得這樣的價值提案或特徵功能可以為您帶來什麼價值呢？
- 為什麼沒有購買商品（註冊）呢？

針對常客

- 為什麼會定期拜訪呢？
- 若希望能提升您的拜訪頻率，要增加那些要素或特徵功能才行呢？
- 要追加哪些功能，您才願意付費使用呢？

- 您會想將這個產品推薦給親朋好友使用嗎？為什麼呢？

針對曾是付費會員，之後卻解約的顧客

- 為什麼要解約呢？
- 有什麼不滿嗎？
- 要有哪些功能或使用者體驗，才願意再次成為付費會員呢？

關鍵在於「將成功的機會賣給顧客」

　　行銷支援軟體的開發者，美國新創事業HubSpot的共同創業者，同時也是技術長的達爾莫什・沙阿（Dharmesh Shah）[7]曾說過「一門生意成功的關鍵，並不在於將解決方案或產品賣給顧客，而是將成功的機會賣給顧客」。就像SaaS型的商業模式一樣，創業團隊應該要以販賣成功的機會給顧客「Customer Success as a Service」為目標。

　　顧客通常並不知道自己該怎麼做才會成功。在顧客之前找出讓他們成功的方式，做出提案，才是新創事業的終極目標。

　　實現了這個目標的公司包括Facebook、Google、Instagram、LINE、Cookpad等服務。這些公司在當初創業時，只是一個由數人組成、默默無名的團隊。

　　他們之所以能成為世界上不可或缺的服務，是因為他們比任何人都花了更多心力思考如何讓顧客成功，持續提出了超乎期待的解決方案與使用者體驗，顧客終身價值亦持續提升。

---

[7]　注：達爾莫什・沙阿的發言引用自以下網址。https://www.youtube.com/watch?v=dnfwckhZiLc

圖 5-3-1

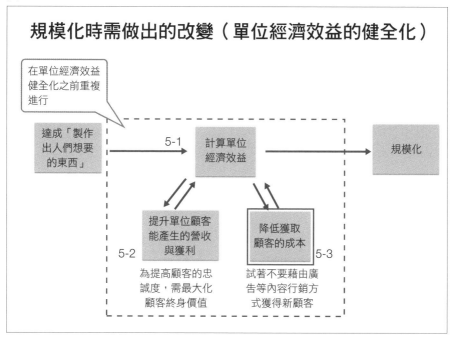

5-3 降低招攬每單位顧客所需的成本

掌握達成「製作出人們想要的東西」後的獲取顧客成本變化

招攬有機顧客

要改善單位經濟效益，除了提升顧客終身價值之外，想辦法降低招攬每單位顧客所需成本也是很重要的工作。

　　為了具體說明如何降低招攬每單位顧客所需成本，我們可以先將招攬顧客的方式分為「招攬有機顧客」與「付費招攬顧客」。

　　招攬有機（organic）顧客為網路行銷的用語，指的是在不使用付費廣告下招攬顧客的方式。Organic 一詞也有有機栽培的意思，在這裡則是指不使用付費廣告，「自然而然」使顧客聚集起來的方法。具體來說，就是透過部落格、影片、播客（podcast）、電子書等內容媒體、社群媒體（Twitter、Facebook、Instagram 等）發送資訊，以招攬對這些資訊有興趣的顧客。

　　另一方面，付費的招攬顧客方式就如字面所示，是透過列表型廣告（listing ads，如搜尋關鍵字廣告等）、展示型廣告（display ads，如網站廣告欄所顯示的廣告）、Facebook 廣告等付費廣告來招攬顧客。

　　當然，花錢買廣告的方法獲得顧客的即效性最高。

　　另一方面，從中長期來看，以有機方式招攬顧客的表現會比較好。可接觸到的客群較廣，亦可將產品的優點好好地傳達給顧客，故轉化率較高。這些使用者大都在深入瞭解產品以後才購買、使用，就結果而言，常能將解約率壓到最低，故在降低招攬每單位顧客所需成本上是相當有效的方法。

　　圖 5-3-2 是一個計算招攬每單位顧客所需成本用的模板，包括以下要素。

A：製作／人事費

B：廣告刊登費

C：總費用（A＋B）

D：轉化人數（招攬到的使用者數）

E：招攬每單位顧客所需成本（CPA，招攬每單位顧客的費用＝C／D）

圖5-3-2　招攬顧客的方法可依成本分為「有機」與「付費」

管道	A 製作／人事費	B 廣告刊登費	C＝A＋B 總費用	D 轉化人數	E＝C／D 招攬每單位顧客所需成本
部落格	$1,000	$0	$1,000	32人	$31
投稿至Twitter	$100	$0	$100	2人	$50
投稿至Facebook	$100	$0	$100	3人	$33
投稿至Google	$0	$0	$0	55人	$0
投稿至Youtube	$1,000	$0	$1,000	20人	$50
Total			$2,200	112人	$20
列表型廣告	$100	$2,000	$2,100	60人	$34
再行銷廣告	$100	$1,000	$1,100	80人	$14
Facebook廣告	$50	$1,000	$1,050	25人	$41
展示會	$1,000	$5,000	$6,000	50人	$120
Total			$10,250	215人	$48
Total 獲取顧客的成本			$12,450	327人	$37

左側標註：
- 以有機方式招攬顧客
- 有機招攬每單位顧客所需成本
- 付費招攬每單位顧客所需成本
- 藉由廣告招攬顧客

如上所示，將招攬顧客的方式分為有機招攬與付費招攬分別進行管理，較容易掌握招攬每單位顧客所需成本。在分別列出有機招攬、付費招攬管道的數值後，可將各管道所需的花費拆解成細項以進一步分析。正確掌握哪個策略、哪個活動可以招攬到多少顧客，在計算招攬每單位顧客所需成本效果時是很重要的一環。

像這樣計算出各管道的招攬每單位顧客所需成本後，便能夠找出在中長期下以較便宜的成本招攬顧客的方法，並藉以改善單位經濟效益。這可以說是在「製作出人們想要的東西」之後，決定新創事業命運的關鍵。

市集型創業的初期獲取顧客成本偏高

像網路拍賣這種仲介人與人、人與店家之交易的平台，屬於市集型服務。這種服務在創業初期時的招攬每單位顧客所需成本通常偏高。

其原因如同本章中在「計算單位經濟效益」一節中所提到的，市集型事業的商業模式中，若沒有足夠的使用者與在此開店的店家，便無法活躍這個市集，難以提升顧客的黏著度。

若使用者在搜尋市集內的產品時，找到自己想要之產品的機率（媒合率）偏低的話，就不會想要繼續使用這個市集。而當使用者越來越少時，也不會有人想在這裡開店。

因此，對於大多數的市集型新創事業來說，即使一開始會有較高的招攬每單位顧客所需成本，也要想辦法獲得大量顧客。

叫車服務Uber在創業初期時，登記的司機還很少，這時的Uber還是以時薪雇用這些司機。因為要是讓乘客花太多時間等車的話，就沒辦法讓乘客感受到Uber的方便性。

Mercari在營運初期不收手續費，也是為了促進市集的活躍，即使這會使招攬每單位顧客所需成本佔營收的比例偏高。

像這樣持續以過剩的價格誘因招攬顧客，會使現金流惡化。若價格誘因的金額過大，會對新創事業的營運造成很大的影響。

上圖顯示了市集型產品的招攬每單位顧客所需成本與商品流通量的關係。

營運初期時，若賣家（供給者）與買家不夠多，就沒辦法讓市集活躍起來。故需以較高的招攬每單位顧客所需成本吸引買賣雙方加入。當市集逐漸活躍起來後，便會吸引許多人在這裡開設店面，並吸引許多買家加入，故可以較低的招攬每單位顧客所需成本持續營運。而當這個市場被打開之後，就會有其他競爭者加入，業者為了抓住顧客需開始打廣告，使招攬每單位顧客所需成本再度上升。

圖5-3-3　市集型商業模式的招攬每單位顧客所需成本會隨商品流通量變化

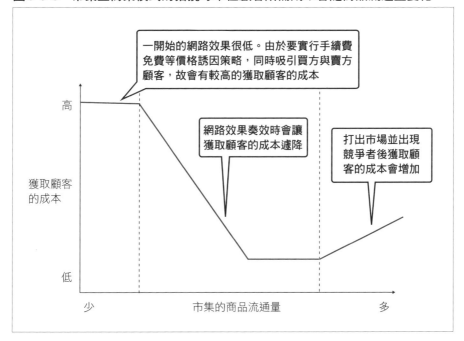

一開始的網路效果很低。由於要實行手續費免費等價格誘因策略，同時吸引買方與賣方顧客，故會有較高的獲取顧客的成本

網路效果奏效時會讓獲取顧客的成本遽降

打出市場並出現競爭者後獲取顧客的成本會增加

高

獲取顧客的成本

低

少　　　　　市集的商品流通量　　　　　多

市集型事業削減招攬每單位顧客所需成本的方法

若市集型新創事業想在使用者還不多的初期階段改善單位經濟效益，除了發行優惠券或調降使用費這種有如最後王牌般的金錢誘因方式之外，還有許多方法可以嘗試。

以下就來介紹其中幾個較具代表性的方法。

■自己主動出擊，消除「先有雞還是先有蛋」的進退兩難

對於市集型的新創產業而言，若無法增加賣家的話，便難以吸引買家參與；若買家人數不足的話，也不會有賣家想要加入。也就是所謂「先有雞還是先有蛋」的進退兩難。

　　為了改變這個結構，經營群眾外包業務的CrowdWorks在開始營運前，創業者吉田浩一郎社長便親自拜訪三十位著名的app開發者，一個個說服他們加入。在這些開發工程師於群眾外包網站上註冊後，CrowdWorks便準備了一個告知網頁，寫道「這些有名的工程師都在這個網站上註冊」。看到這些有名的工程師加入這項服務後，陸續有一千三百名工程師也在這個網站註冊為會員。

　　隨後，吉田社長拿著這一千三百名工程師的名單到處拜訪企業，向他們說明「我們有那麼多工程師可以接受軟體工程外包」以開發客戶，並獲得了三十家公司的契約。這個案例中，吉田社長不使用打廣告這種會增加招攬每單位顧客所需成本的方法，而是靠自己的行動增加顧客。

■以需求遠大於供給之特殊市場為目標

　　在某些特定狀況下，供給量遠遠不足以應付需求量。若能準確地預測出這類市場的所在，並提供對應服務的話，不需要特別廣告，就可以招攬到許多新顧客。舉例來說，叫車服務Uber就是以許多人會外出的假日，或是大型研討會、運動賽事活動的舉辦期間為目標。

　　在活動舉辦期間，住宿地點與停車場的供給量會陷入短缺，故民宿服務或停車場媒合服務的業者即使不提高招攬每單位顧客所需成本也能夠招攬到顧客。

■自己扮演製造者、供應者的角色

　　創業者親自處理各種業務，「什麼都做」的話，自然也能降低招攬每單位顧客所需成本。

　　如前面所提到的，Airbnb的執行長布萊恩‧切斯基會親自接下攝影師的工作，拜訪一家又一家的屋主，並照下房間的照片。這麼做不僅可以第

一手聽到顧客的心聲，持續琢磨問題假說與最小可行產品，也可以在不提升招攬每單位顧客所需成本的狀況下，促使那些覺得拍照片很麻煩而猶豫不決的屋主在Airbnb的網站上登錄自己的房間。

■藉由其他服務或平台發送資訊

這種方法又被稱作子集策略（Subset Strategy），是借用其他公司提供的服務或平台，以最低的成本招攬顧客。

舉例來說，Airbnb在二〇〇九年時，便試著解析（hacking）了美國最大的地區資訊廣告網站，Craigslist的系統，當屋主釋出房間的時候，就會自動顯示在Craigslist上。

此外，為了培養使用者社群而在Facebook上建立社團，廣義上來說也屬於這類手法。

藉由有機顧客來減少招攬每單位顧客所需成本

內容行銷的效果很好

為招攬顧客而祭出的行銷策略五花八門。

次頁的圖是以「與使用者之契合度的強度」、「可接觸到的使用者數量」這兩個項目為雙軸，所畫出之各種行銷策略的分布圖。

對於新創事業來說，我最推薦的是使用部落格等能夠累積內容的工具進行內容行銷，招攬有機顧客。

內容行銷的優點與缺點整理如下：

圖 5-3-4

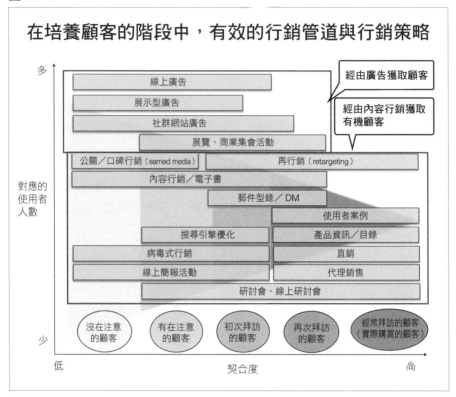

優點

- 可以減少費用。
- 可藉由發表高品質的部落格文章或影片，建立自己在業界的權威。
- 可以接觸到更廣的潛在顧客。
- 高品質的內容（文章或影片）會在網路上傳播，接觸到更多不同族群。
- 可藉由舉辦各種活動或研討會來建立社群。
- 可藉由舉辦各種活動或研討會增加與顧客的接觸。
- 若能滿足活動或研討會的參加者，這些資訊就會自然而然地傳播出去。

缺點

- 與廣告相比，即效性較低。
- 與廣告相比，對於需求已明朗化之顧客的訴求較弱。
- 需要資源（人、時間）。

實施內容行銷的前提條件為，創業者能將對顧客來說有價值的資訊發送給顧客。

但歸根究柢，若創業者沒有這些資訊的話，一開始就不可能會在這個領域創業了吧（如前所述，對於新創事業的創業者來說，專業性也是必須要素之一）。

另外還有一點特別要提的是，內容行銷能夠接觸到的顧客數目，比付費廣告之目標客群數目多非常多。

如圖5-3-5所示，付費廣告訴求的對象是「想要立刻使用這個產品的顧客」（需求已明朗化[8]，想要立刻使用產品的人）。

而內容行銷則有培育「（需求還未明朗化之）顧客」的效果。

在內容行銷接觸到「沒在注意這個問題的顧客（不怎麼在意這個物的人）」時，可將他們培育成「開始注意這個問題的顧客（某種程度上開始會對產品有興趣，在意起這個問題的人）」。若能提供更多資訊，還能夠將他們進一步培養成「需求明朗化的顧客（雖然需求已明朗化，但現在並不會想要馬上擁有這個產品的人）」，最後則會變成「想馬上獲得這個產品的顧客」。在所有顧客中，「想馬上獲得這個產品的顧客」之外的潛在顧客佔了壓倒性的多數。這些潛在的利益，絕對值得創業者消耗資源去招攬這些顧客。

---

[8] 注：需求明朗化的顧客指的是「現在想馬上獲得」產品的顧客。

圖5-3-5　培育顧客成為「想馬上獲得產品的顧客」

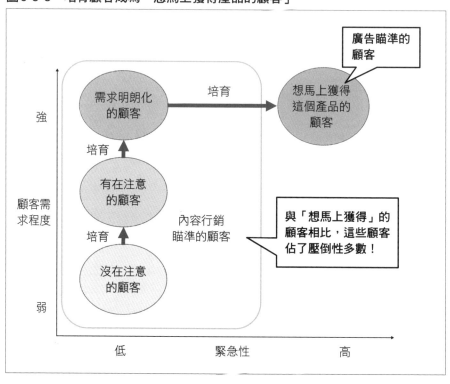

應用內容行銷時的重點

　　若能適當使用內容行銷的話會有很好的效果，但另一方面，也會花費許多人力與時間等資源。為了不要浪費這些資源，以下列出幾個製作內容時的重點，讓創業者能夠一一確認，確保製作出來的內容有招攬顧客的效果。

製作行銷內容時需確認的重點

✔ 轉化的目標是什麼呢？：想透過內容行銷讓顧客經歷什麼樣的轉化過程呢（如註冊、首月免費使用、購買產品等）？

✔ 要對誰發送這個訊息呢？（人物像是什麼樣子呢？）：欲傳達訊息的對象不同，行銷內容的製作方式、表現手法、內文也應有所改變。故創業者需弄清楚要將這個訊息發送給什麼樣的顧客。

✔ 要製作什麼樣的內容呢？：確認該人物像感到困擾的事、關心的事是什麼，以及需要哪方面的資訊，然後準備符合該人物像所擁有之問題的內容。

✔ 為什麼要提供這些內容呢？：創業者常會自然而然地站在製作方的角度思考。故需確認這樣的行銷內容能夠提供什麼樣的價值提案。

✔ 如何提供這些內容呢？：製作好的行銷內容會在什麼樣的狀況下、用什麼樣的管道與顧客接觸呢（像是朋友的口碑、名人的口碑或部落格、YouTube、與新創事業有關的文章等具體的方法）？

✔ 能產生槓桿效應嗎？製作好的內容有辦法在其他管道上使用，或轉變成其他形式的內容多重應用嗎？

　　製作行銷內容需要成本。創業者可同時藉由多種管道發送內容，藉此增加與使用者接觸的機會，提升行銷效率。像是邀請預設客群舉辦研討會，請這些顧客將研討會內容寫在部落格上，再將研討會過程錄影下來放在YouTube上之類的。之後會再詳細說明這個部分。

　　製作與準備行銷內容可能會花上不少時間。我建議創業者需先準備一個未來可應用在許多地方的殺手級內容。

以轉化頁面為核心

　　若要以內容行銷培養顧客，可參考上圖機制，以三個階段構成。1製作轉化頁面，讓被產品吸引而來的顧客能在這個頁面購買商品、註冊為使用者。2製作出有魅力，能引導顧客至轉化頁面的內容。3利用

圖5-3-6　以內容行銷訴求潛在顧客的機制

Facebook、Twitter等社群媒體將這些內容分享、傳送出去，接觸其他潛在顧客，以擴大客群。

在階段1中，要製作什麼樣的轉化頁面，取決於創業者的目的。像是購買商品、資料索取、對於產品demo的問與答、下載app等，隨著產品的不同，應在自家公司網站放上不一樣的轉化頁面。

階段2中，需思考什麼樣的管道才有足夠的誘因吸引顧客來到這個轉化頁面。在數位內容方面，有部落格、自家公司網站上的專欄連載、資訊圖表（infographics）、影片內容、線上研討會（webinar）、報告資料、電子雜誌等選擇。

　　此外，也可以出版書籍、舉辦線上活動、於研討會中發表等，藉由現實中的活動吸引顧客。

　　還有一個很有效的方法，就是向有許多傳教者關注的媒體投稿，或是事先與潛在顧客見面說明。若目標客群是設計師的話，可以將設計案件放上群眾外包的網站，並一一聯絡所有來應徵的人，試著與他們當面討論產品。

　　製作好用來將顧客引導至轉化頁面的行銷內容後，接著就該研究如何將這些內容散播出去，也就是階段3。

　　階段3中最重要的是確認想要使用這個產品或服務的顧客在哪裡。

　　現在有許多管道能將資訊傳播給廣大的群眾。包括Google、Yahoo!等搜尋引擎，以及Facebook、Twitter、Instagram等社群網站等。此外還有像YouTube這類影片網站，以及被稱作策展媒體（curation media）的資訊整理網站。

　　創業團隊需仔細思考，這些資訊管道中，哪些管道可以讓創業者有效接觸到產品的目標客群。

選擇適合目標群眾的管道

　　隨著年齡、性別的不同，常使用的資訊管道也有很大的差異。舉例來說，一般認為與男性相比，女性族群較注意名人、流行教主（influencer）的意見。

　　若您想提供以女性族群為對象的服務的話，與其自己寫部落格，不如委託網紅、流行教主在部落格或Instagram上寫下相關文章，會有更好的效果。

　　像這樣，在瞭解那些可能對你的產品有興趣，想嘗試看看的顧客後，配合他們的特性選擇適當的資訊管道來發送訊息，是開發新顧客的重點。

接著，讓我們來看看，在使用不同資訊管道時，分別應準備什麼樣的資訊吧！

懂得怎麼用的話，「部落格」是招募顧客最好的方式

部落格在製作上的成本較低，也可以持續保留內容。若能定期更新部落格的內容，就會是一個花費少、效果又很好的管道。

要獲得有機顧客的重點，就在於找出讓潛在顧客成為忠實顧客的契機，將「不在意這個問題的顧客」、「開始在意這個物提的顧客」、「需求明朗化的顧客」培育成「想要馬上擁有產品的顧客」。

寫部落格時，為了引起潛在顧客閱覽的興趣並長期閱覽，須推出how-to資訊、產品相關業界最新潮流資訊、產品比較文章等企劃，並陸續放上新內容才行。

以下介紹幾個靠部落格宣傳的案例。

Marketo是一個二〇〇六年成立的美國新創事業，提供顧客行銷自動化（marketing automation）[9]的工具。現在已由新創事業成功規模化成為大企業。

在Marketo推出行銷自動化產品至市場以前，便持續在自家公司的部落格上更新「提高電子雜誌郵件之開封率的郵件標題命名方式」、「提高廣告點閱率的十個重點」等對預設顧客有益的資訊。

在將產品投入市場前的階段，Marketo便蒐集到了一萬四千人的顧客名單，而在產品上市後的第一個月，就有數百人成為了付費會員。

---

[9]　注：行銷自動化是以郵件開封率、網站訪問記錄等為基礎，分析顧客的感興趣或關心的事物，並自動以適當方式行銷的機制。

持續寫部落格文章，可以在將產品投入市場前就增加與顧客的接觸，並藉由免費提供的資訊，獲得顧客的信賴。

部落格的內容應越寫越具體

開發記帳app的美國公司Mint[10]，便致力於部落格的內容行銷，藉此招攬到一百五十萬名使用者。

Mint招攬顧客的戰略如圖5-3-7所示。首先釋出「省錢術」、「生活智慧」之類的內容，這些內容與公司自家的記帳app關係較低，卻能夠引起潛在顧客的共鳴，有很高的集客效果。

當顧客逐漸聚集之後，再陸續於部落格上新增「儲蓄、貸款」、「投資、理財」等實踐難度較高的內容，將主軸轉移至金融話題，培養讀者對金融資訊的興趣與關注。

像這樣逐步提升顧客的金融知識，博取顧客的信任，再將自家公司的app資訊與「使用者案例」等內容發送給顧客，便能夠一口氣讓許多部落格讀者從潛在顧客轉變成付費會員。

Mint透過部落格「用能引起一般人興趣的內容吸引顧客」、「以特定內容培養聚集而來的顧客」、「向信任該部落格內容的顧客推銷產品（引導顧客轉化）」。這樣的生命週期不僅適用於部落格的經營，也是在擬定行銷策略時，需隨時提醒自己的概念。創業團隊需明白他們的目標群眾處於哪個階段，再推出對應的行銷方式。

---

[10] 注：Mint於二〇〇六年創業，藉由他們的記帳app提供個人資產管理服務。於二〇〇九年時被資產管理軟體的大企業Intuit收購。https://www.mint.com/

圖5-3-7　Mint招攬顧客的戰略

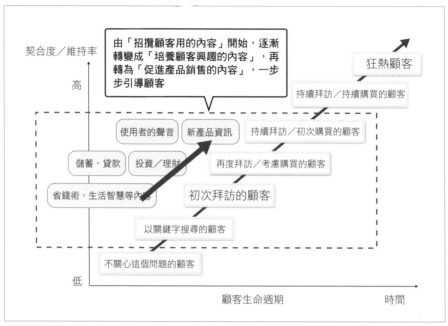

招攬顧客訣竅 2

「影片」很容易被分享、擴散開來

　　以影片內容進行行銷的效果最近一口氣提升了許多。雖然影片的製作成本不低，但能夠很快地在Facebook、Instagram等社群網路擴散開來，能明顯延長顧客停留在自家公司網站的時間，故有很顯著的搜尋引擎優化[11]效果，對於新創事業來說是很有效的方法。

---

[11] 注：搜尋引擎優化Search Engine Optimization（SEO），意指在設計網頁時，配合搜尋引擎的搜尋機制，使顧客在搜尋時，讓這個網頁被顯示在搜尋結果的前幾名。有證據顯示，網頁的拜訪者停留在網頁上的時間越長，就會被認為是越有用的網頁，於搜尋結果中會被顯示在前面（不同搜尋引擎可能會有不同結果）。

位於東京的Skillhub是一間經營網站設計課程、程式設計課程的線上學校，我也是創業成員之一。Skillhub招攬顧客時沒有花費任何廣告費，僅靠影片內容的分享就成功聚集了一萬兩千名高品質（高顧客終身價值）的使用者。

Skillhub所使用的戰略與剛才提到的Mint相同，都是先用招攬顧客用的內容吸引顧客，逐漸培養他們的興趣與關注度後，最後再引導他們轉化成付費使用者（圖5-3-8）。

他們之所以能招攬到那麼多顧客，就是因為他們持續上傳免費的教育影片到YouTube。上傳的影片數目高達三百部。

他們用大量影片內容增加與使用者接觸的機會，引導他們來到自家公司的網站。網站還準備了更豐富的影片，當他們在網站上註冊成功後，就可以閱覽這些影片。在透過免費影片學習的過程中獲得樂趣的使用者們，到了這一步，往往會很自然地完成註冊手續。

隨著新創產業的產品特性、目標使用者特性的不同，引導顧客轉化成付費顧客的途徑也有所差異。新創團隊應該要思考每個步驟中，該如何引起顧客的興趣、該如何加深顧客的興趣，並持續累積自己的內容。

招攬顧客訣竅 3
以企業為對象的電子書或線上研討會

若新創團隊想做的是B to B的產品，想用專業性高的內容來招攬顧客的話，一定要嘗試電子書（eBook）、白皮書（white paper）、線上研討會等策略。

新創團隊可在電子書與白皮書內，整理B to B產品的目標客群會碰到的問題，以及其解決方案等內容。也可藉由線上研討會的方式，將同樣的資訊透過網路以研討會的形式公開。

圖5-3-8　Skillhub招攬顧客的戰略

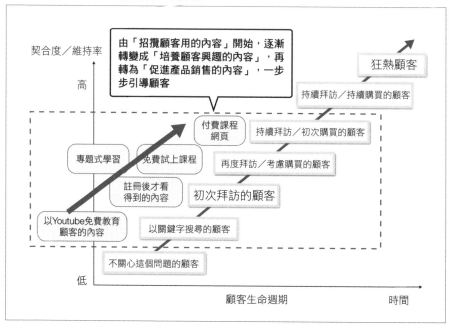

在做為顧客的企業決定是否要使用B to B的產品時，考慮的不只有產品本身的優劣，也會將提供這項產品的企業在相關業務上的專業程度納入考量。

以電子書或白皮書等形式集結內容，可以顯示出新創團隊的專業程度。由於這類內容的資訊量很多，故製作時需要花費很多時間與各種資源，但成品帶來的效益絕對值得花費這些資源。

製作電子書的優點

- 能夠顯示出自家公司的專業性、在業界的權威，較易取得顧客信賴。
- 可將內容應用在其它形式的內容（如部落格、研討會、書籍等）。

- 可掌握潛在顧客之興趣、關注的面向，提升經營的效率（可由顧客下載了哪個電子書、白皮書，瞭解到顧客的特性）。
- 可以在初次會面前將詳細資訊傳達給顧客。初次會面時，某些業務的前提、背景可以簡單帶過，馬上進入具體事項的討論。

　　與前面提到的例子相同，若想利用電子書或白皮書這類內容招攬顧客，引導顧客購買產品或註冊的話，也應設計成「吸引」、「培育」、「推銷」等三個階段。

　　讓我們以美國的新創事業，entelo為例說明這種情形（圖5-3-9）。entelo是一個SaaS型服務，能夠協助招聘人員在招募工程師時的工作。

圖5-3-9　entelo招攬顧客的戰略

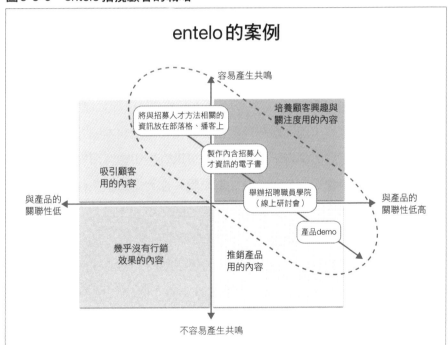

　　這個新創事業首先製作能夠吸引目光的內容，於部落格或播客上持續發表與招聘工作相關的資訊。而會被這些資訊吸引的人，自然就是一般企業的人事部門職員，也就是entelo的目標顧客。為了讓這些讀者或聽眾成為潛在顧客，entelo將許多與招聘職員相關的趨勢或提示整理成電子書，放在網站上給人下載。下載這些資訊時，需在一張表格上填寫企業名稱與聯絡資訊。不過entelo在蒐集到這些聯絡資訊後，並不會馬上開始推銷產品。

　　Entelo會為這些潛在顧客定期舉辦名為「招聘職員學院（Recruiter Academy）」的線上研討會，提高這些潛在顧客與entelo的契合度與黏著度，並在demo產品時引導他們進入申請服務頁面，以期將他們轉化為付費顧客。簡單來說，就是先藉由電子書與線上研討會，讓潛在顧客感覺到entelo的專業性。獲得高評價後，再開始進行促銷活動。

招攬顧客訣竅 4
舉辦「現實活動」

　　於現實中舉辦活動，邀請潛在顧客參與線下聚會，也是很重要的內容行銷。

　　對於營運方來說，因為舉辦現實活動會花費一些成本或人力，可能會是個門檻。但在這樣的場合下，新創團隊可以直接和顧客面對面交流，增加與顧客接觸的機會，而且對於參加者來說，都大老遠跑來會場了，很可能就會直接在這裡註冊、購買產品。

　　此外，若能在活動中，邀請該領域的專家、著名人士演講或座談的話，還可以將活動影片上傳至YouTube、將活動內容寫成部落格文章、分享投影片、在Facebook上直播、以播客分享等，將內容轉換成其他形式再行利用。

圖5-3-10

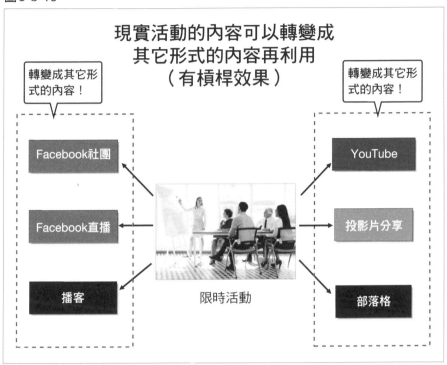

照片（中央）Created by Katemangostar – Freepik.com

持續累積產品資訊以期未來能推廣至其他客群

存續型與流動型的差異

　　這裡讓我們先試著整理存續型行銷（stock，如內容式行銷等）與流動型行銷（flow，如廣告行銷等）的差異（圖5-3-11）。

　　付費廣告雖然有很高的即效性，效果卻持續不久，屬於流動型的行銷方式。在廣告停止播放的瞬間，就不會再有任何潛在顧客拜訪自家公司的網站。

圖5-3-11

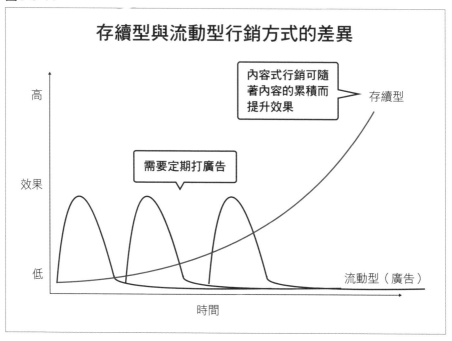

另一方面，存續型的內容行銷在發送資訊以後，便會以部落格或影片的型式累積下來。

若創業團隊能夠持續定期上傳高品質的內容，那麼創業團隊與「有在關注產品的顧客」（未來有可能會購買產品的潛在顧客）接觸的機會也會持續增加。

存續型行銷的內容在製作上較費力，在顧客看到這些內容後，很可能在經過一段時間後才能發揮效果。不過，若能善用存續型行銷，只要花費很少的價格就能獲得很大的成果。

當然，依照商業模式或時機的不同，有時也必須倚重流動型的廣告。為了將新創事業規模化，需一次獲得大量使用者，這時使用電視廣告之類的方式會比較有效。

利用「病毒式行銷」[12]一口氣擴大事業

病毒式行銷也是一種招攬顧客的方法。所謂的病毒式行銷，指的是利用口碑之類低成本卻很有爆發性的方式招攬顧客的行銷手法。

病毒式行銷的優點在於一開始影響力增加的速度十分驚人，且持續時間很久（餘波會持續很久）。一般而言，就算花了許多錢做廣告、辦活動也很難達到這種效果（圖5-3-12）。若能一口氣衝出話題，不只是早期採用者，連一般使用者對該產品的認知程度也會迅速提升。

圖 5-3-12

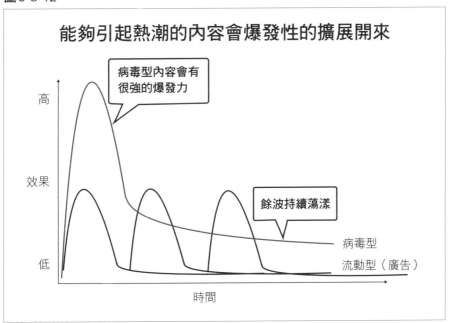

12 注：病毒式行銷（viral marketing）指的是利用口碑等行銷方式，使產品的知名度像傳染性病毒般爆發性成長。

美國的Dollar Shave Club[13]以低價提供高品質的刮鬍刀，且每個月寄送至會員的家中。創業者在親自演出的影片，以獨特的風格推銷自家的刮鬍刀。當他們將影片上傳至YouTube之後，在社群網站上迅速成為了話題。短短九十秒的影片，只過了兩天，觀看次數就飆到數百萬次。

訂購了他們的刮鬍刀的顧客多達一萬兩千名，在當時成為了一個社會現象。

二〇一六年時，聯合利華以約十億美元的價格收購了Dollar Shave Club。

行銷時也要「精實」

健全的內容行銷或舉辦線下社群活動等行銷方式，不僅可以降低招攬每單位顧客所需成本，還有著提升顧客對產品的認識度、信賴度、品牌力量、徵求人才時的號召力等正面效果。

在達成「製作出人們想要的東西」之後的新創事業，最好能夠找機會與創業夥伴們一起腦力激盪，思考在公司要規模化時，用什麼樣的行銷策略才可以有效地吸引顧客注意。

腦力激盪時應討論的主題如下所示。

- 這些產品的目標客群是誰？
- 這些目標客群平時會使用哪些管道獲得資訊？
- 這些管道可以接觸到多少顧客？
- 若要從這些管道獲得顧客的話，需花費多少費用？

---

[13] 注：Dollar Shave Club的影片網址如下。讀者可將其視為爆發力強大的口碑行銷案例。
https://www.youtube.com/watch?v=ZUG9qYTJMsI

- 這些管道的行銷策略在顧客生命週期（認知、培養、購買、持續使用）的哪些階段會有較好的效果？
- 可以讓多少潛在顧客轉化為付費使用者？
- 實行這些策略需要花費多少時間？
- 需要多少時間進行測試？

在選定要用什麼策略行銷後，也不需急著馬上投入那麼多預算或資源下去來真的。

首先應該要以較少的預算，嘗試看看預計實行的策略，並驗證其效果。就像我們會以最小可行產品測試市場能否接受這個產品一樣，我們可以用最小可行行銷活動（Minimum Viable Campaign，MVC）來測試行銷策略是否有效。若發現某種行銷方式很有效，就可以一口氣投入大量資源進行行銷活動。

對於已達成最小可行產品的新創事業，我們已經說明過該如何藉由提升顧客終身價值與降低招攬每單位顧客所需成本的組合，達成單位經濟效益。

在決定行銷策略時，我亦推薦先用「最小可行產品」驗證這項策略是否有效。能用多高的效率執行《精實創業》一書中所提到的「建構—測量—學習」循環、能捕捉到顧客多細微的反應。這兩個概念在本書中反覆被提到，可說是本書的象徵。

新創事業可透過規模化的過程逐漸轉型成一般企業，不過「建構—測量—學習」這個循環永遠會是企業成長的動力。

結語

　　如同我在本書一開始時所提到的，本書所設定的讀者人物像是數年前的我。那時的我已在美國創業，獨自摸索了好一陣子。於是我以「如果那個時候看到這本書的話，自己與自己開創的事業的命運或許會大不相同吧」為基準，琢磨出本書的內容。

　　「創業是為了讓世界變得更好。」

　　我打從心底這麼認為。回顧從二十世紀後半到二十一世紀初這段時間，對世界造成最大衝擊的，不正是新創事業嗎？（試著想像看看，如果世界上不曾出現過Apple、Google、Facebook、Yahoo、Amazon、Microsoft的話，現在的世界會是什麼樣子呢？）

　　十四到十六世紀的文藝復興時期時，義大利的佛羅倫斯聚集了許多人、事物、金錢，使人類的知識蓬勃發展。二十一世紀的矽谷同樣聚集了許多人、事物、金錢，在新創產業的發展下，將使人類的知識量再次爆發。

　　在文藝復興時期的佛羅倫斯，麥第奇家族支援了許多藝術家、科學家、建築師的創作與研究；而在目前的矽谷，創投公司亦致力於投資許多創業者，培育出許多新創事業。

　　一百年後的歷史教科書中，Apple的共同創業者史蒂夫‧賈伯斯，與特斯拉的共同創業者伊隆‧馬斯克等創業者，應該會和李奧納多‧達文西（Leonardo da Vinci）有相同的地位吧。

文藝復興時期之所以能夠發展出許多新技術，不只是因為擁有豐富的人、事物、金錢等資源。如同伽利略‧伽利萊（Galileo Galilei）所說的「大自然這本書是以數學這個語言寫成」，確立了科學方法，才是這個時代之所以輝煌的原因。

二〇一〇年時，埃里克‧萊斯所提倡的「精實創業」，是新創事業最初的科學方法（以「製作出人們想要的東西」為目標將產品投入市場，與科學實驗不謀而合）。

我想透過這本書，試著嘗試讓埃里克‧萊斯所提倡的科學方法變得更加完善、更加易於實踐。

而這項實驗是否能夠成功，端看兩三年後能否收到讀者，也就是我的顧客傳來「讀了《創業實戰全書Startup Science》後，讓我的創業十分成功」這樣的訊息。

如果有許多在新創事業或新事業部門任職的人，在看了本書之後能提出更好的計劃，讓這個世界變得更美好的話，對我而言就是最大的鼓勵。

最後，我要感謝提出書籍化企劃，與數量龐大的投影片搏鬥後整理出書籍內容的日經BP社的宮坂賢一先生、協助編輯的作家鄉和貴、製作精美封面設計的設計師，TRIPLELINE的中川英祐先生。

二〇一七年九月 田所雅之

BW0686

創業實戰全書
以科學方法避開99%創業陷阱

原 書 名	起業の科学　スタートアップサイエンス
作　　者	田所雅之
譯　　者	陳朕疆
企 劃 選 書	劉芸
責 任 編 輯	劉芸
版　　權	翁靜如
行 銷 業 務	周佑潔

總 編 輯	陳美靜
總 經 理	彭之琬
發 行 人	何飛鵬
法 律 顧 問	台英國際商務法律事務所　羅明通律師
出　　版	商周出版

臺北市104民生東路二段141號9樓
電話：(02) 2500-7008　傳真：(02) 2500-7759
E-mail: bwp.service @ cite.com.tw

發　　　行／英屬蓋曼群島商家庭傳媒股份有限公司　城邦分公司
臺北市104民生東路二段141號2樓
讀者服務專線：0800-020-299　24小時傳真服務：(02) 2517-0999
讀者服務信箱E-mail: cs@cite.com.tw
劃撥帳號：19833503　戶名：英屬蓋曼群島商家庭傳媒股份有限公司城邦分公司
訂 購 服 務／書虫股份有限公司客服專線：(02) 2500-7718；2500-7719
服務時間：週一至週五上午09:30-12:00；下午13:30-17:00
24小時傳真專線：(02) 2500-1990；2500-1991
劃撥帳號：19863813　戶名：書虫股份有限公司
E-mail: service@readingclub.com.tw
香港發行所／城邦（香港）出版集團有限公司
香港灣仔駱克道193號東超商業中心1樓
E-mail: hkcite@biznetvigator.com
電話：(852) 25086231　傳真：(852) 25789337
馬新發行所／城邦（馬新）出版集團
Cite (M) Sdn. Bhd.
41, Jalan Radin Anum, Bandar Baru Sri Petaling, 57000 Kuala Lumpur, Malaysia.
電話：(603) 9056-3833　傳真：(603) 9057-6622　E-mail: services@cite.my

封面設計／黃聖文
印　　刷／鴻霖印刷傳媒股份有限公司
經 銷 商／聯合發行股份有限公司　電話：(02) 2917-8022　傳真：(02) 2911-0053
地址：新北市新店區寶橋路235巷6弄6號2樓

■ 2018年（民107）9月13日初版1刷
2022年（民111）12月15日初版3刷　　　　　　　　　Printed in Taiwan

國家圖書館出版品預行編目（CIP）資料

創業實戰全書：以科學方法避開99%創業陷阱／
田所雅之著；陳朕疆譯. -- 初版. -- 臺北市：商周
出版：家庭傳媒城邦分公司發行，民107.09
面；　公分. -- （新商業叢書：BW0686）
譯自：起業の科学　スタートアップサイエンス
ISBN 978-986-477-526-2（平裝）
1. 創業　2. 企業經營
494.1　　　　　　　　　　　　　　　107013685

KIGYO NO KAGAKU STARTUP SCIENCE written by Masayuki Tadokoro.

Copyright © 2017 by Masayuki Tadokoro. All rights reserved.

Originally published in Japan by Nikkei Business Publications, Inc.

Traditional Chinese translation rights arranged with Nikkei Business Publications, Inc.

through Bardon-Chinese Media Agency.

城邦讀書花園
www.cite.com.tw

定價560元
ISBN 978-986-477-526-2

有著作權‧翻印必究